HIPPOLOGIE – EQUITATION
LE CHEVAL
ET
SON CAVALIER
CONNAISSANCE — EDUCATION — CONSERVATION — AMÉLIORATION
PAR
le Comte J. DE LAGONDIE
TOME SECOND
AVEC NOMBREUSES VIGNETTES
PARIS

Les Oiseaux utiles et nuisibles aux forêts, champs, jardins, vignes, etc., par H. de la Blanchère (*Ancien élève de l'école forestière*). — 2e édition, avec 150 vignettes. In-18, relié. . . . . . 3 fr. 50

Les Ravageurs des Forêts et des Arbres d'Alignement. — Description, mœurs, ravages des insectes destructeurs des bois, moyons pratiques de les combattre. — 5e édition, par de la Blanchère et le Dr Eug. Robert. — In-18, relié, avec 162 gravures. Prix. . . . . 3 fr. 50

CHASSE — SPORT

Ornithologie du Chasseur, par le docteur Chenu. — In-8° orné de 50 chromotypographies. . . . . 20 fr.

Les Animaux des forêts, par R. Cabarrus (*Sous-inspecteur des forêts*). — In-18 avec 84 gravures, relié. . . . . 2 fr. 50

Le Rêve du Chasseur. — Gibier des bois, plaines, côtes, montagnes, par B.-H. Révoil. — In-folio, 20 planches en deux teintes, avec texte. . . . . 50 fr.

Le Guide du Chasseur devant la loi. — Code du Chasseur par F. Técheney. — In-18, relié. . . . . 2 fr. 50

Nouveau Carnet de chasse illustré, avec Guide pour les jeunes chasseurs au chien d'arrêt, par M. Chatin. — 2e édition, in-18, relié . . . . 1 fr.

Le Cheval et son Cavalier. — Hippologie et équitation, par le comte de Lagondie (*Ancien colonel d'état-major*). — 2 vol. in-18, ornés de vignettes, reliés. . . . . 7 fr. 50

Le Chien.—Races, croisements, élevage, dressage, éducation, maladies et traitement, d'après les ouvrages les plus récents de Stonehenge, Idstone, Hamilton Smith, Bouley. — In-18 relié, avec 100 gravures hors texte. — Prix. . . . . 3 fr. 50

Les Oiseaux Gibier. — Histoire naturelle, Chasse, Mœurs et Acclimatation, par H. de La Blanchère. Ouvrage de luxe, in-folio, avec 45 Chromotypographies et nombreuses vignettes dans le texte. Prix : 50 fr. — En reliure de luxe. . . . . 60 fr.

HORTICULTURE — BOTANIQUE

Les Promenades de Paris. — Histoire et description des bois de Boulogne et de Vincennes, Champs-Élysées, parcs, squares, boulevards de Paris, par A. Alphand (*Directeur des travaux de Paris*). 2 vol. in-folio, illustrés de 80 gravures sur acier, 23 chromolithographies et 487 gravures sur bois. Prix : 500 fr.; sur papier de Hollande. . . . . 1,000 fr.

LE CHEVAL

ET

SON CAVALIER

TOME SECOND

ÉLEVAGE — CROISEMENT — POULINIÈRE — ÉTALON
RACES MODERNES — ENTRAINEMENT POUR PEDESTRIANS
HIPPIATRIQUE — ÉQUITATION — LES ALLURES
SOINS A DONNER AUX CHEVAUX
VOITURES — HARNAIS — DRESSAGE — L'ART DE MENER
TABLES GÉNÉALOGIQUES

HIPPOLOGIE — ÉQUITATION

LE CHEVAL ET SON CAVALIER

ÉCOLE PRATIQUE

POUR

LA CONNAISSANCE - L'ÉDUCATION - LA CONSERVATION - L'AMÉLIORATION

DU CHEVAL

DE COURSE — DE CHASSE — DE GUERRE

d'après les plus récentes Publications anglaises sur le Turf,
avec des Tables généalogiques et nombreuses Additions au point de vue
du Cheval français

PAR

Le Comte J. de LAGONDIE
Ancien Colonel d'État-Major

Ouvrage en deux Volumes ornés de nombreuses Vignettes.

TOME SECOND

PARIS
J. ROTHSCHILD, ÉDITEUR
13, RUE DES SAINTS-PÈRES, 13
1874

Strasbourg, typ. G. Fischbach, succr de G. Silbermann. — 584.

TABLE DES MATIÈRES

DU TOME SECOND.

LIVRE VI. THÉORIE PRATIQUE DE L'ÉLÈVE DU CHEVAL DE COURSE

et des Espèces qui s'y rattachent.

LIVRE VII. ENTRAINEMENT POUR LES PEDESTRIANS ET AUTRES.

LIVRE VIII. HIPPIATRIQUE ET ÉQUITATION.

LIVRE IX. VOITURES ET HARNAIS.

TABLES GÉNÉALOGIQUES DES CHEVAUX DE PUR SANG.

LE CHEVAL ET SON CAVALIER.

LIVRE VI.

THÉORIE PRATIQUE
DE L'ÉLÈVE DU CHEVAL DE COURSE
ET DES ESPÈCES QUI S'Y RATTACHENT.

CHAPITRE Ier.

THÉORIE DE LA GÉNÉRATION ET PRINCIPES GÉNÉRAUX DE L'ÉLEVAGE.

Théorie de la génération. — 223. — Avant d'arriver aux arrangements pratiques du haras, il est bon de faire connaître ce que l'on sait des lois sur la génération des animaux supérieurs. Voici ces lois :

1o Dans tous les animaux supérieurs l'union des sexes est nécessaire pour la reproduction, le mâle et la femelle prenant leur part respective.

2° Le rôle du mâle est de sécréter le *semen* dans les *testes* et de l'émettre dans l'utérus de la femelle, où il vient en contact avec l'ovum de la femelle, qui sans cela serait demeurée stérile.

3° La femelle forme l'ovum dans l'ovaire, et à des époques régulières, qui varient selon les animaux différents, il descend dans l'utérus, pour y fructifier en recevant le contact et le stimulant de la cellule spermatique du semen.

4° Le semen consiste en deux portions, les spermatozoa qui ont une faculté automatique de se mouvoir d'un endroit à un autre, qualité à laquelle on attribue la pénétration du semen dans l'ovum, et les cellules spermatiques, dont le rôle est de coopérer avec la cellule germinale de l'ovum à former l'embryon.

5° L'ovum consiste dans la cellule germinale destinée à faire partie de l'embryon, et du jaune qui le nourrit jusqu'à ce que les vaisseaux de la mère prennent cette tâche, ou, dans les oiseaux ovipares, jusqu'à ce que l'éclosion commence et que l'on puisse obtenir la nourriture extérieure. L'ovum descend dans l'utérus par la contractilité des trompes de Fallope, et par suite n'a pas besoin, comme le semen, de particules en mouvement automatique.

6° L'embryon ou jeune animal est le résultat du contact du semen avec l'ovum, immédiatement après lequel la cellule spermatique du premier est absorbée dans la cellule germinale du second. Là-dessus une tendance à l'augmentation ou à la croissance s'établit et s'entretient au moyen de la nourriture contenue dans le jaune de l'ovum, jusqu'à ce que l'embryon se soit attaché aux murailles de l'utérus, d'où il absorbera dorénavant la nourriture au moyen du placenta.

7° Comme le mâle et la femelle fournissent chacun leur contingent à la formation de l'embryon, il est raisonnable de présumer que l'un et l'autre seront représentés en lui, ainsi que la nature nous le fait voir; mais comme la nourriture de l'embryon dépend entièrement de la mère, l'on peut s'attendre à voir la santé du produit et sa force de constitution plus en accordance avec l'état de la mère qu'avec celui du père. Cependant, puisque le père fournit une moitié du germe primitif, il n'est pas étonnant qu'à l'extérieur et dans l'ensemble on retrouve jusqu'à un certain point son *fac simile*.

8° L'ovum des mammifères diffère de celui des oiseaux en ce que, chez ces derniers, le jaune est beaucoup plus gros, par la raison qu'il doit fournir à la croissance de l'embryon depuis l'époque de l'entière formation de l'œuf jusqu'à l'éclosion. D'un autre côté, chez les mammifères, le placenta apporte à l'embryon sa nourriture en la tirant de la surface interne de l'utérus, pendant tout le temps qui s'écoule entre la conception et la naissance, et que l'on appelle gestation utérine.

9° Chez tous les mammifères, il y a une chaleur périodique indiquée chez la femelle par certaines évacuations et quelquefois par d'autres symptômes remarquables chez le mâle. Chez toutes les femelles en santé, il est suivi par la descente de un ou plusieurs ovum dans l'utérus. Dans les deux sexes il y a un violent désir d'accouplement qui chez les animaux n'a jamais lieu qu'à cette époque.

10° Le semen conserve pendant plusieurs jours sa qualité prolifique, s'il est renfermé dans les parois de l'utérus ou du vagin, mais dans tout autre récipient il cesse bientôt de pouvoir produire. Par conséquent, bien que le dernier temps du rut soit le meilleur pour l'union des sexes, à cause de la descente de l'ovum, cependant encore, si le semen pénètre le premier dans l'utérus, il peut encore féconder, parce qu'il s'y conserve jusqu'à la descente de l'ovum.

11° L'influence du mâle sur l'embryon dépend en partie du fait de la substance qu'il fournit dans la forme de la cellule spermatique, mais aussi en grande partie de l'effet exercé par lui sur le système nerveux de la mère. Il s'ensuit que la prépondérance de l'un ou l'autre des parents dépendra en grande partie du plus ou moins de force du système nerveux de chacun. On ne connaît aucune loi générale pour mesurer cette force, et l'on ne sait rien de celles qui régleront le tempérament, la force physique et morale, la robe, ou la conformation du produit à venir.

12° Les qualités acquises se transmettent, qu'elles proviennent du père ou de la mère, au physique comme au moral.

Comme les mauvaises qualités se transmettent aussi facilement que les bonnes, si ce n'est plus, il est nécessaire, pour améliorer les races, de choisir des mâles exempts de défauts et pourvus de bonnes qualités. Il est connu par expérience que les bonnes ou mauvaises particularités des pères et mères de l'étalon et de la jument doivent probablement reparaître dans les produits de ceux-ci, tout aussi bien que celles des parents immédiats, chez lesquels ces qualités se trouvent à l'état latent; de là vient, pour les éleveurs, la règle que le semblable produit son semblable ou la ressemblance de quelque ancêtre[1].

13° Plus le sang est pur, c'est-à-dire moins mélangé, plus il a de chances pour être transmis sans

[1] La tache noire qu'avait Éclipse sur la croupe s'est retrouvée jusqu'à la 5e et 6e génération. En 1873, les arrière-petits-fils de Venison, tels que Franc-Tireur, Torrent, etc., sont fortement tachés de rubican, et nous ont fait voir des robes insolites au milieu des bais et alezans qui se montraient depuis longtemps seuls à l'hippodrome du bois de Boulogne.

altération à la progéniture. Il s'ensuit que les produits rappelleront généralement le plus celui de leurs parents dont le sang est le plus pur. Mais comme le mâle est ordinairement mieux choisi et de sang plus pur que la femelle, il s'ensuit que le plus souvent il exerce plus d'influence qu'elle. L'inverse arrive quand le sang de la jument est plus pur que celui de l'étalon[1].

[1] Les lettres d'Abd-el-Kader au général Daumas ont établi l'importance excessive attribuée par les Orientaux à l'influence du mâle. « La jument n'est qu'un sac, on y trouve ce que l'on a mis. » Toutefois Mustapha-ben-Ismaël, le plus beau type de l'Arabe guerrier, avait l'opinion directement inverse. Une jument alezan lui avait donné sept poulains de pères différents, et tous avaient été dignes de le porter.

Selon D. Blaine, quand on fait des mésalliances flagrantes, les particularités de forme sont à peu près également divisées. Par exemple : Une jument charretière saillie par un pur sang, ou, *vice versâ*, la noble jument livrée au cheval de gros trait, produisent un mélange mal assorti, et si le poulain arrive parfois au dégré d'animal utile, il ne parviendra jamais aux qualités superlatives ni à la beauté des formes.

Jusqu'à un certain dégré, la forme et les qualités sont partagées quand l'alliance s'opère entre races un peu congénères, et les incongruités d'apparence disparaissent. Nous sommes néanmoins revenus de notre ancienne indifférence sur l'extérieur et les qualités de la jument.

Les observations de M. Smith sur l'élevage au point de vue du turf peuvent se résumer ainsi:

« Il y a des juments dont les produits ressemblent à la mère et d'autres qui donnent constamment semblable à l'étalon. Chez d'autres il y a intermittence: un poulain ressemble au père, un second à la mère, etc. Parfois aussi la ressemblance est avec le grand-père, la grand'mère ou toute autre parenté éloignée, et bien que cela soit assez rare pour ne pas être facilement remarqué, il n'en est pas moins certain que, les qualités devant se transmettre à un degré quelconque, notre observation ne doit pas être négligée; de là notre partialité pour le sang le plus noble. »

Smith fait connaître sa partialité en faveur de la jument. Il pense que la bonne poulinière livrée à l'étalon de pur sang le moins en vogue a plus de chances pour produire un coureur, qu'une jument inférieure saillie par

14° *Les croisements en dedans*[1] sont nuisibles à l'homme et ont toujours été défendus par la loi divine, aussi bien que par presque tous les législateurs de l'univers. D'un autre côté, ces croisements sont très-fréquents dans l'état de nature, parmi les animaux qui vivent en troupeaux. Chez eux le mâle le plus fort garde ses filles et ses petites-filles jusqu'à ce qu'il soit privé de son harem par des rivaux plus jeunes et plus forts. L'on peut en conclure que chez ceux de nos animaux domestiques qui par nature sont portés à vivre en troupe, il est raisonnable de penser que les unions en dedans ne sont pas préjudiciables. En effet, elles sont conformes à leurs instincts naturels, si on ne les pousse pas artificiellement plus loin que la nature n'en donne l'exemple. Maintenant, nous trouvons que dans la nature ces unions s'étendent ordinairement à deux croisements consécutifs du même sang, la vie de l'animal servant de limite. C'est un fait remarquable, que l'on est arrivé par la pratique à une conclusion qui coïncide exactement avec ces lois naturelles. La règle posée par M. Smith, dans son livre sur l'élève des chevaux de course, est « une fois en dedans et une

l'étalon à la mode, et, par suite, que tout possesseur d'une poulinière de premier ordre peut illustrer n'importe quel étalon.

En somme, le choix des parents est une grosse affaire et il faut le faire sans aspirer à de grandes altérations de forme.

[1] Alliances incestueuses ou très-rapprochées.

fois en dehors ; » mais l'on verra plus loin que deux fois en dedans est plus d'accord avec la pratique de ceux de nos éleveurs qui ont le plus de succès[1].

15° L'influence de la première fécondation semble s'étendre aux suivantes ; cela a été prouvé par plusieurs expériences et se remarque spécialement dans l'espèce chevaline. Dans la série de modèles conservés au musée de l'École de chirurgie, les marques du quagga mâle uni avec une jument ordinaire se sont continuées pendant trois générations au delà de celle où le quagga avait servi de père, et elles sont assez apparentes pour ne pas laisser sur cette question l'ombre d'un doute[2].

[1] Par la sélection, les races domestiques gagnent en force, en taille, en beauté. Il y en a une qui fait exception, c'est l'espèce féline ; c'est qu'on ne se soucie pas d'avoir chez soi des matous ; les plus beaux mâles subissent la castration, et la propagation se fait sur les toits par les vagabonds. A l'état sauvage, les mâles les plus gros chassent les faibles d'auprès des chattes, et l'espèce est plus belle dans les forêts vierges que dans les palais de l'Europe et de l'Asie.

[2] Une remarque curieuse de Youatt et Cecil, c'est que, dès qu'une jument de sang a eu des poulains d'étalons communs, jamais ses produits n'ont eu des qualités de cheval de course, lors même qu'on lui donne les meilleurs pères de pur sang. Il peut y avoir eu des exceptions, mais les connaisseurs n'y croient pas. Ils posent en principe, que quand un animal pur d'une race quelconque a conçu par copulation avec un mâle d'une autre race, elle est devenue elle-même *un mélange*, la pureté de son sang étant perdu par la mésalliance. Bien des gens prendront cette doctrine pour un paradoxe. Mais l'expérience la démontre, bien que l'on n'ait pu encore pénétrer à fond les mystères de la nature sur ce point. Il y a des événements qui prouvent cet état de choses, mais les causes physiques qui le règlent restent impénétrables. Dans l'Inde, Sir Gore Ouseley acheta une jument arabe qui pendant plusieurs saisons resta stérile, on eut recours à un croisement avec le zèbre et elle donna des pou-

16° Quand quelques-uns des éléments dont se compose un étalon sont en concordance avec quelques autres faisant partie de ceux de la jument, ils se combinent d'une façon tellement sympathique, que cela s'appelle une *rencontre*[1]. Quand, au contraire, ces éléments sont trop disparates, l'animal qui en résulte se trouve impropre à la besogne que l'on attendait de lui.

Unions en dedans. — 224. — En examinant soigneusement les généalogies de nos chevaux les plus remarquables, l'on verra que dans chaque cas particulier, il y a toujours quelque alliance en dedans, et, chez la plupart des plus illustres, ce mode a été considérablement pratiqué. Il est difficile de dire quelles sont les généalogies qui en sont exemptes et où commence l'union en dedans; car dans presque tous les cas, il y a plus ou moins de

lains rayés comme leur père. Le but de la rendre mère étant obtenu, on la livra ensuite à un étalon de pur sang, mais le produit fut rayé. L'année suivante, on choisit un autre cheval, cependant les raies parurent encore sur le poulain, bien que moins tranchées. Blaine rapporte aussi qu'une jument de robe alezane fit un poulain provenant d'un quagga et puis un second venant d'un cheval arabe, mais il se trouva ressembler au quagga d'une manière frappante. Les portraits des animaux nés chez Sir Gore Ouseley et aussi leurs peaux se voient au musée de l'École de médecine, dans Lincoln-Hillfields. Sous Guillaume IV, à Hamptoncourt, plusieurs poulains, fils d'Actéon, étaient marqués comme the Colonel, savoir balzane postérieure et lice en tête. Actéon était sans une tache de blanc, mais la première année la jument avait été saillie par the Colonel. Des naturalistes ont essayé de justifier ces faits par des considérations anatomiques, mais elles sont trop compliquées pour trouver place ici.

[1] En anglais hit, *un coup*, un choc.

parenté entre le père et la mère de chaque cheval de pur sang ; du moins je n'ai pu trouver une seule exception. — Ainsi, par exemple, en voyant la table de Harkaway, qui résulte de l'un des croisements les plus éloignés qu'il y ait au Stud-Book, nous trouverons que son père et sa mère descendaient l'un et l'autre d'Eclipse et d'Herod par trois ou quatre courants de chaque côté, comme on peut le voir à la colonne de droite. La même observation s'applique à Alarm, qui est aussi le résultat d'un croisement très-direct, et en fait, quelque généalogie que vous analysiez, le résultat sera qu'au cinquième ou sixième degré la masse des producteurs se composera d'Eclipse, Herod, Matchem ou Regulus. Un cheval ne remonte pas à ces ancêtres par une seule ligne, mais par six ou sept et quelquefois par presque tous ses aïeux, d'où l'on peut conclure que tous les chevaux modernes sont plus ou moins proches parents ; mais lorsque nous parlons d'unions en dedans, nous entendons une parenté bien plus rapprochée, comme cousins au premier degré et au plus au deuxième et troisième. Je crois que l'on trouvera que ce degré de parenté est désirable, si on n'en abuse pas, et qu'un grand nombre de nos meilleurs chevaux modernes ont été ainsi obtenus [1].

[1] Il y a aussi le *breeding back* (produire en arrière). Cette méthode est fondée sur ce que chaque espèce a un type primitif, et on tend à s'en rap-

225. — Exemples de succès par cette méthode. Les premiers chevaux de course, au commencement du XVIIIe siècle, provenaient notoirement de croisements en dedans, et M. Smith, dans son livre sur l'élève du cheval de course, nous en donne plusieurs exemples décisifs : les deux Childers, Eclipse, Ranthos, Wiskey, Anvil, Boudrow, et par le fait presque tous les chevaux de cette époque étaient le produit d'alliances en dedans, et quelquefois, comme dans le cas de la mère de Leedes, jusqu'à l'inceste. L'auteur de ce traité conseille à l'éleveur de croiser une fois en dedans, et je vois que l'on n'a jamais donné un meilleur avis ; seulement, je trouve qu'il n'a encore que la moitié de sa portée. Mais en raison des effets nuisibles des unions en dedans au sein des familles humaines, il s'est élevé des préjugés contre ce système, et leur résultat a été très-fâcheux en rejetant les éleveurs dans le système opposé. J'ai déjà montré que dans la nature, les *alliances en dedans* prévalaient dans les animaux vivant en troupe, comme les chevaux et les chiens, et je vais essayer maintenant de renforcer l'argument de M. Smith par des exemples

procher par la consanguinité, dans l'espoir de retrouver les formes altérées par le croisement. La nature fait mieux que l'homme en ce genre. Abandonnez dans une garenne vos lapins noirs, blancs, orangés ; en fort peu de temps vous n'en trouverez plus que des gris.

(Voir Del. Blaine.)

modernes. L'on doit se rappeler qu'il cite le sang d'Hérode et celui d'Eclipse comme ayant *rencontré*, dans un grand nombre de chevaux, comme Whiskey, Waxy, Coriander, Precipitate, Calomel, Overton, Gohanna et Beninbrough, qui étaient issus de juments filles d'Herod, et d'étalons fils d'Eclipse. Mais il faut savoir aussi qu'Eclipse et Herod descendent tous les deux de l'arabe de Darley, l'un du côté de son père, l'autre par sa mère; et, dans ces circonstances, il n'est pas étonnant qu'il y ait eu rencontre, s'il est vrai qu'il y a avantage à unir en dedans. Ce système d'alliances doit être considéré sous deux points de vue, savoir : pour produire des vainqueurs dans les courses, puis pour avoir de bons étalons et de bonnes poulinières; mais bien que par cette méthode on arrive aux deux résultats, c'est surtout pour le second objet que l'on doit le recommander.

226. — Parmi les chevaux de notre siècle, les exemples suivants démontreront cette proposition; on pourrait y ajouter un grand nombre d'autres noms moins illustres.

1er Exemple. En 1827 Mathilda gagna le Saint-Léger avec une grande supériorité, et prouva qu'elle était une jument de premier ordre en battant un champ nombreux de bons chevaux. Elle était fille de Juliana, produit de *Gohanna* (fils de Mercury et d'une jument d'Herod) et de *Platina* (fille de Mercury et d'une autre jument d'Herod). L'on voit donc que la mère de Mathilda était le produit *du frère et de la sœur*.

2e Exemple. Cotherstone (vainqueur du Derby) et Mowerina (mère de West Australian) sont le produit de cousins au premier degré. (Voir Table 28.)

3e Exemple. Touchstone et Verbena, père et mère d'Ithuriel, étaient *cousins au deuxième degré*, partant de Selim et de sa sœur. (Voir Table 67.)

4e Exemple. Priam est un exemple de succès par l'union en dedans après une série de non-valeurs, par le croisement au dehors. Sa mère Cressida fut donnée successivement à Walton, Haphazard, Orville, Wildfire, Woful, Phantom, Seud, Partisan, Little John et Waterloo, sans obtenir un produit remarquable. A la fin, servie par son cousin Emilius, elle produisit Priam. Emilius était fils d'*Orville*, qui n'avait rien fait de bon avec la même poulinière, parce qu'il n'était point parent. Priam et Plenipotentiary étaient, l'un et l'autre, fils d'Emilius, mais ce dernier était le produit d'un croisement complétement en dehors; mais Priam, au contraire, était le produit d'une *alliance en dedans* sur Whiskey, qui était père de sa mère Cressida et arrière-grand'-père de son père Emilius. Eh bien, ces deux chevaux furent l'un et l'autre des coureurs extraordinaires, mais Plenipotentiary est à peine arrivé à la moyenne comme étalon, tandis que dans le peu de temps qu'il est resté en Angleterre, Priam s'est acquis comme père une renommée impérissable[1]. (Voir Tables 17 et 26.)

5e et 6e Exemples. Stockwell et Rataplan sont tout aussi remarquables par leur descendance au même degré de Whalebone, Whisker et Web, juste les mêmes frère et sœur que dans le cas d'Andover, avec une infusion du sang de Selim, par Glencoe, père de Pocahontas. (Voir Table 29.)

7e Exemple. Orlando a encore une plus grande infusion du sang de Selim, sa mère se trouvant petite-fille de ce cheval et arrière-petite-fille de Castrel (frère de Selim), tandis que son père Touchstone est un arrière-petit-fils du même cheval. Ici les alliances en dedans ont été portées à tout leur développement, Vulture ayant été le produit de cousins au premier degré et ayant été saillie par un *cousin au deuxième degré*, venant de la même souche, et le résultat a été, comme chacun sait, l'étalon le plus remarquable de son époque. (Voir Table 24.)

8e Exemple. Comme exemple de la valeur comparative de deux étalons, l'un d'alliances plus en dedans que l'autre, voyez Van Tromp et Flying Dutch-

[1] Priam fut vendu aux Américains pour une somme énorme.

man, tous les deux fils de Barbelle. Ces deux chevaux sont parents par Buzzard, mais Flying Dutchman descend aussi de Selim, et cela par son père et sa mère, Selim étant bisaïeul de Barbelle et grand-père de Bay Middleton. Eh bien, l'on ne peut mettre en doute que Van Tromp ne soit comparativement un insuccès, et que Flying Dutchman ne soit jusqu'à présent très-heureux comme producteur, comme on devait s'y attendre, parce que sa mère unit le sang plein de fonds de Catton et Orville avec celui de Selim, et c'est ce courant énergique qui, *rencontrant* encore le même Selim, donne Bay Middleton.

9e Exemple. Weathergage présente encore un succès de ce mode d'élevage, son père et sa mère prenant également du sang de Muley et de Tramp, et Miss Letty, sa grand'mère, étant fille de Priam, petit-fils d'Orville, le père de Muley, et issue également d'une fille de ce même étalon (jument par conséquent produite très *en dedans*). Weatherbit, père de Weathergage, réunit aussi le sang des deux sœurs Eleanor et Cressida. (Voir Table 26.)

10e Exemple. J'ai déjà cité quelques exemples de succès des unions entre le sang de Whalebone et celui de Selim; l'on peut encore remarquer à ce sujet le cas de Pyrrhus Ier. Ce cheval est fils d'Epirus, petit-fils de Selim; sa mère est Fortress, arrière-petite-fille de Rubens, frère de Selim. Pyrrhus se trouve encore produit *en dedans*, relativement à Whalebone ; sa mère est fille de Defence. Cet étalon était fils de Jewess, petite-fille du même Whalebone. (Voir Table 74.)

11e Exemple. Safeguard est produit exactement de la même façon, mais cependant il y a encore un degré de parenté plus rapproché entre son père et sa mère. Il est fils de Defence (fils de Defiance par Rubens) et d'une jument par Selim, frère de Rubens. Cette jument descend en outre de l'arabe gris de Wellesley. Le plus grand succès que je connaisse, provenant des alliances *très en dedans*, c'est le cheval de steeple-chase Vainhope. Il est fils de Safeguard (petit-fils de Selim) et arrière-petit-fils de Rubens, par sa mère, elle-même fille de Strephon, fils de Rubens ; son fonds et la netteté de ses membres, sa santé en général sont trop connus pour exiger des commentaires, et il peut servir de forte preuve en faveur de l'alliance en dedans pour la seconde fois.

12e Exemple. Un cas presque aussi remarquable est celui de *Knight of St-George*, par Birdcatcher, fils de Sir Hercules ; sa mère est petite-fille de ce dernier étalon, et dans sa grand'mère il y a encore une plus grande infusion du sang de Waxy. Ces deux derniers exemples sont les cas les plus remarquables que je connaisse dans les chevaux modernes d'unions *très en dedans;* mais comme ni l'un ni l'autre ne sont tout à fait de première classe, ils ne viennent pas tant à l'appui de cette doctrine que quelques-uns des chevaux cités avant eux. Néanmoins, ces produits de proches parents prouvent au moins que cette pratique peut produire de bons chevaux.

13e Exemple. Le Saddler, qui est remarquable par le fonds, sinon par la vitesse de ses produits, a été le résultat de l'alliance de cousins au deuxième degré; il descend des deux côtés de l'étalon Waxy.

14e Exemple. Chatham, qui est un bon cheval, si jamais il y en a eu, est fils de Colonel, petit-fils de Whisker. Sa mère est Hester, par Camel, fils de Whalebone, frère de Whisker; il est donc le produit de cousins au premier degré. Ces deux chevaux faisant les exemples 13 et 14 unissent le sang de Waxy et celui de Buzzard.

15e Exemple. Sweetmeat a de la valeur comme étalon, non-seulement parce qu'il descend de Waxy par union en dedans, mais parce qu'il possède beaucoup de sang de Prunella, dont il descend par trois branches, savoir Parasol, Moses et Waxy Pope.

16e Exemple. Grace Darling (mère de the Hero par Chersterfield) provenait de cousins au second degré, son père et sa mère descendant tous les deux de Waxy. Il n'est pas étonnant qu'elle ait produit un cheval aussi vigoureux que the Hero, puisqu'elle combinait le sang de Waxy, Priam, Octavian et Rubens. Son père et sa mère étaient aussi cousins au troisième degré par Cœlia.

17e Exemple. Wild Dayrell, vite comme il l'est, peut attribuer ses moyens extraordinaires à une réunion du sang de Velocipede qui existe dans les veines de son père et de sa mère, et aussi à la descendance de Selim et de Rubens, qui étaient frères et qui sont ses bisaïeux paternel et maternel.

18e Exemple. Cowl, par Bay Middleton et Crucifix, est le produit de cousins au deuxième degré. Le père descend de Julia, la mère de Cressida, toutes les deux sœurs de cette célèbre Eleanor, qui a gagné le Derby et les Oaks. Il y a encore un courant du sang de Whiskey par Emilius, de sorte que Cowl provient de Whiskey par deux croisements en dedans. Ce serait une curieuse expérience que de faire saillir quelque descendance de Muley, comme Alice Hawthorn ou Virginia, et d'infuser ainsi les trois sœurs en un seul animal. L'on introduirait ainsi un troisième courant du même sang, après avoir croisé *en dehors*, de temps en temps. Il faut aussi se souvenir que Young Giantess, ancêtre de toutes ces juments ainsi que de Sorcerer, provenait de cousins au deuxième degré, et que chacun de ces cousins au deuxième degré était le résultat d'une alliance de même nature, ayant Godolphin pour grand-père maternel et paternel.

227. — Les poulinières dont les noms suivent peuvent être examinées avec attention, et l'on peut comparer leurs produits par leurs proches parents avec ceux qui n'ont qu'un lien éloigné. Cette parenté éloignée commence, ainsi que je l'ai démontré, à tous les chevaux modernes. L'on trouve ici une meilleure preuve en faveur des alliances en dedans que les succès de quelques coureurs isolés.

1er Exemple. Une des poulinières qui a le mieux réussi, dans les années qui viennent de s'écouler, c'est Decoy, qui a donné une longue suite de coursiers provenant de Touchstone et de Pantalon. Le premier de ces étalons produisait généralement de meilleurs chevaux de course que le second, et cependant il se trouve lui être inférieur dans le cas présent, comme on le prouve en comparant Drone, Sleight of Hand, Van Amburg et Legerdemain avec Phryné, Thaïs, Falstaff et Flatcatcher. Quelle peut en être la cause? C'est simplement parce que Touchstone était parent plus éloigné, et que, chez chacun d'eux, il n'y avait qu'une branche qui fût identique, celle du bisaïeul Waxy; mais dans le cas de Pantalon et de Decoy, il y avait une parenté de deuxième degré, puisqu'ils avaient Peruvian pour grand-père commun. Ce n'est pas tout, Decoy elle-même était alliée *en dedans* à sir Peter, qui était aïeul de son aïeul et de sa mère; de sorte que Sleight of Hand, son frère et sa mère, étaient doublement des produits en dedans. Maintenant, comme le sang de Decoy et celui de Pantalon *rencontraient* et que leurs produits avaient non-seulement de la vitesse, mais du fonds, il y avait de bonnes raisons pour revenir à Pantalon, après le croisement en dehors avec Touchstone, qui avait produit Phryné; cette dernière jument, saillie par Pantalon, devint successivement mère d'Elthiron, Windhound, Miserrima, Hobbie Noble, the Reiver et Rambling Katie. Voilà une preuve de plus de la valeur des alliances en dedans, surtout après un croisement au dehors.

2e Exemple. Cyprian est un exemple de production de chevaux de seconde classe par ses alliances avec différents pères, sans lien de parenté avec elle, tels que Jereed, Velocipede, Voltaire et le Hetman Platoff; mais quand elle fut saillie par Birdcatcher, fils d'un arrière-petit-fils de Prunella, comme elle se trouvait elle-même petite-fille de cette célèbre jument, elle mit bas une bête supérieure, qui s'appelle Songstress.

3e Exemple. Virginia donna une série de chevaux de moyenne qualité, par Voltaire, Hetman Platoff, Emilius et Birdcatcher, avec lesquels elle n'avait qu'un seul lien de parenté et pour tous fort éloigné. D'ailleurs ils n'appartenaient à aucun courant de sang de premier ordre, excepté celui d'Orville ; mais cette même Virginia, saillie par Pyrrhus Ier, produisit Virago, qui, tant qu'elle resta en santé, fut de beaucoup la meilleure bête de son année. En examinant les généalogies du père et de la mère, l'on verra que Selim et Rubens (frères) paraissent une fois de chaque côté, et Whalebone, dont le nom se voit deux fois dans la table de Pyrrhus Ier, est représenté dans celle de Virginia par Woful son frère, sans compter que Young Giantess paraît dans chacune des tables généalogiques. Ce sont des relations de parenté plus rapprochées et supérieures à celle avec Hambletonian, qui, dans ce cas, est au même degré que dans le croisement avec Voltaire et Hetman Platoff.

4e Exemple. Dans le courant de cette année, après une série d'insuccès, Alice Hawthorn a donné au turf un vrai cheval de course, sous la forme de Oulston. Eh bien, si l'on examine les généalogies de ses père et mère, l'on verra que Melbourne le père est un petit-fils de Cervantes, tandis qu'Alice Hawthorn est arrière-petite-fille du même cheval. Cervantes est un petit-fils d'Eclipse et de Herod, duquel il a d'ailleurs reçu deux autres infusions; Alice, de son côté, descend d'Eclipse, par Orville, Dick Andrews, Mandane et Tramp. Un cas semblable d'alliances en dedans avec les mêmes courants se présente dans sir Tatton Sykes, produit d'une jument arrière-petite-fille de Comus, et aussi arrière-petite-fille de Cervantes. Elle fut saillie par Melbourne, petit-fils de chacun de ces chevaux, et produisit ce cheval extraordinaire que je présente comme un modèle de succès dans ce mode d'élevage. Il faut analyser avec soin la généalogie de la mère de sir Tatton Sykes, car elle présente une curieuse réunion de courants de sang. D'abord Muley est produit par alliance en dedans entre descendants de Whiskey, puis il est croisé avec une jument, fille d'Election, ce qui produit Margrave. La mère de Muley est Eleanor, fille de Young Giantess. Puis Margrave, provenant de croisement en dehors, vient saillir Patty Primrose qui contient dans sa généalogie deux infusions de Young Giantess par Sorcerer et une de Cervantes; puis enfin la jument de Margrave, résultat d'une alliance en dedans et d'un croisement au dehors, tant du côté de son père que de sa mère, est saillie par Melbourne, qui est un composé du sang des trois, puisqu'il descend de Sorcerer, fils de Young Giantess, et aussi de Cervantes.

228. — Si l'on examine attentivement toutes les généalogies auxquelles je viens de faire allusion, un éleveur ne peut hésiter à conclure que l'alliance en

dedans, pratiquée une fois et même deux, loin d'être un mauvais système, a au contraire des chances pour produire de bons résultats. Qu'il demande quels sont les chevaux qui depuis peu ont été les plus remarquables comme étalons, et à peu d'exceptions près, il trouvera qu'ils provenaient de beaucoup d'alliances en dedans. L'on a remarqué que le sang de Touchstone et Defence rencontre presque toujours avec celui de Selim, mais il ne faut pas oublier que l'un a déjà de la parenté avec ce cheval, et l'autre avec son frère Rubens. D'un autre côté, le sang de Whisker dans le Colonel n'a pas réussi aussi bien, parce qu'il est composé d'éléments plus croisés et de parenté moins proche. Voilà pourquoi il ne rencontre pas avec le sang de Selim et de Castrel, comme ses cousins Touchstone et Defence. Il a cependant réussi en partie, quand on l'a croisé en dedans au sang de Waxy et de Fugleman qui contiennent ces trois courants. Le même cas se trouve dans Coronation qui unit le sang de Whalebone dans sir Hercules avec celui de Rubens dans Ruby; mais comme Waxy et Buzzard, ancêtres de tous ces chevaux, étaient deux petits-fils de Herod et arrière-petit-fils de Snap, cela vient encore à l'appui de la théorie des alliances en dedans. Cette conclusion est d'accord avec le 14e et le 15e axiome, qui résument nos connaissances actuelles sur la théorie de la génération, et si on les médite, l'on verra qu'ils s'appliquent au sujet qui nous occupe et impliquent la mise en pratique des alliances en dedans jusqu'au degré qui a si bien réussi dans les exemples que je viens de citer. Il faut donc doublement veiller à ce que le sang soit de bonne qualité; car s'il est mauvais, il perpétuera les défauts tout comme se produit le mérite et peut-être encore plus.

Croisement au dehors. — 229. — Par croisement de sang nous entendons le choix d'un père composé d'un sang tout à fait différent de celui de la mère ou aussi différent qu'on puisse l'obtenir dans la qualité voulue par l'éleveur. Ainsi dans l'élève des chevaux de course l'on trouve qu'en continuant le même courant au delà de deux alliances, on détériore la constitution, on diminue la charpente osseuse et l'on abaisse la taille. Pour éviter ce mal, il faut choisir un sang étranger qui puisse donner des résultats aussi heureux que ceux qui existent dans les alliances en dedans. Cela s'appelle croiser au dehors, ou tout simplement croiser. La grande difficulté est d'arriver à ce but sans détruire cette harmonie de proportions et ces rapports entre chacune des parties qui sont si nécessaires pour produire un cheval de course, et sans lesquels il est rare qu'il arrive à une grande vitesse. Presque chaque race particulière a des signes caractéristiques, et tant que le père et la mère en sont pourvus, ils reparaîtront dans les produits; mais si une jument qui les possède est saillie par un étalon d'une nature différente, souvent le résultat n'est pas un produit formant moyenne entre les deux, mais un animal qui a le devant comme sa mère et l'arrière comme son père ou *vice-versâ ;* l'on ne saurait obtenir un résultat plus désastreux. Ainsi, nous supposerons qu'une jument de course très-légère soit saillie par un cheval très-fort et très-musclé, au lieu d'avoir un produit modérément fort dans toutes ses parties, il sera souvent gros et fort dans l'arrière-main et léger et faible par devant. Il s'ensuivra que ses membres postérieurs fatigueront ceux de devant en leur donnant une besogne au-dessus de leurs forces. C'est ce que l'on remarque bien dans Crucifix, qui était très-vigoureuse et très-vite, mais légère, avec une avant-main à peine en état de travailler avec l'arrière-main. Maintenant, on l'a souvent fait saillir par Touchstone (étalon qui donne de mauvaises épaules, mais des jarrets superbes); aussi, à l'exception de Surplice, ses produits ont été tous manqués. Surplice était défectueux sous les mêmes rapports; cependant il trouva moyen d'aller dans un style fort gauche, il est vrai, mais d'une façon ou d'autre avec une grande vitesse. D'un autre côté, Cowl était un meilleur galopeur, parce qu'il avait plus d'harmonie dans son ensemble, mais il manquait un peu du fonds que Touchstone devait fournir. Je crois cependant qu'il fera un meilleur étalon que Surplice, parce que sa conformation est meilleure, et que, par conséquent, il a plus de chance de produire des animaux réguliers comme lui-même.

230. — Exemples de croisements au dehors. L'on a déjà cité Harkaway comme un exemple frappant de croisement au dehors, son père et sa mère n'étant point proches parents, quoique remontant à Herod ou Eclipse, dans presque toutes ses lignes généalogiques. L'on peut néanmoins le compter comme un résultat remarquable du croisement, et il était incontestablement un cheval de course très-supérieur. Jusqu'à présent, toutefois, il n'a pas fait grand'chose comme père, ses produits manquant de cette qualité si essentielle, la vitesse, quoiqu'ils aient un fonds qui en fait de bons hunters et chevaux de steeple-chase. Peut-être son meilleur fils fut Idle-Boy, pour lequel le sang de Waxy, existant dans le père, *rencontra* le même courant dans Iole, la mère, qui était une fille de sir Hercules (voir Table 83).

2e Exemple. L'un des cas les plus remarquables de succès dans le croisement, quand il est poussé fort loin, se trouve dans Beeswing et ses fils Newminster, Nunnykirk et Old-Port. Dans la jument elle-même, toutes les lignes généalogiques étaient distinctes, et dans son croisement avec Touchstone, elles le sont pour trois générations. A cette distance, il y a un bisaïeul de Touchstone, Alexander, qui se trouve frère de Xantippe, mère de l'arrière-grand'-mère de Beeswing, de sorte que cette dernière et Touchstone étaient cousins au troisième degré. Que cette parenté éloignée ait suffi pour produire des résultats aussi heureux que Newminster et Nunnykirk, c'est une question que l'on ne peut trancher, mais l'on ne peut mettre en doute que Touchstone n'ait réussi avec elle, tandis qu'il y eut un insuccès avec sir Hercules, qui lui était encore moins apparenté, puisqu'il n'était cousin qu'au quatrième degré, par Volunteer et Mercury, qui étaient propres frères. Queen of Trumps a été souvent présentée comme un cas de succès dans les croisements au dehors; mais, bien que ses bisaïeux et ses bisaïeules n'aient jamais été identiques, cependant au delà de ce degré l'on trouve une infusion extraordinaire du sang d'*Herod*, par Highflyer, Woodpecker, Lavender, Florizel et Calash, tous fils ou filles de cet étalon. Tout le monde conviendra qu'il est fort remarquable de trouver une telle infusion du sang d'un ancêtre remarquable, dans un produit aussi extraordinaire que Queen of Trumps. L'on ne peut dire non plus qu'elle est composée de matériaux hétérogènes; mais en même temps, d'après l'acception ordinaire du mot, il est juste de la regarder comme le produit d'un *croisement* bien distinct. Son exemple est aussi fort instructif, car il montre que le succès peut s'obtenir quelquefois en réunissant, après un intervalle de plusieurs générations, une série de bons courants. Que sa supériorité dépende de cette réunion ou bien du croisement, c'est ce que l'on ne pourra décider qu'à force de comparer des cas différents, afin de reconnaître de quel côté se trouvera la plus grande masse de preuves.

3e Exemple. West Australian est un exemple très-précieux de l'avantage d'un bon croisement au dehors, après des alliances en dedans, et la parenté de ses père et mère était plus reculée que dans les cas ordinaires.

4e Exemple. Teddington, au contraire, si souvent cité comme étant dans une position analogue, n'en présente pas moins une ligne de parenté qui contredit cette assertion. J'ai présenté son père Orlando comme un exemple du succès des alliances en dedans, dans les deux cas de Selim et de Castrel. Certainement, ce courant ne se perpétue pas dans la mère de Teddington ; mais un peu plus haut on trouve, de chaque côté de la table généalogique, les noms de Prunella et de sa sœur Peppermint, de sorte que le père et la mère étaient cousins au cinquième degré. L'on ne peut donc comparer ce cas avec celui de West Australian, dans lequel le croisement est bien plus décidé. Mais dans les deux cas, le père et la mère étaient chacun pour leur compte le produit d'alliances très en dedans, et il faut toujours tenir compte de cette circonstance.

5e Exemple. L'une des généalogies les plus croisées de l'époque est celle de Kingston, et il a été assez bon cheval pour peser en faveur de ce mode de production; maïs, comme je l'ai déjà fait observer, c'est bien plus pour avoir des pères que des coureurs que l'on doit s'attacher au système d'alliances en dedans, et Kingston n'a pas encore eu le temps de faire voir ses qualités comme producteur. Quand on veut un croisement en dehors pour un sang comme celui de Touchstone, qui aura été employé deux fois dans une filiation, je ne conçois rien de mieux que ce brave Kingston, qui, d'après cette théorie, produirait le bon effet attendu d'un croisement, sans altérer la forme des juments de Touchstone. D'un autre côté, quand il faut une seconde alliance en dedans à des juments de Venison ou Partisan, il est probable qu'il remplira les vues des amateurs de ce sang, parce que toutes ses lignes sont bonnes.

6e Exemple. Voltigeur est encore un succès obtenu à l'aide d'un croisement bien décidé.

7e Exemple. Queen of Trumps peut être cité comme un animal extraordinaire résultant d'une généalogie très-croisée.

8e Exemple. Cossack pourrait également être considéré comme le fruit du croisement, bien que la parenté de son père et de sa mère fût des cousins au quatrième degré; mais il n'y a pas de doute que l'on peut citer plusieurs coursiers qui ont eu du succès, bien que leurs pères et mères ne fussent cousins qu'au cinquième ou sixième degré.

Comparaison entre les étalons provenant d'alliances en dedans ou de croisements au dehors. — 231. — La liste suivante de trente des étalons qui ont eu le plus de succès dans les années qui précèdent immédiatement celle-ci (1855), prouve que le nombre de ceux qui proviennent d'alliances en dedans est égal à celui des pères qui proviennent de croisements. Je n'ai omis que ceux qui n'ont acquis d'autre célébrité que de faire de bonnes poulinières comme Defence, etc.

Étalons provenant d'alliance en dedans.

1. Priam.
2. Bay Middleton.
3. Melbourne.
4. Cotherstone.
5. Pyrrhus Ier.
6. The Baron.
7. Orlando.
8. Ithuriel.
9. Cowl.
10. The Saddler.
11. Sweatmeat.
12. Chatham.
13. Flying Dutchman.
14. Sir Tatton Sykes.
15. Chanticleer.

Étalons venant de croisements.

1. Partisan.
2. Emilius.
3. Touchstone.
4. Birdcatcher.
5. Sir Hercules.
6. Voltaire.
7. Plenipotentiary.
8. Pantalon.
9. Lanercost.
10. The Saddler.
11. Alarm.
12. Ion.
13. Harkaway.
14. Velocipede.
15. Hetman Platoff.

CHAPITRE II.

MEILLEURE MANIÈRE DE PRODUIRE LES CHEVAUX POUR LES COURSES DE TOUTE ESPÈCE.

Choix du sang pour en tirer race. — 232. — L'incertitude des résultats à tirer des systèmes de production pour le turf, les mieux combinés, est proverbiale parmi tous ceux qui suivent cette occupation. Il n'en est pas moins vrai qu'il doit exister des lois qui règlent cette opération de la nature tout comme les autres. Bien qu'il soit difficile de poser ces règles avec certitude, cependant on devrait faire un essai qui permît de reconstruire l'avenir avec des matériaux solides. Il y a des difficultés qui d'abord nous arrêtent court et qui ensuite s'expliquent beaucoup plus facilement qu'on ne l'aurait supposé au premier coup d'œil. Ainsi, par exemple, l'on dit que, quand une jument donne un bon poulain et se trouve saillie de nouveau par le même étalon, le second produit est souvent aussi misérable que le premier était supérieur, et que par conséquent, pour les éleveurs, deux et deux ne font pas toujours quatre. Maintenant il n'y a pas de doute que cela ne soit vrai, mais il est essentiel de ne pas oublier que la santé est un élément qui influe en bien ou en mal sur chaque animal, et que si le second produit n'a pas le même degré de vigueur animale, résultat d'une pleine santé, il ne peut accomplir les exploits qui sont l'épreuve de la bonté. Mais en prenant l'autre côté de la question, il est extraordinaire que, dans quelques cas, il y ait eu une série de succès résultant de l'union des mêmes parents. Ainsi dans l'exemple de Whalebone et Whisker il y a eu six chevaux ou juments très-extraordinaires résultant de l'union de Waxy avec Penelope, et d'un autre côté une série d'insuccès, quand elle a été saillie par d'aussi bons chevaux que Walton, Rubens et Election. Castrel, Selim et Rubens sont aussi d'une même mère et tous fils de Buzzard, et cependant elle fut saillie sans le moindre bon produit par Calomel, Quiz, Sorcerer et Election. Il y a encore des cas où un cheval produit de bons coureurs avec toutes sortes de mères, et nous trouvons ainsi plus récemment Touchstone, petit-fils de Whalebone, qui a encore, s'il est possible, surpassé la renommée de son grand-père et a produit une série de vainqueurs des plus extraordinaires, mais, il faut se le rappeler, avec une infusion du sang des trois frères que nous avons cités plus haut, puisque Selim était son bisaïeul maternel. Barbelle, mère de Vantromp et de Flying Dutchman, présente un cas semblable, ainsi que Fortress, mère de Old England et Pyrrhus Ier.

Mode d'élevage le plus avantageux. — 233. — Dans bien des cas l'éleveur entreprend sa tâche par amusement et par goût pour le sport, sans songer au bénéfice; mais le plus souvent il aura le désir de faire une bonne spéculation tout en obtenant sur le turf d'honorables distinctions. Mais, quand on songe que les trois quarts des animaux élevés en vue des courses n'y peuvent servir, et qu'à trois ans les poulains ou pouliches reviennent à beaucoup plus de 100 livres, il devient intéressant de savoir utiliser pour d'autres usages les rebuts de l'écurie de course. Voici une solution. Il y a des races de chevaux de première qualité sur le turf et aussi à la chasse au renard. Ainsi, tous les descendants de Waxy et de sa famille, à l'exception de Touchstone, savoir: sir Hercules, Defence, the Colonel, the Saddler, Economist, Harkaway, Safegard, Memnon, ont été extraordinaires à ce point de vue; et si je cherchais des poulinières dans un but général, je voudrais les prendre filles de l'un de ces chevaux. Lottery et son fils Sheet Anchor sont encore remarquables dans ce genre; mais comme leur famille n'a pas eu des succès aussi généraux, on ne peut pas se fier à eux au même degré. Les branches de Comus, Reveller et Humphrey Clinker ont été fort recherchées par le même motif, ayant donné beaucoup de hunters de premier ordre et aussi une race de bons coureurs, comme on le voit dans le cas de Melbourne. Partisan et son fils Venison, qui descendent de Highflyer et Parasol (grand'mère de Whalebone), sont aussi de bons producteurs de chevaux de chaque catégorie L'on peut y ajouter Ismaël et Ratcatcher en leur qualité de descendants de Selim. Ils ont été utiles pour la production des hunters, mais sans égaler en ce genre ceux que nous venons de mentionner plus haut. D'un autre côté, il y a des courants de sang qui réussissent sur le turf et qui n'ont jamais, ou presque jamais, fourni un hunter ou un cheval pour le steeple-chase : Touchstone déjà cité, son frère Lancelot, Priam, Plenipotentiary, Velocipede, Pantalon, Bay Middleton, Beiram, Phantom, etc. etc., et quoique ce sang puisse convenir à l'éleveur dans un sens, il n'est pas fait pour celui qui veut avoir deux cordes à son arc.

Je conclus, dans mon humble opinion, que l'on peut former un haras qui produira quelques poulains ou pouliches capables de bien figurer sur l'hippodrome, tandis que ceux qui ne seront pas chevaux de course seront probablement des hunters d'une classe très-distinguée. Avec ce système l'on gagnera beaucoup plus de prix à la loterie, et cet expédient sera beaucoup plus profitable que le système exclusif. Tant que les hunters de pur sang seront à la mode et atteindront de si hauts prix, on trouvera qu'il est bien plus avantageux de vendre ses chevaux de course réformés, au prix des hunters, que pour les tristes sommes qu'on en donne pour leur faire continuer la carrière de l'hippodrome. Dans les fermes d'élèves, il y a tant de risques et d'accidents qu'un grand nombre de poulains mourront ou se détérioreront, et les non-valeurs se trouveront fréquentes; il devient donc très-nécessaire de tirer parti de tous les matériaux qui peuvent contribuer à couvrir les frais de l'établissement. Si donc, au lieu de vendre les chevaux de trois ans réformés, on les lâche de nouveau dans la prairie pour les laisser grandir et grossir jusqu'à cinq ans, alors on peut leur faire un second dressage pour obtenir des hunters; ou bien, sans avoir aucuns risques et embarras, on les vend à des dresseurs, et l'on trouvera des prix de 150 ou 200 livres par cheval, et, dans quelques cas, beaucoup plus.

Choix de la poulinière. — 234. — Dans le choix de la poulinière il y a quatre choses à considérer: d'abord son sang, secondement sa conformation, troisièmement son état de santé, quatrièmement son caractère.

235. — Le sang ou la généalogie doit dépendre principalement des vues de l'éleveur, d'après l'espèce de poulains qu'il veut obtenir, d'après le principe que le *semblable engendre le semblable*, tout

en tenant compte des diverses considérations auxquelles on a fait allusion dans le chapitre précédent et aussi en partie dans celui-ci et les suivants.

236. — En forme, la jument doit être établie de façon à pouvoir porter et bien nourrir son produit; elle doit donc être, comme l'on dit, spacieuse. Il y a une conformation des hanches qui est particulièrement impropre à la reproduction, et cependant souvent recherchée avec soin, parce qu'on la regarde comme élégante: c'est la hanche droite et unie, qui comporte une queue attachée très-haut, et la pointe de l'ilion se trouve presqu'à la même hauteur que celle de l'ischion.

L'on voit une conformation tout à fait différente dans le squelette donné page 64 tome Ier; c'est celui d'une poulinière de pur sang bien établie pour la reproduction, quoique d'ailleurs un peu trop légère. En examinant son bassin, l'on verra que l'os de la hanche forme un angle considérable avec le sacrum, et que, par conséquent, il y a bien de l'espace, non-seulement pour porter le poulain, mais pour lui donner passage en venant au monde. Ce sont deux points importants, le premier de toute évidence; le second ne l'est pas moins si on y réfléchit, car si le poulain est endommagé au moment de sa naissance, soit par nécessité, soit par suite d'ignorance ou de paresse, souvent il ne pourra recouvrer ses moyens et sera abîmé pour toujours. Le pelvis doit donc être large et profond; il est à désirer aussi que la distance de la hanche à l'épaule soit un peu plus grande que la moyenne pour donner plus d'espace au produit. Il faut aussi une bonne profondeur dans les dernières côtes, afin qu'elles supportent bien ce surcroît de longueur. Ceci donne à toute la charpente du tronc un développement plus grand qu'on ne le désire ordinairement pour un cheval de course, chez lesquels on craint vite *trop de dessus*. C'est pour cela que des bêtes qui avaient bien couru se sont trouvées mauvaises poulinières, et que beaucoup qui avaient couru sans succès ont été mères de bons chevaux de course. En outre de cette charpente spacieuse qui doit être la coque du poulain, il n'y a plus à demander à la jument qu'une conformation adaptée au but que l'on se propose; si elle ne la possède pas elle-même, il faut qu'elle appartienne à une famille pourvue de cet avantage selon le 13e axiome posé dans le chapitre précédent. Si l'on peut trouver une jument qui réunisse toutes les qualités désirables, elle a d'autant plus de chances pour produire un bon cheval de course; mais si elle ne les a pas toutes, il faut au moins qu'elle en réunisse quelques-unes à une charpente convenable, sans quoi il est difficile qu'elle accomplisse sa tâche. Si avec cette bonne conformation elle appartient à une famille qui, en général, ait toutes les qualités du cheval de course, l'on peut compter sur elle avec un certain degré de certitude, bien qu'elle ne réunisse pas en elle-même toutes ces qualités. Ainsi, il y a de belles juments bien spacieuses qui n'ont servi à rien sur l'hippodrome, à cause de quelque manque de moyens dans l'avant-main ou l'arrière-main, ou un peu de faiblesse des reins relativement à leur longueur. Il ne faut pas mépriser ces animaux s'ils appartiennent à une famille de bons coursiers, et plus d'une jument semblable a été profitable à l'éleveur. L'on trouve d'un autre côté que quelques beaux animaux n'ont jamais donné de bons produits, parce que c'étaient des cas exceptionnels et que leurs familles étaient de presque tous les côtés sans vitesse sur l'hippodrome. Jamais jument ne parut moins propre à donner de forts coureurs que Pocahontas; mais comme elle était d'une famille qui compte Selim, Bacchante, Tramp, Web, Orville, Eleanor et Marmion parmi ses huit ascendants au troisième degré, l'on ne peut guère s'étonner qu'elle ait répondu aux saillies par the Baron, en produisant Stockwell et Rataplan.

237. — *Quant à la santé*, la poulinière devrait approcher de la perfection autant que son état artificiel peut le permettre. Dans tous les cas, c'est le point le plus important, et il faut examiner en détail chaque poulinière pour découvrir quels écarts de

l'état de nature ont produits les travaux particuliers de l'animal, et quels sont ceux dont elle a hérité de ses ancêtres. A part les suites d'accidents, toute déviation de l'état de santé de la jument peut être considérée comme lui ayant été plus ou moins transmise. En effet, dans une constitution tout à fait solide, aucun régime ordinaire, tel que l'entraînement, par exemple, ne causera de maladies, et ce n'est qu'une prédisposition héréditaire qui peut expliquer leur apparition sous ce régime. Cependant, il y a des degrés positifs, comparatifs et superlatifs dans les tares, qui peuvent faire rejeter la poulinière et qui doivent guider le jugement à cet égard. Tous défauts accidentels, comme genoux couronnés, hanches disloquées ou même boiterie, peuvent être tolérés. Cependant le dernier cas ne doit l'être que quand la jument provient d'une famille connue pour supporter la fatigue sans montrer cette faiblesse de muscles et de ligaments. Les éparvins, les formes, les suros saillants, enfin toutes les exostoses, sont des défauts fondamentaux et ne manqueraient pas de se perpétuer plus ou moins. Les jardes sont héréditaires et doivent s'éviter. Il faut remarquer que beaucoup de chevaux dont les jarrets forment une grande courbure à la jonction de l'os calcis avec l'astragale ne sont pas pour cela sujets à la jarde; c'est la nature défectueuse des ligaments en cet endroit et non les jonctions angulaires qui produit les jardes. L'éleveur doit donc bien approfondir la question avant d'accepter ou de rejeter une poulinière dont les jarrets sont suspects. Les mauvais pieds, qu'ils soient contractés, trop plats ou trop minces à la sole, doivent s'éviter; mais quand ils proviennent évidemment d'un ferrage défectueux, l'on peut passer outre. Voilà les principales tares des membres à éviter avec circonspection; les qualités à rechercher sont celles qui servent aux chevaux à supporter l'ébranlement de la course. Les genoux creux sont généralement un grand défaut pour un cheval de course et se transmettent fréquemment; il en est de même de la forme opposée; mais elle n'est pas, à beaucoup près, aussi désavantageuse. Telles sont les considérations générales relatives à la solidité des membres. L'intégrité de la respiration n'est pas moins importante. Les juments poussives produisent rarement, et cette raison suffirait pour les faire rejeter; mais d'ailleurs personne ne voudrait risquer de voir reparaître cette maladie dans le produit, lors même qu'il trouverait à faire féconder une pareille jument.

Le cornage est une question très-controversée, et nos principales autorités vétérinaires ne sont pas d'accord sur la théorie, pas plus que nos éleveurs sur la pratique à l'égard de cette maladie. Tous les ans elle devient plus fréquente et plus grave, et le danger de sa transmission est trop grand pour que personne veuille essayer volontairement de consacrer à la reproduction une bête qui corne. Autant que j'ai pu le vérifier, c'est un mal plutôt héréditaire par la jument que par l'étalon, et lors même qu'on m'offrirait une bête comme Virago pour rien, je ne serais pas tenté d'en faire une poulinière. Le cornage se produit dans des conditions si différentes, qu'il est difficile de se faire une opinion applicable à tous les cas en général. Dans quelques occasions, quand il provient de gourmes négligées ou d'une simple inflammation du larynx, résultat du froid, il ne se transmettra probablement pas; mais quand c'est le vrai cornage idiopathique, qui semble produit par une maladie des fibres du larynx, il y a dix contre un que les descendants souffriront de la même maladie. La cécité, d'un autre côté, peut être héréditaire ou non; mais, dans tous les cas, il faut s'en méfier tout autant que du cornage. La cataracte simple sans inflammation est certainement courante dans certaines familles, et quand un cheval ou une jument en sont affectés sans autre dérangement dans l'œil, il faut les rejeter avec soin. Quand la cécité est le résultat d'une inflammation violente provenant soit de mauvais traitement, soit de grippe ou autre cause semblable, l'œil lui-même est plus ou moins désorganisé, et bien que ce soit un mauvais signe indiquant une faiblesse dans l'organe, c'est moins grave que la cataracte régulière. Telles sont les principales tares et maladies de la jument; on peut y ajouter la faiblesse générale de constitution, qui ne peut se deviner que par la quantité de chair qu'elle conserve dans l'allaitement, ou quand elle n'est pas parfaitement nourrie et soignée, ou par l'examen à l'œil et à la main, quand on en a l'habitude. Les muscles fermes et pleins, l'œil vif et brillant, la robe de bonne apparence en toute saison (quelque bourru que soit le poil d'hiver), annoncent la solidité de constitution à rechercher; mais souvent cela se rencontre avec des membres et des pieds infirmes. En vérité, il semble que les animaux qui ont les plus beaux dessus se trouvent avoir aussi les plus mauvaises jambes, les plus mauvais pieds, en raison du poids que les membres ont eu à supporter, chez eux et chez leurs ancêtres. Le tic à la mangeoire est souvent une mauvaise habitude contractée dans l'oisiveté, comme aussi le tic en l'air; mais si ce n'est pas le résultat de mauvaises digestions, souvent cela y mène et souvent aussi le produit contracte le même défaut. Il est vrai qu'on peut l'empêcher au moyen d'une courroie; mais ce n'est pas une disposition estimée dans la jument, quoique ce soit moins grave que les maux signalés plus haut, à moins pourtant qu'il n'en résulte une perte de santé indiquée par la maigreur ou l'état de la robe.

238.— En dernier lieu, le caractère est d'une extrême importance; je n'entends point par là cette douceur dans le pré, qui permet à toute la famille de l'éleveur de caresser la jument, mais un caractère qui seconde les intentions du cavalier et réponde aux stimulants de la voix, du fouet et de l'éperon. Une bête lâche ou malicieuse ne doit jamais devenir mère de famille, et si elle appartient à une race connue pour se refuser à l'appel du cavalier, qu'on la consacre à toute autre tâche que la reproduction. Il ne faut pas non plus faire une poulinière d'une jument qui s'est montrée trop irritable pendant l'entraînement, à moins qu'elle n'ait présenté un cas exceptionnel; mais si elle appartient à une famille irritable, elle sera encore moins utile que si elle cornait ou se trouvait aveugle. Ce sont là des défauts apparents dans le poulain et la pouliche; mais l'irritabilité qui naît de l'entraînement fait perdre les sommes considérables avancées sur la foi d'épreuves particulières tout à fait démenties en public par suite de ce vice du système nerveux.

Choix de l'étalon. — 239. — Comme la poulinière, l'étalon doit avoir plusieurs qualités essentielles, à commencer tout comme pour elle: premièrement par le sang; 2° sa forme individuelle; 3° sa santé;

4º son caractère. Mais dans le choix de l'étalon il y a encore une difficulté, c'est que non-seulement il doit être convenable par lui-même, mais il doit s'adapter en particulier à la nature individuelle de la jument qu'il doit servir. Il s'ensuit évidemment plus

Fig. 42. — Express et son poulain Autocrat, par Bay Middleton.

de difficulté pour le choix que pour celui de la poulinière, puisqu'en laissant de côté toute autre considération que celle du sang, une jument n'a besoin que d'appartenir à une bonne famille de chevaux de course, tandis que pour un père, non-seulement il faut cette condition, mais convenance de sang, aptitude à *rencontrer* avec celui de la jument. Pour bien traiter ce sujet, il faut que l'éleveur porte ses investigations sur toutes les théories relatives à la génération. Il doit se décider sur la question de l'opportunité de l'alliance en dedans, et s'il vient à adopter ce système, il faut qu'il reconnaisse s'il convient au cas particulier dont il s'occupe. La plupart des hommes se décident à cet égard et appliquent leurs théories en grande partie d'après la mode régnante. L'écueil sur lequel la plupart se brisent, c'est une faveur superstitieuse pour tel cheval en particulier; ainsi l'un envoie toutes ses juments à Orlando, d'autres à Surplice ou à Flying Dutchman, bien qu'elles soient de sang et de formes différentes. Or, cela ne peut être judicieux, si l'on admet quelques principes de production, et quelque bon que soit un cheval, il ne peut convenir à toutes les juments. D'autres encore vous disent que tous les étalons peuvent réussir, et que c'est en tout une loterie; mais je crois pouvoir démontrer qu'il faut un peu de science à l'éleveur pour le mettre à même de gagner beaucoup de prix. Je suis convaincu que le système suivi dans ces derniers temps était mauvais, et qu'avec l'usage constant de croiser et de recroiser, on joue à peu près à la loterie; mais qu'avec de bons principes et des soins attentifs, il y aurait probablement moins de non-valeurs qu'à présent. J'ai déjà donné mes vues théoriques à cet égard, et de nombreux exemples choisis de chaque côté de la question. Mon but sera maintenant d'appliquer ces considérations à la pratique en choisissant des exemples particuliers.

240. — *Pour le choix à faire du sang* qui convient particulièrement à telle jument donnée, mes impressions me conduisent à chercher d'abord quel est le meilleur courant reconnu dans sa généalogie, et puis, si elle ne provient pas d'une double alliance en dedans dans ce sens, de la mener au meilleur étalon que l'on pourra trouver dans ce courant. Naturellement, dans quelques cas, il arrivera que le courant qui n'est estimé qu'au second rang réussira mieux, s'il arrive qu'il y ait un meilleur père dans cette famille que dans le courant supérieur, qui sans cette circonstance aurait été préféré. Si, d'un autre côté, la jument provient d'une union en dedans à deux degrés, alors il faut avoir recours au croisement. Je suis toutefois porté à croire, d'après le succès de quelques essais bien connus, que quelquefois on réussira en croisant avec un sang existant déjà dans la jument, mais qui n'ait pas été récemment uni en dedans, ni employé plus d'une fois. Tels sont les principes sur lesquels je fonderai l'espoir du succès, et si l'on étudie avec soin les séries de tables généalogiques données plus haut, l'on verra que ce moyen a fait produire tant de

chevaux habituellement vainqueurs, qu'il devient fort tentant d'y avoir recours. Je suis surpris que cette circonstance d'élevage en dedans, qui caractérise nos meilleurs chevaux modernes, ait si longtemps échappé à l'observation, et je ne puis l'expliquer qu'en supposant qu'on l'a perdu de vue, en s'arrêtant à la grand'mère de chaque côté, limite ordinaire des recherches à cet égard.

Ainsi, l'auteur le plus moderne qui ait traité ce sujet, sous le nom de Craven[1], prétend, page 121 du livre intitulé *The Horse* : « Il n'y a aucune proxi-« mité de parenté dans la généalogie de Flying Duth-« man, Touchstone, Melbourne, Epirus, Alarm, « Bay Middleton, Hero, Orlando, Irish Birdactcher, « Cossack, Harkaway, Tearaway, Lothario ou autres « célébrités. » Or, dans ce nombre Flying Dutchman est le produit de cousins au second degré ; Bay Middleton, son père, est produit en dedans par Williamson's Ditto et Walton, qui étaient propres frères. Quant à Orlando, il y a dans sa généalogie deux fois Selim pour ancêtre et son frère Castrel par-dessus le marché. Melbourne est aussi le produit de cousins au troisième degré, puisque son père et sa mère descendent également de Highflyer. Or, si l'on ajoute à ces quatre chevaux spécialement dé-

[1] Ce pseudonyme indique Yonatt et Cecil.

signés par cet auteur, les autres célébrités sur lesquelles j'ai attiré l'attention, sans compter une quarantaine d'astres inférieurs, trop nombreux pour être mentionnés, l'on conviendra que Craven admet comme démontré un fait qui se trouve l'être dans un sens tout à fait opposé.

241. — *Le choix d'un étalon en particulier d'après la conformation* n'est pas moins difficile que celui de la jument, et doit être la contre-épreuve de ce que l'on désire dans le produit, bien qu'il puisse être quelquefois nécessaire de prendre un animal qui exagère un peu la particularité que l'on recherche, surtout quand elle ne constitue pas une inégalité d'avant-main et d'arrière-main. Ainsi, si la jument est très-haute sur jambes, l'on peut choisir un cheval plus près de terre qu'à l'ordinaire; si son cou est trop court ou trop long, il faut lui donner un étalon inverse en ce sens. Mais dans tous les cas il est dangereux d'essayer de faire un changement trop soudain dans la taille, car cet effort produira généralement un poulain mal proportionné et par suite plus ou moins maladroit et décousu.

242. — Pour la constitution et la santé générale, les mêmes remarques s'appliquent au cheval et à la jument. Il faut éviter autant que possible toutes les tares héréditaires, bien que l'on trouve bien peu de chevaux entièrement nets, soit à cause des entraîne-

ments pénibles, ou pour d'autres motifs. Quant à l'embonpoint, il y a un désir extraordinaire de trouver des chevaux absolument chargés de graisse, comme autrefois les bœufs gras à Noël. Il est parfaitement vrai que la présence d'une quantité de graisse modérée est un signe de bonne constitution; mais cette qualité, comme toutes les autres, peut être poussée à l'excès, de façon à produire une maladie. Outre l'hypertrophie du cœur et des parties osseuses, souvent il y a une surabondance de graisse obstruant les fonctions animales, et c'est une cause fréquente de mort prématurée. Cela provient en grande partie du manque d'exercice, mais aussi d'une nourriture trop stimulante. Aussi l'éleveur qui veut que son cheval dure et produise de bons poulains, doit-il veiller à ce qu'il ait assez de promenade et pas d'excès de nourriture.

243. — *Pour le caractère*, il n'y a rien à ajouter à ce que nous avons dit pour la jument, si ce n'est qu'il y a plus d'étalons méchants que de juments, en dehors des courses; cela résulte de l'état constant d'excitation contre nature dans lequel on les tient. Mais ce défaut est sans importance, puisqu'il n'empêche pas les produits de bien courir et n'est gênant que pour les soins à donner à l'écurie.

Le meilleur âge pour la production. — 244. — L'on suppose généralement que chacun des parents devrait être d'âge mûr, et que, si tous les deux sont ou très-jeunes ou très-vieux, le produit sera faible ou décrépit. Un grand nombre de nos meilleurs chevaux proviennent de vieilles juments ou de vieux étalons. — Ainsi Priam fut mis bas par Cressida à vingt ans; Crucifix par Octavia, à vingt-deux ans; Lottery et Brutandorf par Mandane, à vingt ans et à vingt-deux. Voltaire engendra Voltigeur à vingt et un ans; Bay Middleton fut père d'Andover à dix-huit ans, et Touchstone procréa Newminster à dix-sept. D'un autre côté, beaucoup de jeunes étalons et de juments ont bien réussi, et, dans des cas sans nombre le premier produit d'une jument a été son meilleur. Dans les temps antérieurs, Mark Anthony et Conductor étaient les premiers produits de leurs mères; plus récemment, Shuttle Pope, Filho da Puta, Sultan, Pericles, Oiseau, Doctor Syntax, Manfred et Pantalon ont tous été des premiers-nés. Ce sont pourtant des exceptions, et la majeure partie des chevaux supérieurs sont produits plus tard dans la série. La plus jeune mère dont j'aie entendu parler, c'est Monstruosity, née en 1838, qui à trois ans produisit Ugly Buck, ayant été saillie à deux ans par Venison. Sa mère l'avait produit à quatre ans, et Venison lui-même était un tout jeune étalon, n'ayant que sept ans lorsqu'il produisit Ugly Buck. Ce cheval a donc été sur tous les points un exemple remarquable d'élevage au moyen de jeunes parents. Comme dans presque tous les cas de ce genre, il ne remplit pas les promesses de sa jeunesse et se montra supérieur à deux ans et au commencement de sa troisième année à ce qu'il fut dans sa majorité. Cela arrive souvent, et je crois que c'est une règle assez générale pour la production de tous les animaux, chevaux, chiens ou bestiaux. Dans l'élève des chevaux, la pratique ordinaire est de mettre les jeunes étalons avec les vieilles juments et de faire saillir les jeunes juments par les vieux étalons, et cela paraît le meilleur système en consultant la théorie et la pratique.

Meilleur temps pour l'élevage. — 245. — Pour tout ce qui touche aux courses, il est important que le poulain naisse de bonne heure, parce que l'âge date du 1er janvier. Il faut donc mener la jument à l'étalon en février, de façon à la faire pouliner le plus tôt possible après le 1er janvier. Mais, toutefois, comme il y a beaucoup de juments qui mettent bas un peu avant la fin du onzième mois, il est imprudent de les faire saillir avant le milieu de février. Pour plus de détail, voyez page 138, tome Ier, où l'on traite des soins généraux à donner à la jument et au poulain.

Particularités qui distinguent les différentes races modernes. — 246. — Il y a eu tant de croisements divers depuis l'époque de Herod, Eclipse et Matchem, qu'il n'est plus possible de classer les races sous les noms de ces trois coursiers, et encore bien moins sous ceux de leurs célèbres ancêtres, les arabes Godolphin et Darley et le turc Byerley. Il y a cependant de nos jours des courants qui se sont fait remarquer sur le turf par des qualités particulières; ce sont les Waxy, les Orville, les Buzzard, tout à fait au premier rang, et puis les Blacklocks, les Tramp, les Watton, les Haphazard et les Sorcerer au second rang. Il y a eu en outre des courants de sang célèbres dans leur temps, mais qui ne se sont pas continués jusqu'à nous sans avoir perdu leur réputation.

Nous ne considérons les chevaux que nous venons de citer plus haut que sous le rapport de la production.

247. — Waxy paraît en tête de liste, non-seulement pour avoir été de près ou de loin le producteur de plus de vainqueurs de grandes courses que deux autres pères à choisir parmi les étalons qui lui ont succédé. Certes, quand un cheval compte treize vainqueurs du Derby en cinquante ans dans sa progéniture mâle directe, sans compter onze vainqueurs pour les Oaks et treize pour le Saint-Léger, il faut reconnaître sans discussion la supériorité de son sang. Comme Orville, il est principalement composé du sang d'Eclipse et de celui de Herod, avec

une double infusion de Godolphin par Sportsmistress et Lisette. Ses descendants, comme ceux d'*Orville*, sont tous remarquables par leur courage et leur véritable allure de course; mais il n'ont généralement pas autant de charpente et de substance que les descendants de cet autre étalon. Whalebone et Wire, deux des produits extraordinaires que Waxy obtint de Penelope, sont nommés d'une manière caractéristique[1] et donnent une idée exacte des qualités de presque toute sa race. Ils supportent une dose d'entraînement qui prouve leur bonne constitution et se trouvent rarement surmenés; mais il faut avoir bien soin des membres de la plupart d'entre eux; ils se trouvent rarement capables de supporter le travail excessif nécessaire pour les réduire à un état qui leur permette de faire voir leur fonds extraordinaire. Ils courront tout le jour, et il n'y a pas pour eux de trop longue distance; c'est à cet égard que l'on peut surtout leur accorder confiance, car il y en a de plus vites qu'eux pour un mille; mais quand il faut en parcourir deux, ils brillent par leur supériorité, qui croîtrait encore si les distances étaient plus longues. C'est pour cela qu'ils ont souvent triomphé pour le Saint-Léger après avoir échoué pour le Derby; c'est ce qui est arrivé à the

[1] Whalebone, barbe de baleine (fanon). Wire, fil de fer.

Colonel, Touchstone, Newminster, etc., et qu'ils ont eu plus de succès dans les distances de Derby, Oaks et Saint-Léger, que dans celle du prix de deux mille guinées. Comme chevaux de steeple-chase ils

Fig. 43. — Lord Chesterfield achète Don John, fils de Waverley, et gagne le prix du Saint-Léger en 1838.

ont bien fait valoir leurs moyens, et sous ce rapport le succès de sir Hercules est très-remarquable. Son fils Discount était un Waxy dans toute sa personne, avec un corps plein et musclé et une constitution de fer. Malheureusement ses membres supportaient à peine un entraînement, même sous la direction d'un entraîneur habile. Outre les descendants de Waxy que l'on trouve dans les branches femelles de nos meilleures généalogies, l'on trouve dans la ligne mâle Whalebone et Whisker, fils de Penelope, et Waxy Pope, fils de Prunella, mère de Penelope. Les deux premiers ont réuni leur sang dans the Baron, Cotherstone et West Australian, tandis que le troisième a rendu de bons services comme étalon en Irlande. Bien plus, Stockwell, Rataplan et Andover ont aussi le sang des deux premiers, et en surplus celui de Web, leur sœur. Whalebone fut aussi père de Camel, Waverley, Defence et sir Hercules, et ceux-ci sont représentés au moment actuel par Camel, fils de Touchstone, et par Orlando *cum multis aliis;* Waverley par the Saddler et Don John; Defence par Safeguard, the Emperor (qui vient de mourir), Hero, Andover et Pyrrhus Ier (surtout dans la ligne femelle), sir Hercules (par Birdcatcher) et son frère Faugh a Ballagh; en outre, Robert de Gorham et Newcourt, et par Birdcatcher, Chanticleer. Whisker est perpétué par the Colonel et son fils Chatham, aussi bien que par plusieurs juments, et puis par Economist et son fils Harkaway.

248. — *Orville*, comme Waxy, fut un bon cheval de course et un bon étalon; il est remarquable par une combinaison de force et de vitesse supé-

rieure à celle que donnent presque tous nos étalons fameux. Comme la plupart de ces animaux, il a été produit en dedans, relativement à Herod, sa mère étant par Highflyer fils d'Herod, et son père fils d'une jument par Herod. De plus, son grand-père King Fergus venait d'une jument par Tartar père de Herod. Suivant la loi que j'ai amplement décrite, l'on doit s'attendre que son sang produit en dedans d'un cheval comme Herod doit prévaloir, surtout quand les autres courants dérivent d'Eclipse, Crab et Matchem. Il sera toujous célèbre comme ancêtre des chevaux que nous allons citer, et même au temps où nous vivons, son sang est fort recherché. Avec Emily, qui était aussi pleine du sang de Herod et Eclipse, il eut Emilius, cheval aussi célèbre que son père. Par Eleanor, l'héroïne du Derby et des Oaks, il eut Muley, maintenant représenté par Drayton. La généalogie de cette jument était assez semblable à celle d'Emily, et toutes les deux avaient le sang de Whiskey. Une autre fois, par miss Sophia, descendant aussi de Herod et d'Eclipse, il eut Master Henry, renommé dans son temps comme coureur et comme père, et maintenant représenté principalement par Touchstone. Par Bizarre, sœur de Finesse, pleine aussi du sang de Herod et d'Eclipse (voir Table 73), il eut Bizarre, qui toutefois n'ajouta pas beaucoup à la gloire de son père. Enfin, par Marianne, fille de Mufti, il eut Octavius, vainqueur du Derby, mais sans autre célébrité. Emilius était un cheval magnifique avec une charpente et une substance à porter 14 stones. Il fut père de Priam, Ple-

Fig. 44. — Le duc de Grafton et Oxygen, fille d'Emilius.

nipotentiary, Recovery, Pompey, Euclid, California, Théon, Plenary, Oxygen et Duvernay, outre plusieurs autres; mais la plupart de ceux-là ont bien fait dans les haras, et quelques-uns ont été des coureurs extraordiuaires aussi bien que des producteurs, comme par exemple Priam, Plenipotentiary, Pompey et Recovery. Le succès de Priam est remarquable relativement au petit nombre de juments qu'il a couvertes chez nous; mais en tout état de cause ce n'est pas une petite gloire que d'être père de Crucifix, de ses fils Surplice et Cowl, de miss Letty, Industry, Weathergage, Cossak et the Hero. Tous ces chevaux se sont distingués par leur bonne manière de courir, et leur sang profite toujours dans l'entraînement, ce qui est un avantage très-important. Les descendants d'Emilius, pleins du sang d'Eclipse par la ligne mâle et aussi par miss Hervey, Waxy, Wixen et Saltram, sont particulièrement forts et honnêtes.

249. — *Buzzard* diffère de Waxy et d'Orville dans le caractère de la progéniture, qui est plutôt établie pour le mille de Rowley que pour les distances plus longues courues à Epsom et à Doncaster. Cependant, eu égard à leur vitesse énorme, ils sont admirablement résistants, mais aucun cheval ne peut vivre à l'allure foudroyante de quelques-uns de ces coursiers sans donner des signes de détresse. C'est pour cela que plusieurs chevaux de cette race ont une réputation de manque de fonds qu'ils ne méritaient pas complétement. Cependant il est hors de doute que sur une grande distance ils seront généralement battus par la race de Whalebone ou Orville. Pres-

que tous les chevaux de cette famille ont de belles épaules penchées, avec des charpentes un peu légères, généralement de bons moyens de propulsion; mais le bas de la cuisse est un peu faible et les jarrets un peu droits. Cette dernière particularité est caractéristique dans cette famille; car bien que la pointe du jarret soit bien développée, cependant il semble qu'elle ait été retirée dans le tendon d'Achille en faisant corps avec lui, sans cependant aucune apparence de jarde. J'ignore si leur grande vitesse dépend en quelque chose de cette conformation; mais elle semble inhérente à ce sang. Peu de chevaux de cette famille sont bien suivis dans leur conformation, et il y en a peu que l'on puisse détailler; mais ils trouvent moyen, dès qu'on les lance sur l'hippodrome, d'exciter l'admiration générale par leur allure magnifique. Ils volent à la victoire sans effort apparent, et tandis que les Whalebone ou les Emilius ont souvent besoin d'être stimulés par le fouet ou l'éperon, les descendants de Buzzard accompliront leur triomphe sans autre excitant que leur ardeur généreuse, l'aisance naturelle et l'élégance de leur action. Généralement ils s'entraînent très-facilement, ayant une assez bonne constitution et ne demandant pas plus de suées que leurs jambes n'en peuvent supporter. Non que leurs membres soient remarquablement bons, mais parce que leurs charpentes sont rarement chargées et parce qu'ils perdent facilement leur chair superflue. Buzzard est représenté de nos jours par presque autant de chevaux à la mode que Waxy. A la première génération il eut d'une jument fille d'Alexander Castrel, Sélim et Rubens, qui étaient tout à fait frères, et leur sœur-arrière, grand'mère d'Ithurel, puis Bustard, grand-père de Lanercrost. Castrel aussi fut père de Pantalon et Merlin, et grand-père de Queen of Trumps. Selim eut Selim et Langar. Par le premier de ces chevaux, il est l'ancêtre de Bay Middleton, Ishmael, Beiram, Glencoe et Jereed; par Bay Middleton, il est arrière-grand-père de Flying Dutchmann et Andover, et aussi trisaïeul de Wild Dayrell. Puis Langar est le père de Ratcatcher et Epirus, et par ce dernier se trouve le grand-père de Pyrhus Ier. Enfin Rubens est représenté conjointement, il est vrai, avec Whalebone par une foule de juments, filles de Defence; il est donc juste d'attribuer partie de leur sang à Buzzard.

250. — Les Blacklocks sont généralement connus pour leur vilaine et commune apparence, leurs genoux creux, leurs fronts plats et leur mine plébéienne, souvent avec trop d'air sous le ventre. Il y en a pourtant quelques-uns qui ont été vite avec de bonnes qualités de résistance; l'un de ses fils, le Tranby de M. Osbaldeston, était un cheval très-vi-

goureux, et la tâche qu'il accomplit sous onze stones, dans le pari célèbre contre le temps, fera toujours honneur à son père Blacklock. Il faut inscrire à sa gloire les courses brillantes de Velocipede et de sa descendance, et aussi les exploits de Voltaire et de ses fils Voltigeur, Tearaway et Charles XII. Mais presque tous les chevaux de cette race pèchent par le caractère et sont, par conséquent, difficiles à entraîner et à produire sur l'hippodrome toutes les fois qu'on le voudrait.

251. — Tramp ressemble un peu à Blacklock pour le caractère général de ses descendants; cependant ils ont les membres mieux faits, et quelques-uns ont été de bons chevaux de course sans être tout à fait de première classe. Zingance, Lottery et Liverpool pouvaient tous soutenir les courses de distance, mais ils étaient à peine assez vites pour gagner de grands prix. L'on peut bien en dire autant de Lanercost, Sheet Anchor et leurs descendants.

252. — L'on peut bien classer ensemble les Walton et les Haphazard. Pour le sang, ils étaient presque identiques, provenant de sir Peter et de juments filles d'Eclipse ou de son fils Dungannon. Ces deux étalons ont produit avec deux juments différentes, descendant de Waxy, savoir : Walton, Partisan et Haphazard, Filho da Puta. De Julia, fille de Whiskey, Walton donna Phantom, autre célébrité de son

époque. De tous ces pères c'est aujourd'hui Partisan qui est le plus estimé, et le sang de ses fils Venison et Gladiator est considéré par bien des gens comme valant les meilleurs, aussi bien que celui de leurs descendants, Vatican, Alarm Kingston et Sweemeat. Rien ne peut surpasser la beauté de formes qui résulte de ces combinaisons du sang de Waxy et de sir Peter, et il semble s'être perpétué dans tous les descendants qui brillent par leur air *pur sang*, avec des têtes arabes, des museaux fins, des yeux pleins, des encolures légères, de bonnes épaules et aussi pour leurs jambes élastiques et résistantes avec de bons pieds. Cette particularité tient peut-être à la légèreté de leur coffre, qui ne charge guère les membres, et pourtant ils ont presque tous assez de fonds et surtout les Venisons. Comme père de bons chevaux de course, ramassant les prix de district, ils n'ont point de rivaux, mais généralement ils n'ont pas une vitesse de premier ordre, ce qui les a tenus en arrière quand ils couraient en très-bonne compagnie. Ils courront toute la journée et le lendemain aussi, et, quand les courses en partie liée étaient en vogue, ils étaient sans prix pour les amateurs de cette pratique barbare. Je suppose que les juments de cette race rivaliseront encore avec les filles de Defence pour produire des coursiers bons, solides, et même des foudres de vitesse, si on leur donne des étalons convenables.

253. — Enfin viennent les Sorcerers, grands, vites et décousus ; il leur faut de la place pour déployer leurs moyens qui sont de nature à briller sur un terrain plat, et dans les courses en ligne droite plutôt que dans un petit hippodrome rétréci. Il y a peu de jolis chevaux de ce sang, et quelques-uns sont particulièrement communs et gauches, comme les Melbournes ; mais toutefois leurs proportions sont assez justes pour frapper l'œil d'un connaisseur. Ils ont de grandes têtes, de vastes charpentes, de gros membres, de fortes articulations, des jarrets larges, l'arrière-main puissante, et sont propres à tout, excepté à tourner les coins, où ils se trouvent hors de leur élément. Tels sont les Soothsayers, les Comus, les Revellers, les Hymphrey Clinkers et les Melbournes. Il faut ranger dans la même catégorie les célèbres fils de ce dernier cheval, sir Tatton Sykes, West-Australian et Oulston. Ils ont tous assez de vitesse pour n'importe quel concours ; mais il faut du temps pour remplir ces belles charpentes, et si l'on voulait en tirer tout le parti possible, il faudrait les réserver jusqu'à cinq ans. Somme toute, ce courant de sang peut être considéré comme ne le cédant qu'aux trois premiers que nous avons décrits, qui, pendant une longue série d'années, ont persisté à donner de bonnes qualités ; mais pourtant, en ne prenant qu'un seul point de comparaison,

Melbourne l'emporterait peut-être sur n'importe quel étalon.

Liste d'étalons modernes. — 254. — La liste suivante comprend tous les étalons modernes les plus renommés, et la plupart de ceuxdu second ordre en l'année 1870.

Abergeldie, 7 ans, alezan, par Trumpeter et une fille d'Hero.

Adventurer, 11 ans, bai, par Newminster et Palma, fille d'Emilius.

A. 1, 8 ans, bai brun, par Sweetmeat et Juanita Perez, fille de Melbourne.

Anglo-Saxon, 9 ans, bai, par Ethelbert et Griselda, fille de Touchstone.

Armagnac, 10 ans, alez., par Faugh a ballagh et Batilde, fille de Young Emilius.

Arthur Wellesley, 19 ans, bai, par Melbourne et Lady Barbara, fille de Launcelot.

Asteroïd, 12 ans, bai, par Stockwell et Teetotum, fille de Touchstone.

Atherstone, 12 ans, bai, par Touchstone et Lady Harriet, fille de Merry Monarch.

Babbler, 7 ans, bai brun, par Chit-Chat et Lumiet, fille de Kingston.

Baldwin, 10 ans, alez., par Rataplan et Austrey, fille de Harkaway.

Beadle, 9 ans, bai, par Newminster et Plush, fille de Plenipotentiary.

Beasdman, 15 ans, bai brun, par Weatherbit et Mendicant, fille de Touchstone.

Bedminster, 8 ans; bai, par Newminster et Secret, fille de Melbourne.

Bel Demonio, 9 ans, alez., par Weatherbit et Augusta, fille de Birdcatcher.

Best an bravest (the), 9 ans, alez., par Rataplan et Pharsalia, fille de Gladiator.

Bird on the Wing (frère de), 17 ans, noir, par Birdcatcher et Prairiebird, fille de Touchstone.

Blarney, 9 ans, alez., par Claret et Mag-on the Wing, fille de Magpie.

Blinckhoolie, 6 ans, bai, par Rataplan et Queen Mary, fille de Gladiator.

Bonnyfield, 12 ans, par West-Australian et Queen Mary, fille de Gladiator.

Breadalbane, 8 ans, alez., par Stockwell et Blinck Bonny, fille de Melbourne.

Brocket, 20 ans, bai, par Melbourne et Miss Slick, fille de Muley Muloch.

Broomielaw, 7 ans, bai brun, par Stockwell et Queen Mary, fille de Gladiator.

Brown Bread, 8 ans, bai brun, par Weatherbit et Brown Agnes, fille de West-Australian.

Buckenham, 11 ans, bai, par Voltigeur et une fille d'Ithuriel.

Cambuscan, 9 ans, alez., par Newminster et the Arrow, fille de Stane.

Camerino, 12 ans, bai, par Stockwell et Sylphine, fille de Touchstone.

Canary, 12 ans, bai, par Orlando et Palma, fille de Plenipotentiary.

Caractacus, 11 ans, bai, par Kingston et Defenceless, fille de Defence.

Carbineer, 12 ans, bai, par Rifleman et Comfit, fille de Sweetmeat.

Carlton, 7 ans, alez., par Stockwell et Midsummer, fille de Melbourne.

Caterer, 11 ans, bai, par Stockwell et Selina, fille d'Orlando.

Cathedral, 9 ans, bai, par Newminster et Stolen moments, fille de Melbourne.

CAVENDISH, 14 ans, bai brun, par Voltigeur et Ctesse de Burlington, fille de Touchstone.

COUNT BOOLAT (arabe), 11 ans, gris, par Krolick et Oosadnitza, fille de Boolat.

CLARET, 18 ans, bai brun, par Touchstone et Mountain Sylph, fille de Belshazzar.

CLARISSIMUS, 11 ans, alez., par Barbatus et Clarissa, fille de Pantalon.

CLONMORE, 7 ans, bai brun, par Duc an Dhurras et une fille de Sleigt of hand.

COLONEL (the), 4 ans, bai, par Général et Cecilia, fille de West-Australian.

COSTA, 11 ans, bai, par Baron et Catherine Hayes, fille de Lanercost.

CRAMOND, 13 ans, par Andover et Haricot, fille de Mango ou Lanercost.

DALESMAN, 7 ans, alez., par King Tom et Agnes, fille de Pantalon.

DANIEL, 14 ans, bai, par Newminster et Lioness, fille de Ballinkeele.

DEAN, 6 ans, alez., par Newminster et Myriam, fille de Malcolim.

DEFENDER, 14 ans, bai, par Windhound et Melbourne, fille de Ellen.

DEERSWOOD, 10 ans, bai, par Orlando et the Arrow, fille de Slane.

D'ESTOURNEL, 6 ans, bai brun, par Parmesan et une fille de Chanticleer.

DONALD CAIRD, 6 ans, bai, par Annandale et Nugget, fille de Melbourne.

DON JOHN, 12 ans, bai, par Wild Dayrell et Circassian Maid, fille de Lanercost.

DNONYBROOK, 10 ans, bai brun, par Sprig of Shillelah et Fly, fille de Yago.

DOUBLE X, 10 ans, bai brun, par Colonist et Miss Tom, fille de Crozier.

Dr Syntax, 10 ans, bai, par Newminster et miss Lavinia, fille de Verulam.

Duke (the), 8 ans, bai, par Stockwell et bay Celia, fille de Orlando.

Dundee, 12 ans, bai, par Lord of the Isles et Marmalade, fille de Sweetmeat.

Earl (the), 5 ans, bai brun, par Young Melbourne et bay Celia, fille de Orlando.

Eidolon, 13 ans, bai brun, par the Flying Dutchman et Blakeyed Suzan, fille de Faugh a ballagh.

Elland, 8 ans, bai, par Rataplan et Ellermire, fille de Chanticleer.

Ely, 9 ans, bai, par Kingston et Bloomer, fille de Melbourne.

Etchequeer, 11 ans, alez., par Stockwell et Stamp, fille d'Emilius.

Fingal, 14 ans, bai brun, par Mountain Deer et une fille d'Ishmael.

Fitz Roland, 15 ans, alez., par Orlando et Stamp, fille d'Emilius.

Gamekeeper, 19 ans, bai brun, par Irish Birdcatcher et Swallow, fille de Lanercost.

Gedeon, par Monarque et Gehenne, fille de Gladiator.

General Peel, 9 ans, bai, par Young Melbourne, fille de Orlando.

General Hess, 13 ans, alez., par the Nabob et Lady Alice, fille de Lanercost.

Gladiateur, 8 ans, bai, par Monarque et Miss Gladiator (élevé en France), Fig. 45.

Glenmasson, 16 ans, bai, par Cotherstone et Annette, fille de Priam.

Grey Plover, 19 ans, gris, par Birdcatcher et Wh[illegible], fille de Drone.

Gunboat, 16 ans, bai brun, par Sir Hercules et Yard Arm, fille de Sheet Anchor.

Hermit, 6 ans, alez., par Newminster et Seclusion, fille de Tadmor.

Honiton, 7 ans, bai, par Stockwell et Flax, fille de Surplice.

Hospitality, 17 ans, bai brun, par Malcolm et Envy, fille de Perion.

Janitor, 7 ans, bai, par King Tom et Miss Hobson par bay Middleton.

Fig. 45. — Gladiateur, fils de Monarque et de Miss Gladiator, au Comte de Lagrange.

Joco, 9 ans, bai brun, par Jock-o-Sot et Countess of Westmoreland, fille de Melbourne.

Joey Jones, 12 ans, bai, par Newminster et Miss Dods, fille de Irish Birdcatcher.

John Halifax, 7 ans, bai, par the Ugly Buck et une fille d'Annadale.

Joskin, 14 ans, bai-brun, par West-Australian et Peasant Girl, fille de *the Major.*

JULIUS, 6 ans, bai, par St Albans et Julie, fille de Orlando.

JUPITER, 8 ans, bai brun, par Weatherbit et Athena Pallas, fille de Irish Birdcatcher.

KEMPTON, 10 ans, bai, par Kingston et Brightonia, fille de Touchstone.

KETTLEDRUM, 12 ans, alez., par Rataplan et Hybla, fille de Provost (the).

KING ALFRED, 5 ans, bai, par King Tom et une fille de bay Middleton.

KING CHRISTIAN, 7 ans, bai, par Stockwell et Ferrara, fille d'Orlando.

KING OF TRUMPS, 21 ans, alez., par Velocipede et Miss Gill, fille de Vistor.

KING TOM, 19 ans, bai, par Harkaway et Pocahontas, fille de Glencoe.

KNIGHT OF St PATRICK, 12 ans, bai, par Knight of St George et Pocahontas, fille de Glencoe.

KNIGHT OF THE CRESCENT, 7 ans, bai, par Knight of St Patrick et Besika, fille de Beiram.

KNIGHT OF THE THISTLE, 12 ans, alez., par Knight of St George et Ava, fille de Lanercost.

KNOWSLEY, 11 ans, bai, par Stockwell et une fille d'Orlando.

LACYDES, 11 ans, bai, par Orlando et Boarding School Miss, fille de Plenipotentiary.

LAMBTON, 20 ans, bai, par the Cuve et Elphine, fille d'Emilius.

LECTURER, 7 ans, bai, par Colsterdale et Algebra, fille de Mathematician.

LIDDINGTON, 8 ans, bai brun, par Orlando et Lady Roden, fille de West-Australian.

LIFEBOAT, 15 ans, bai brun, par Sir Hercules et Yardarm, fille de Sheet Anchor.

LIGHTNING, 19 ans, bai brun, par Magpie et Flash, fille de Philip the First.

LOITERER, 13 ans, alez., par Stockwell et Emmi, fille de bay Middleton.

LORD CLIFDEN, 10 ans, bai, par Newminster et the Slave, fille de Melbourne.

LORD CONNINGHAM, 8 ans, bai brun, par M. D. et Spinster, fille de Flatcatcher.

LORD LYON, 7 ans, bai, par Stockwell et Paradigm, par Paragone.

LORD OF THE ISLES, 17 ans, bai, par Touchstone et Fair Helen, fille de Pantalon.

LOTHARIO, 7 ans, bai, par King Tom et Calista, fille de Liverpool.

LOVETT, 14 ans, bai brun, par the Confessor et Julia, fille de Jerry.

LOZENGE, 7 ans, bai, par Sweetmeat et Down With the Dust, fille de Star of Erin.

LUCIFER, 7 ans, bai brun, par the Cure ou Lord Fauconberg et Starlight, fille de Kremlin.

LUNDY FOOT, 17 ans, bai, par Sweetmeat et Mulligatawney, fille de Economist.

MACARONI, 10 ans, bai, par Sweetmeat et Jocose, fille de Pantalon.

MAGICIAN, 7 ans, bai brun, par the Flying Dutchman et Magic, fille de Melbourne.

MAINSTAY, 10 ans, bai, par Ivan et Coquette, fille de Napier.

MAINSTONE, 13 ans, bai brun, par King Tom et Blister, fille de bay Middleton.

MAN AT ARMS, 13 ans, par Kingston et Paradigm, fille de Paragone.

MANDRAKE, 6 ans, alez., par Weatherbit et Mandragora, fille de Rataplan.

MARQUIS, 11 ans, bai, par Stockwell et Cinizelli, fille de Touchstone.

MASTER BAGOT, 16 ans, gris, par Faugh a ballagh et Victorine, fille de Speculation.

MASTER FENTON, 11 ans, bai brun, par King Tom et Anne Page, fille de Touchstone.

MASTER RICHARD, 9 ans, alez., par Teddington et Energy, fille de Weatherbit.

MENTMORE, 15 ans, bai, par Melbourne et Emerald, fille de Defiance.

MINER (the), 9 ans, alez., par Rataplan et Manganese, fille de Birdcatcher.

MOGADOR, 10 ans, bai, par King Tom et Moonshine, fille de Orlando.

MOLDAVIA, 8 ans, alez., par Hospodar et Tisiphone, fille de Gladiator.

MONARCH OF THE GLEN, 7 ans, alez., par Stockwell et Glengowrie, fille de Touchstone.

MONARQUE, au haras de Dangu en France (Fig. 46).

MOROCCO, 11 ans, bai, par King Tom et Moonshine, fille de Orlando.

MOTLEY, 19 ans, bai, par Touchstone et une fille de Lanercost.

MOULSEY, 8 ans, bai, par Teddington et Sabra, fille de Pantalon.

NASEBY, 22 ans, bai, par Cotherstone et Victorine, fille de Speculation.

NEVILLE, 19 ans, bai, par Napier et Sally Snobs, fille de Sandbeck.

NEWCASTLE, 14 ans, alez., par Newcastle et Mary Aistabie, fille de Malcolm.

NORTH BRITON, 4 ans, bai brun, par Claret et Timandra, fille de Voltigeur.

NORTH LINCOLN, 14 ans, bai, par Pylade et Cherokee, fille de Redschank.

NUTBOURNE, 13 ans, alez., par the Nabob et Princess, fille de Merry Monarch.

ODD TRICK, 16 ans, alez., par Sleight of Hand et une fille de Hampton.

OLD CALABAR, 11 ans, bai, par King Tom et une fille de Piccaroon.

ORËST, 13 ans, bai, par Orestes et Lady Louisa, fille de Touchstone.

OULSTON, 18 ans, bai, par Melbourne et Alice Hawthorn, fille de Muley Moloch.

PARMESAN, 13 ans, bai brun, par Sweetmeat et Gruyère, fille de Verulam.

PEER (the), 7 ans, bai, par Westminster et Mainbrace, fille de Sheet Anchor.

PEON, 9 ans, bai brun, par Alarm et Repentance, fille de Annandale.

PLUM PUDDING, 10 ans, bai, par Sweetmeat et Foinnualla, fille de Birdcatcher.

PRIME MINISTER, 22 ans, bai brun, par Melbourne et Pantalonade, fille de Pantalon.

PRINCE LEOPOLD, 3 ans, bai, par Macaroni et Mystery, fille de Augur.

PRINCE LOUIS, 5 ans, bai, par Stockwell et Hess Homburg, fille de Robert de Gorham.

PROMISED LAND, 14 ans, bai, par Jericho et Glee, fille de Touchstone.

RAKE (the), 10 ans, par Wild Dayrell et Englands beauty, fille de Birdcatcher.

RANGER (the), 10 ans, bai brun, par Voltigeur et une fille de Gardham.

RAPID RHONE, 10 ans, rouan, par Young Melbourne et une fille de Lanercost.

RATAPLAN, 20 ans, alez., par the Baron et Pocahontas, fille de Glencoe.

RATTLE, 20 ans, alez., par the Fallow Buck et Hamble, fille de Camel.

REDHART, 26 ans, bai, par Venison et Soldier's daughter, fille de Colonel (the).

RESCUE (the), 6 ans, alez., par Life boat et Whiteleg, fille de Womersley.

ROBIN HOOD, 7 ans, bai, par Wild Dayvell et The Chase, fille de Venison.

Rouge Dragon, 12 ans, par Windhound et Paradigm, fille de Páragone.

Saccharometer, 10 ans, noir, par Sweetmeat et Defamation, fille de Yago.

Scottish Chief, 9 ans, bai, par the Lord of the Isles et Miss Ann, fille de the Little Known.

Selim, 7 ans, bai, par Ivan et Hight of the Harem, fille de Magpie.

Sharper, 7 ans, bai, par Ellington et Overreach, fille de Irish Birdcatcher.

Simple Simon, 13 ans, bai brun, par Woodpidgeon et Nicotine, fille de Jon.

Sincerity, 12 ans, bai brun, par The Redhard et Integrity, fille de Van Tromp.

Skeffington, 9 ans, bai, par Teddington et Juanita Perez, fille de Melbourne.

Skirmisher, 16 ans, bai brun, par Voltigeur et une fille de Gardham.

Soapstone, 10 ans, bai, par Touchstone et Miriam, par Malcolm.

Solon, 8 ans, bai, par West-Australian et une fille de Birdcatcher.

Speculum, 5 ans, bai, par Vedette et Doralice, fille de Alarm ou de Orlando.

St. Albans, 12 ans, alez., par Stockwell et Bribery, fille de Libel.

Stiletto, 17 ans, noir, par Touchstone et Florence par Velocipede.

Stockinger, 11 ans, bai, par Stockwell et Lady Evelyn par Don John.

Strafford (frère de), 10 ans, bai brun, par Young Melbourne et une fille de Gameboy.

Strathconan, 7 ans, gris, par Newminster et Souvenir, fille de Chanticleer.

Sunstrocke, 5 ans, alez., par Thormanby et Sunflower par Bay Middleton.

Surplice, 25 ans, bai, par Touchstone et Crucifix, fille de Priam.

Suspicion, 9 ans, bai, par Alarm et Blue Bell, fille de Heron.

Sydmonton, 8 ans, bai, par Vengeance et Midia, fille de Scutari.

Thormanby, 13 ans, alez., par Windhound ou Melbourne et Alice Hawtorn, fille de Muley Moloch.

Thunderbolt, 13 ans, alez., par Stockwell et Cordelia, fille de Red Deer.

Tim Whiffler, 11 ans, bai brun, par Van Galen et Sybit, fille de Ugly Buck.

Tom Bowline, 13 ans, bai brun, par The Flying Dutchman et Miss Bowe, fille de Catton.

Tom King, 6 ans, bai, par King Tom et une fille de Bird-catcher.

Touchwood, 14 ans, bai, par Touchstone et Bonny Bee, fille de Galanthus.

Toxophilite, 15 ans, bai, par Longbow et Léger-de-main, fille de Pantalon.

Trumpeter, 14 ans, alez., par Orlando et Cavatina, fille de Redschanck.

Tynedale, 6 ans, bai, par Warlock et Queen of Tyne, fille de Tomboy.

Umpire, 13 ans, alez., par Lexington et Alice Carneal, fille de Lecompte.

Uncas, 6 ans, bai, par Stockwell et Prairie Bird, fille de Touchstone.

Union Jack (frère de), 4 ans, bai brun, par Ivan et Caprice, fille de Coronation.

Verdant, 8 ans, alez., par Marsyas et Maidof Palmyra, fille de Pyrrhus Ier.

Veridior, 5 ans, bai, par Weatherbit et Palmyra, fille de Pyrrhus Ier.

Victorious, 8 ans, bai, par Newminster et une fille de Jeremy Diddler.

Voltigeur, 22 ans, bai brun, par Voltaire et Martha Lynn, fille de Mulatto.

Waltham, 5 ans, bai brun, par Newminster et Entremet, fille de Sweetmeat.

Warrior, 9 ans, gris, par King Tom et Wood Nymph, fille de Longbow.

Warlock, 17 ans, rouan, par Birdcatcher et Elphine, fille d'Emilius.

Weather Guide, 6 ans, bai, par Weatherbit et First Rate, fille de Melbourne.

Westwick, 7 ans, bai, par Stockwell et Mowerina, fille de Touchstone.

Wild Dayrell, 18 ans, bai brun, par Jon et Ellen Middleton, fille de Bay Middleton.

Windham, 9 ans, bai brun, par Windhound et Fright, fille de Alarm.

Wingrave, 11 ans, bai, par King Tom et Incurable par The Cure.

Yorkminster, 11 ans, bai brun, par Newminster et the Bee, fille de Gladiator.

Young Birdcatcher, 17 ans, alez., par Irish Birdcatcher et une fille de Warverley.

Young Melbourne, 14 ans, bai, par Melbourne et Clarissa, fille de Pantalon.

Young Newminster, 5 ans, bai, par Newminster et Diomedia, fille de Weatherbit.

Nous conservons plus bas le chapitre de Stonehenge : Étalons propres à produire des chevaux de course, bien que, dans l'édition de 1871, il ait beaucoup modifié son travail de 1855, en raison de nouveaux mélanges des courants de sang. Ainsi un pur Waxy n'existe plus et chaque généalogie moderne se trouve combiner le sang de cet étalon avec celui

Fig. 46. — Monarque.

d'Orville. Alors il faut donc, pour les croisements en dedans, renoncer à l'analyse au delà d'une génération et rechercher le meilleur producteur qu'indique l'expérience. Dans cet ordre d'idées, Touchstone, Melbourne, Stockwell, Orlando, Beadsman et Newminster ont eu, de nos jours, les plus grands succès comme pères, et à ce compte leurs fils doivent être préférés à ceux d'origine moins illustre. Les grands vainqueurs aux courses ont moins de chances de réussir que les pères de ces coureurs; ainsi la plupart des éleveurs judicieux paieront de préférence 100 guinées pour la saillie de Monarque que pour celle de Gladiateur. Par la même raison, Beadsman mérite plutôt 100 guinées que son fils Blue Gown, bien que ce dernier ait été meilleur coureur que son père. Il faut pourtant avoir quelque confiance dans deux ou trois règles, telles que : 1° Choisissez (*cæteris paribus*) le père d'un certain nombre de vainqueurs de préférence au producteur non éprouvé. 2° Cherchez un croisement qui s'est trouvé *bien rencontrer*, par exemple celui du sang de Touchstone et celui de Bay Middleton ; voilà une occasion à poursuivre. Si dans la généalogie de la jument se présentent beaucoup de croisements en dedans, choisissez-lui un étalon d'une origine aussi éloignée que possible. Si, au contraire, sa généalogie résulte de beaucoup de croisements, cherchez un père parmi ceux qui ont eu du succès dans une de ses meilleures branches. Ainsi Sir Joseph Hawley ayant sa jument Bas-Bleu pleine du sang de Whalebone passant par d'excellentes lignes généalogiques, mais croisées continuellement avec d'autres courants, se hasarda à la faire saillir par Beadsman, quoique celui-ci eût le même grand-père Touchstone et par conséquent provenait d'une arrière-petite-fille de Whalebone croisée avec l'étalon Weatherbit. Ce cheval était presque entièrement formé du sang de Herod et d'Eclipse, provenant toutefois d'autres courants que celui de Whalebone. Le résultat fut Blue Gown, un des meilleurs chevaux des temps modernes. Néanmoins de nos jours la théorie perd de sa valeur, probablement en raison du degré auquel on a porté le croisement en dedans et, par suite, le petit nombre de sources d'où l'on peut faire dériver les coursiers. Le docteur Porthouse lui-même, qui a fait du Stud-Book l'étude de sa vie entière, n'a pas réussi à joindre l'exemple au précepte, si nous en jugeons par la médiocrité des deux animaux qui ont paru sous son nom, tandis que son préjugé contre toute alliance avec la famille de Blacklock s'est trouvé continuellement démenti par l'expérience. La question n'est pourtant pas définitivement réglée, mais Stonehenge pense que, depuis quelques années, pour le cheval comme pour le levrier, l'élevage a semblé n'être qu'une loterie.

Presque tous les chevaux ou juments de pur sang paraissent capables de donner une fois un cheval de premier ordre; mais néanmoins les éleveurs préfèrent le courant de sang en vogue, c'est-à-dire celui qui a déjà produit beaucoup de vainqueurs.

Étalons propres à produire des chevaux de course. — 255. — Après avoir donné la liste des divers chevaux de pur sang employés comme pères, les uns ne produisant que des chevaux de course, les autres des animaux pour tous les services, je vais d'abord mettre à part ceux qui produisent principalement pour le turf. Plusieurs d'entre eux sont applicables au double projet d'élever des chevaux de course et de faire des hunters, des hacks et des carrossiers de ceux qui ne réussissent pas sur l'hippodrome.

1° *Les Waxis presque purs produits en dedans*, ayant naturellement des alliances avec d'autres familles, mais dans tous les cas issus principalement du sang de Waxy. Ce sont Cotherstone, the Baron, Chanticleer Chatham, Chabron et Idle Boy. Ce courant s'adapte parfaitement à la formation d'un haras général, parce que les produits ont beaucoup de chances pour faire des hunters ou des hacks, s'ils n'ont pas de succès comme coureurs[1].

[1] Six ans après, Stonehenge ajoute les observations suivantes dictées par l'expérience :

« Parmi eux, the Baron et Chanticleer s'étaient distingués préalablement, le premier comme père de Stockwell et Rataplan, le dernier à un

2° L'union du sang de Waxy avec celui d'Orville qui se voit dans Retriever, Drayton, Ambrose, Robert de Gorham, the Hero, Mathematician et Theon. Ces étalons sont à peu près aussi bons que ceux du n° 1 pour produire des chevaux propres à tout, mais je crois qu'ils donneront moins de chevaux de course de premier ordre[1].

3° Le sang de Buzzard, non sans mélange, mais comparativement tel, se trouve dans Epirus, Bay Middleton et The Flying Dutchman, et a plus de chances pour donner des coureurs de premier ordre que des chevaux d'un service général[2].

4° Le sang de Waxy, Orville et Buzzard réuni dans les célèbres étalons suivants : Touchstone, Orlando, Surplice, Windfall, Longbow, the Libel, Hobbie Noble, Windhound, Assault et Storm. Ic nous trouvons le meilleur sang pour les courses qui

moindre degré comme producteur de bons chevaux de seconde classe. The Baron a depuis ce temps passé en France, et Chanticleer a déchu dans l'opinion publique, n'ayant fourni pour les courses de 1860 que 12 produits. Cotherstone, Chabron, Chatam et Idle-Boy ont peu donné pour le turf, mais ils ont accompli ma prédiction comme pères de hunters. On doit ajouter à cette liste sir Hercules et son fils, Gemma di Vergy, ainsi que ces descendants du premier de ces étalons, Birdcatcher, mort aujourd'hui, et Daniel O'Rourke.»

[1] Ces prédictions ont été accomplies à la lettre. Ambrose a bien donné Cynricus, mais il est loin d'être de premier ordre, et c'est une exception qui prouve la règle. D'un autre côté, Drayton et Theon ont acquis de la renommée comme pères de hunters.

[2] Je crois qu'il n'y a pas eu d'exception à cette règle.

existe au monde, avec des variétés de mérite, mais toujours plus ou moins bon[1].

5° *Les familles de Orville et Buzzard* réunies comme dans Pompey, Cowl et Glentilt. C'est un bon sang pour les courses, mais il ne vaut pas les nos 3 et 4[2].

6° *Le sang de Waxy et Buzzard* tel qu'on le trouve réuni dans Coronation, Pyrrhus Ier, Stockwell, Safeguard, New-Court, Pitsford et Bessus. Très-bon sang donnant du fonds et de la vitesse, mais il faut une infusion d'Orville pour le mettre à hauteur du n° 4, et, par cette raison, il convient pour saillir les juments de cette origine[3].

1 Les chevaux de cette liste et leurs descendants continuent d'être en aussi grande faveur que jamais. Touchstone, comme de raison, est presque trop âgé, étant dans sa 23e année, mais 13 de ses poulains ont paru sur l'hippodrome de 1865; Orlando soutient sa réputation avec 21 produits, Surplice avec 4, Longbow avec 6, Hobbie-Hoble avec 8; Windhound avec 13, et Storm avec 3. Mais en outre nous trouvons Newminster (fils de Touchstone) comme père de 39, Lord of the Isles, De Clare et Montain Deer (tous fils de Touchstone) pour 7, 7, 14, 21 et 29 poulains, et enfin, West-Australian, petit-fils de Touchstone par sa mère, a 22 produits sur la liste.

2 Les chevaux sus-nommés n'ont que deux produits à eux trois sur le calendrier des courses; j'avais donc raison de signaler ce courant de sang comme inférieur aux deux numéros précédents.

3 Au moment où j'écrivais ces remarques, Pyrrhus Ier était au zénith de sa réputation, sa fille Virago s'étant montrée le meilleur cheval de son année. Néanmoins, depuis lors, il a vérifié ma prédiction, ayant été généralement déclaré inférieur à plusieurs des chevaux provenant des sources enregistrées sous les nos 3, 4 et 5, et récemment il a été si peu estimé qu'on l'a laissé partir pour l'étranger au prix ordinaire que l'on paie à cet effet. Coronation n'a rien fait comme producteur; néanmoins Stockwell et son frère Rataplan sont en grand renom, le premier ayant 19 poulains

7° *Les Blacklocks* représentés par Hetman Platoff, Tearaway, Neasham et Rathan. Cette famille était récemment tout à fait passée de mode, mais le succès extraordinaire de Wild Dayrell, descendant de Blacklock des deux côtés de sa généalogie, peut fort bien lui faire reprendre son ancienne faveur [1].

8° *Le sang de Tramp*, que l'on ne trouve guère sans mélange que dans Weatherbit, Lanercost et Collingwood, est d'une utilité douteuse [2].

9° *Les Partisan et les Filho da Puta*, que l'on trouve dans Venison et ses fils Alarm, Kingston et Vatican, et aussi dans Sweetmeat, Colwich ét Giovanni. Pour les particularités relatives à ce courant, voyez § 252 [3].

et le second 16 sur la liste. Avec la seule exception de Newport, qui y est pour un poulain, il n'y a dans ce courant que ces deux chevaux à la mode parmi les éleveurs.

1 Il y a ici erreur dans la généalogie de Wild Dayrell, qui ne descend de Blacklock que par sa mère, arrière-petite-fille de cet étalon. Voltigeur, qui avait été cité dans le même article, est aussi haut que n'importe quel autre étalon dans l'opinion des éleveurs; il en est de même de son fils Vedette, de son frère Barnton et Fandango, fils de ce dernier. Dans le calendrier, Voltigeur a 30 poulains, Vedette 26, Barnton 32 et Fandago 33.

2 Dans ces dernières années, Weatherbit est devenu à la mode, et en 1865 a eu 26 poulains. Cela tient aux succès dans les handicaps de Weatherbit et à la victoire de Beadsman à Epsom, bien que ce dernier soit fils de Mendicant par Touchstone. A part cette exception, cette famille est peu goûtée, Van Tromp et Collingwood étant les seuls animaux descendants dans la ligne mâle de Tramp qui aient eu de belles chances, et ils se sont montrés presque totalement inférieurs à leur tâche.

3 Il est assez curieux que les produits de Kingston et Sweatmeat aient plus brillé par la vitesse que par le fonds, mais cela vient probablement

10° *Le sang de Sorcerer*, qui consiste principalement en Melbourne (maintenant presque usé), et ses fils West-Australian, sir Tatton Sykes et Oulston. Le premier des trois est plus Waxy que Sorcerer; le second est mêlé d'Orville et de Cervantes, et le troisième est à peu près de cette dernière combinaison. Au § 253, on trouvera un commentaire complet sur ces étalons [1].

Étalons propres à produire des hunters et des steeple-chasers. — 256. — En dehors de cette liste d'étalons modernes, qui en raison de la pureté de leur origine conviennent plus ou moins pour remplir les intentions de l'éleveur, il y a bon nombre d'étalons qui proviennent de beaucoup de mélanges et de croisements, mais qui par cela même, à mon avis, ne promettent pas de donner d'aussi bons chevaux de course, et cependant ont beaucoup de chances pour bien produire le hunter ou le cheval de service. Pour ce genre de produits, rien ne remplit mieux le but que d'allier le sang de Waxy, Orville et Sorcerer,

du grand nombre de juments péchant sous ce dernier rapport et qu'on leur a données à saillir. Tous les deux sont pourtant restés à la mode, Kingston ayant 33 produits sur le calendrier, et Sweatmeat 19. Alarm, de son côté, en a 12, mais Vatican n'en a qu'un seul.

[1] Ici je n'ai nullement à me dédire, et je dois faire remarquer qu'avant l'apparition des produits de West-Australian, j'avais observé qu'il est plus Waxy que Sorcerer. Plusieurs descendants de Melbourne sont employés comme étalons; mais, pour le moment, il n'y en a aucun en grand renom.

ou seulement celui des deux premiers, avec quelques-uns des descendants de sir Peter ou de Woodpecker; mais, dans tous les cas, il faut s'assurer de la qualité de leurs épaules et les choisir francs de

Fig. 47. — Sir John Barleycorn, étalon propre à produire des hunters unissant le sang d'Orville et de Waxy.

tares. Ainsi Drayton a été remarquable en ce genre, ainsi que Windfall, et Retriever qui donne les mêmes espérances. De tous les courants de sang, celui de Waxy semble le plus efficace pour avoir des produits dignes de faire des hunters, et, quand on le trouve réuni à une taille suffisante, dans un animal suffisamment osseux et développé, l'on est à peu près sûr d'avoir un hunter. Le caractère, la constitution, l'action et le cœur sont toujours bons dans cette famille ; il ne reste qu'à trouver les conditions de taille et de charpente. Defence est le père d'un grand nombre de bons hunters, tant par la ligne directe que par Safeguard et Bath, ses fils. Chatham, Cotherstone, Annandale, Weathergage, Newminster, John o'Gaunt, Theon, the Hero, Chanticleer, Harkaway, Connaught Ranger, Footstool, Fugleman, Idle Boy, Newcourt, Ravensbone et Rumborough sont du meilleur sang pour avoir *des hunters avec la chance de trouver de temps en temps parmi eux un véritable cheval* de course, en les accouplant avec de fortes juments de pur sang d'une espèce ordinairement très-osseuse et d'une bonne taille. Il ne faut pas songer à employer dans cette circonstance des chevaux qui ont peu de charpente, et c'est ce qui doit faire rejeter la race d'Epirus, qui a les os encore plus petits que les Waxys et qui dure encore moins. Tous les fils de Venison conviennent bien, surtout ceux qui sont croisés avec le sang d'Orville et de Whisker, comme, par exemple, the Fallow Buck et Red Hart et aussi Vatican ; mais j'ai peur que ce dernier n'ait le caractère un peu ingouvernable. En général ils donnent de bons hunters, mais sans action très-relevée. J'ai déjà cité les familles de Lottery et de Tramp comme propres à donner des hunters et des chevaux de steeple-chase, et l'on doit faire cas des étalons suivants, si on les a à sa portée, d'autant plus qu'ils sont aussi croisés avec Waxy et ses descendants. Ce sont Birkenhead, sir Peter Laurie, Footstool, Meteor, Sweetmeat, Theraway et son fils Kingstown. Ils semblent aussi presque tous faits pour produire de bons hacks, mais le sang de Buzzard et de Whalebone semble convenir mieux que presque tous les autres, excepté les Touchstones, qui ne valent rien pour cet objet. D'un autre côté, Defence, qui a la même origine, mais sans croisement avec Orville, est fameux pour donner de bons hacks, et bien des chevaux de sa famille ont été des trotteurs très-vites et très-beaux, comme par exemple Safeguard et Rector. Le premier de ces chevaux, bien qu'aveugle, pouvait dans son bon temps se rassembler et trotter avec n'importe quel cheval de pur sang dans le monde, et l'autre pouvait faire ses seize milles à l'heure avec douze stones sur le dos.

257. — Les arabes modernes n'ont pas servi à grand'chose dans ces derniers temps pour l'amélioration de nos produits, soit en chevaux de course, hunters ou hacks. Le colonel Angerstein essaya de croiser Marengo, cheval de guerre arabe de Napoléon, avec plusieurs bonnes juments ; mais pas un

des produits n'a atteint l'apparence d'un cheval de course ordinaire courant pour le prix de district. La même chose est arrivée aux quatre arabes du haras du dernier monarque, et la dernière fois que l'on ait *rencontré* avec ce sang, c'est en 1806 que l'arabe de Wellesley donna Fair Ellen. Elle fut mère de Lilias, qui gagna les Oaks, et d'autres produits assez heureux; mais je crois que le moment ne fait qu'arriver pour pouvoir recueillir tout l'avantage de cette nouvelle infusion de sang oriental. Safeguard, qui est fils d'un arrière-petit-fils de l'arabe gris de Wellesley, se trouvera, je crois, d'une grande utilité dans les haras, si ses filles sont saillies par des chevaux réellement bons et bien nés. Malheureusement sa cécité a empêché de l'employer avec des juments de valeur, tout autant que les préjugés que l'on a contre le sang arabe moderne; mais sa santé et sa solidité générale, la nature exceptionnelle de sa cécité, la bonté extraordinaire de ses membres et de ses pieds, sa constitution hors ligne, ses succès comme père même, avec les juments inférieures qu'on lui a données, toutes ces raisons réunies doivent avoir décidé des connaisseurs comme MM. Etwall à pousser plus loin l'expérience, et l'on peut espérer que, dans ses vieux jours, il aura quelques juments d'une nature et d'un sang distingués. Autrefois l'on supposait que la jument arabe était le *de-*

sideratum, et que son emploi ferait un perfectionnement dans les haras; mais on n'a rien gagné à cet essai. Leurs membres et leurs pieds résistent bien, et, sous ce rapport, elles amélioreraient certainement nos chevaux de route; mais elles sont inférieures en taille, en force, en fonds, en allure, et leurs descendants immédiats sont invariablement battus par le cheval de course anglais[1].

[1] La lettre curieuse qui suit a été écrite d'Alep au commencement de 1864.

« J'ai reçu votre lettre du 10; voici ma réponse :

« J'ai fait ici cinq expériences sur les chevaux

« 1° Sur le produit de juments de pur sang anglais saillies par des étalons arabes;

« 2° Sur celui de juments arabes de choix avec des étalons anglais;

« 3° En donnant à des arabes du meilleur sang la nourriture succulente du cheval anglais;

« 4° En élevant des poulains anglais dans le désert avec la nourriture sèche que produit le pays;

« 5° En achetant poulains et pouliches arabes supérieurs à ceux que les gens du pays mettent ordinairement en vente.

« La première expérience n'a pas amené de grands résultats. Seulement les produits ont été plus jolis que les chevaux anglais sans être plus vites que les arabes.

« La deuxième a réussi occasionellement; mais, sur quatre poulains, trois sont hauts sur jambes, faibles et impropres au métier du cheval de course.

« La troisième a été une bévue complète, excepté par l'élévation de la taille. Les produits ont les défauts du cheval anglais, sans avoir conservé les qualités de l'arabe.

« La quatrième expérience a parfaitement réussi. Les produits, bien que moins grands que leurs parents, se trouvent avoir le fonds nécessaire pour braver une distance et fournir de longues épreuves d'hippodrome. La chaleur du désert, sa sécheresse, leurs galopades dès l'enfance pour suivre leurs mères, et ensuite, à partir d'un an et demi, sous les gamins du pays, le lait de chamelle avec lequel les Arabes nourrissent

Pères de trotteurs. — 258. — Si l'on veut élever des chevaux de ce genre, il faut prendre une jument de trot et la faire saillir par un trotteur comme *the Norfolk Phenomenon* ou *the Wonder*, à Duddling-Hill; moins on y mettra de pur sang oriental, mieux

leurs poulains (ce qui, d'après aux, donne la résistance à la fatigue spéciale au chameau), l'oxygénation du sang que produit l'exposition continuelle au grand air, les bons traitements qui empêchent le caractère de devenir inquiet, ce qui nuit au développement, toutes ces causes favorables se combinent pour créer les qualités éminentes du cheval. Un pouce cube du tibia d'un cheval élevé de la sorte pèse 20 pour 100 de plus qu'un fragment semblable pris sur une bête elevée à l'écurie.

«J'ai maintenant un poulain, fils de Test (par Touchstone), ayant pour mère Tourella, par Emilius. Je l'ai fait élever dans le désert, puis je l'ai offert en pur don à tout Arabe qui pourrait l'atteindre. Les cheiks présents firent tous les efforts pour cela, mais il les distança franchement. Il faut dire toutefois qu'il n'y avait là aucun de ces arabes hors ligne qui font l'objet de ma cinquième expérience.

«Cette cinquième expérience est, dans mon opinion, la meilleure carte de mon jeu. On a un plus grand choix, vu qu'il n'y a jamais lieu d'acheter ce qui n'a ni vitesse ni fonds, tandis que, quand vous élevez, par n'importe quelle méthode, plus de la moitié de vos élèves ne seront pas de vrais chevaux de course. Le fait qui domine tout est que, dans le désert, il y a du sang et de l'enjambée que l'on ne voit jamais au dehors.

«Le marché des Indes est alimenté par la tribu d'Aghel qui parcourt le désert, achetant plutôt poulains que pouliches, ne les payant jamais plus de 5000 piastres (1000 francs) et les cédant avec un assez léger bénéfice aux grands acheteurs de Bagdad et de Quaid, qui les passent, au bout d'un an ou deux, aux marchands de Bombay. Les Arabes ne veulent pas donner pour ce prix leur meilleur sang et leur meilleures formes. En fait, comme vous devez déjà l'avoir constaté, il est difficile de les décider à vendre leurs chevaux de tête à aucun prix. Je les aide dans leurs affaires avec les pachas turcs, je les garantis de l'oppression et je leur facilite les moyens de vendre leurs laines aux exporteurs anglais, et, après bien des peines de ma part, je les décide à me céder comme une grande faveur, bien qu'à un prix fort élevé, un cheval ou une jument de première classe. Je viens, par exemple, de céder à l'empereur de Russie deux juments pour 500 livres (12,500 francs). L'une des deux est de la

cela vaudra, et si l'on veut un croisement bien décidé, il faut chercher en Amérique. Plusieurs de nos familles de chevaux de course donneront des produits ayant une bonne allure de trot, convenables pour les hacks et les chevaux d'attelage, mais qui ne suffisent pas pour des paris. Dans ces luttes, il faut une puissance de trot extraordinaire, et presque tous les chevaux qui en sont doués sont en état de trotter

classe que je viens de décrire et me coûte 300 livres (7500 francs). Elle a une belle vitesse et beaucoup de fonds. Elle appartient à la race presque éteinte de Seglavi Jedran. Dans l'Inde, elle eût été une source de fortune. Quelle enjambée! et une taille de 15 paumes 1 pouce (1^m,549). Les Arabes disent que jamais on n'a obtenu d'eux la vente d'une pareille jument. J'en ai une autre dans mon écurie, qui me coûte 300 livres (7500 francs); elle est d'un sang aussi distingué, *Mandji Stedruj*, de même taille, de même beauté, de même résistance, mais malheureusement elle n'a pas une vitesse hors ligne; sans quoi, je m'empresserais de vous l'envoyer.

« Banbury Cake, dont vous vous informez, est une jument, venant de Sweetmeat, très-belle et très-vite, mais elle n'a jamais été mise sur l'hippodrome, et je crois qu'elle a une maladie interne. Son sang est bon. La mère est par Touchstone, mais je ne puis consciencieusement vous en recommander l'acquisition. J'ai une belle poulinière Alacrity, par Archy, fille de Strayaway par Orlando. Elle m'a donné les plus beaux croisements avec les arabes, dont un très-beau poulain actuellement à ses pieds, et elle est pleine, par alliance avec un célèbre étalon que je possède, neveu de la belle jument de ce pays ci-dessus décrite. Il a quatre ans, de la vitesse et de la force.

« J'en ai plusieurs autres dignes d'examen; mais, à mon avis, ce qui convient le mieux, c'est que je cherche dans le désert des chevaux et juments comme vous en désirez. Le prix de ces rares spécimens du sang arabe ne peut être évalué au-dessous de 200 livres pour les chevaux et 300 pour les juments. Hier encore, l'on m'a fixé comme dernier prix 400 livres pour une magnifique jument, mais 200 ou 300 suffisent généralement pour les obtenir, quoique avec beaucoup de peine et de délai. Je m'engagerais à vous en fournir à ce prix. (*Sporting review*, 1864, t. I.)

plus vite qu'ils ne peuvent galoper, en quoi ils diffèrent essentiellement du cheval de course oriental. Ce sont deux races qui ne se mêlent pas bien et qu'il faut tenir soigneusement séparées, par la raison de cette différence dans leur action, de sorte que, quand on les croise, vous voyez constamment l'avant-main qui trotte, tandis que l'arrière-main galope, comme parmi les bidets de boucher[1].

Remarques définitives sur l'éléve des chevaux. — 259. — Dans les deux derniers chapitres, j'ai essayé de montrer quelles étaient les règles les meilleures et les plus sûres pour produire des chevaux de toute espèce vites et vigoureux. Il est universellement reconnu que nous possédons une race supérieure en vitesse à toutes les autres, et aucun cheval de sang

[1] Sans doute, comme pour la jument, il faut dans le choix d'un étalon faire grande attention à la conformation extérieure, ne disons plus *la forme*; car sur l'hippodrome nous entendons, à l'instar des Anglais, par ce mot *forme* l'état d'entraînement et de santé.

Mais la conformation extérieure est encore un guide plus incertain que pour la poulinière.

On remarque que les poulains d'un an achetés mille livres (25,000 fr.) sur l'avis des premiers entraîneurs réussissent rarement. D'autre part, le vainqueur du Derby de 1860, après avoir longtemps cherché acquéreur, fut acheté à bas prix. L'incomparable Fisherman ne plaisait à personne avant d'avoir fait ses preuves: on le trouvait court de rein et plus cheval d'escadron que cheval de course. Passé en Australie, il y produira probablement une race pleine de fonds et pourra donner des hunters aussi bien que des coursiers. En cela il diffère de sir John Barleycorn, dont nous reproduisons aussi le portrait, page 85, cheval de course de vitesse fort ordinaire, mais pendant plusieurs années hunter sans pareil dans les écuries royales et puis père de nombreux et excellents hunters dans le Yorkshire, la Normandie de l'Angleterre.

réellement étranger n'osera disputer la palme en Angleterre ou à une distance raisonnable de ce pays. Avec la grande remise de poids que l'on accorde pour la coupe de Goodwood, l'on ne voit jamais con-

Fig. 48. — Fischerman.

courir que des chevaux de sang anglais, et bien que quelques animaux nés à l'étranger aient réussi, il faut remarquer qu'ils descendaient, sans exception, de notre sang le plus estimé, comme cette année Baroncino par the Emperor, et encore il a gagné à grand'peine, quoique recevant 22 livres de Oulston[1]. Mais il est parfaitement absurde de supposer que nos chevaux, habitués depuis bien des générations à toute espèce de soins, puissent supporter la mauvaise nourriture et l'inclémence des saisons, comme d'autres élevés dans une lande. Autant vaudrait espérer de voir un Anglais prospérer à Sierra Leone comme un indigène, que s'attendre à trouver gras et bien portants nos chevaux sybarites, en les réduisant à une petite ration d'orge et de paille moisie, ou à du fourrage encore plus mauvais. Comme leurs maîtres, ils ont besoin d'une forte nourriture, et comme eux ils sauront battre l'univers entier. S'ils en sont privés, ils deviennent malades et tombent graduellement, jusqu'à être battus par l'âne d'un colporteur qui se nourrirait, s'il le fallait, avec leur vieille litière. Originaire des climats chauds, le cheval, dans tous les cas, a besoin d'une bonne nourri-

[1] Depuis, Monarque, Fille-de-l'Air et surtout Gladiateur ont prouvé que l'on pouvait obtenir en France des coursiers égaux en tous points aux plus merveilleux produits des haras d'Angleterre. M. Ten Brock a aussi importé d'Amérique des chevaux qui ont assez vaillamment lutté, mais avec incomparablement moins d'éclat que ceux du comte de Lagrange. Une grande épreuve internationale est le grand prix de la ville de Paris, disputé aux chevaux français par les vainqueurs du Derby, des deux mille guinées, etc. Il a, jusqu'à présent, été plus souvent remporté par nos coursiers que par ceux de l'Angleterre. Vermout, à M. Delamarre, a inauguré en 1864 ce triomphe sur les chevaux élevés chez nos voisins, et son fils Boiard vient encore de battre, au bois de Boulogne, Doncaster, vainqueur du Derby de 1873, arrivé seulement troisième après Boiard et Flageolet, chevaux français.

ture pendant nos hivers rigoureux, et, s'il est possible, d'une écurie chaude, mais c'est surtout la nourriture qui est indispensable. Si le cheval en manque, il donnera bientôt des signes évidents de souffrance. Il faut donc tout prendre en considération, quand on

Fig. 49. — Vermout.

élève pour un objet particulier, et si l'on veut des chevaux de guerre robustes, capables de supporter le froid, l'humidité et la faim, on ne peut dans notre patrie les obtenir que dans les montagnes du pays de Galles ou d'Irlande, et là encore ils sont rarement de bonne taille. Beaucoup de nos meilleures juments sont gâtées par le froid et les privations, quand à la fin de l'année on les sort d'une écurie d'entraînement pour les laisser dans un pâturage où elles éprouvent toutes les rigueurs du climat. Puis on leur donne un étalon excité par la chaleur et la nourriture stimulante, et le résultat se trouve un poulain malsain et mal conformé, qui ne ressemble ni au père, ni à la mère. L'on devrait beaucoup plus soigner la santé des deux, et partager avec le harem l'avoine de l'étalon. Il est très-important que les éleveurs apportent plus de soin à choisir des parents exempts de maladies héréditaires. Certes, un étalon qui n'aurait pas travaillé serait plus propre à la reproduction que celui qui aurait été épuisé à force de courses; maintenant il est tout aussi vrai qu'un cheval qui a été essayé et que l'on n'a pas trouvé en défaut, a plus de chances de bien produire que celui qui a échoué à cause de son manque de vitesse ou de ses tares ou de son mauvais caractère et irritabilité excessive. C'est pourquoi l'on a maintenant l'habitude fondée sur de justes observations d'essayer un cheval pendant une ou deux saisons, et s'il réussit, de le consacrer à la reproduction.

Souvent il gagnera ainsi plus d'argent que s'il avait une suite de succès dans les seuls prix que puisse remporter un cheval âgé, d'une bonne nature, comme les Plats de la Reine, et le petit nombre de bonnes courses où l'on porte le poids pour l'âge. Ainsi the Flying Dutchman peut être coté comme rapportant deux mille livres sterling par an, Melbourne pendant ces dernières années encore plus, Pyrrhus Ier à peu près la même somme, et d'autres chevaux en proportion de leur sang et de leur mérite. Sous ce rapport la mode est souveraine, et un cheval dont la liste de souscription a été remplie cette année peut fort bien à la prochaine saison être presque abandonné. Tout dépend du nombre de ses produits qui auront été vainqueurs dans l'intervalle. Il y a peu d'années, les juments issues de Defence s'obtenaient aux prix des hacks; maintenant vous ne pouvez les avoir ni pour or ni pour argent. Jusqu'à ce que sir Tatton Sykes eût gagné le Saint-Léger et eût dû gagner le Derby s'il eût été convenablement monté, Melbourne ne valait que cent livres ou bien peu de chose en plus; alors il commença à obtenir de la valeur, et après le succès de West-Australian il commença à gagner ses 2000 liv. sterl. par an. Il en fut de même pour Birdcatcher, tandis que d'un autre côté Harkaway commença à saillir à 100 guinées et se trouve maintenant à 20 guinées. Whalebone à l'âge de sept ans, après avoir gagné le Derby, fut vendu pour 160 livres à lord Jersey, pendant que son frère Whisker fut acheté sans l'essayer 500 livres à la même vente, et quoiqu'il ait aussi gagné le Derby, il n'a pas eu tout à fait autant de succès comme producteur. L'élève des chevaux est sans doute une loterie et l'on ne doit pas s'en étonner, quand on songe combien il y a peu de différence entre le premier et le dernier cheval d'une course. Supposons que l'on entre 40 poulains dans une poule et que 30 se présentent au poteau, il n'y aura probablement pas deux secondes d'intervalle entre le passage au poteau du premier et du dernier. Nous supposons que tous vont jusqu'au poteau d'arrivée, et nous comptons 30 yards par seconde, de sorte qu'après tout il ne faut pas s'étonner si dans tant de cas l'on ne peut réussir à regagner ces deux secondes. La moindre fatigue dans la machine ou la moindre disproportion dans ses parties peut avoir ce résultat, et il faut peut-être moins s'étonner de la quantité des non-valeurs que du nombre d'animaux produits à deux ou trois secondes les uns des autres. Il y a toutefois une chose certaine, que sans un jugement droit l'on ne peut espérer aucun succès durable, et bien que la mauvaise fortune puisse renverser les plans les mieux combinés, cependant il faut pour réussir quelque chose de plus que du bonheur. La persévérance est une autre qualité essentielle, et si l'on en manque, il ne faut pas s'étonner si les lauriers semés d'après les principes de la science viennent couronner tout autre concurrent.

La continuité des non-succès est très-décourageante; mais si on supporte son malheur en homme, tout finira généralement par une série d'événements tout à fait d'un ordre différent; mais lorsque la mauvaise chance cause moins d'insuccès que la fraude et la friponnerie, l'on ne peut s'étonner de voir les plus ardents soutiens du turf se retirer. Il faut toutefois espérer qu'en prenant ce parti, ils continueront à élever une autre espèce de chevaux tout aussi utiles et faits pour perfectionner nos hunters, nos hacks et nos chevaux de cavalerie, et pour conserver notre réputation de possesseurs d'une race chevaline sans rivale en Europe.

LIVRE VII.

ENTRAINEMENT POUR LES PEDESTRIANS ET AUTRES.

Traitement préparatoire. — 260. — Remarques générales. Il y a un fait incontestable, c'est qu'aucun animal ne fait autant de progrès par suite de l'entraînement que l'homme ; aucun ne résiste avec avantage à une aussi longue et sévère préparation, et aucun ne montre à un plus haut degré la différence qu'il y a entre *la condition* et l'état naturel. Après l'homme, vient à cet égard le cheval de pur sang, qui, assurément, montre cette qualité presque au même degré ; mais cependant l'avantage est encore du côté de l'homme, qui peut sans inconvénient supporter des épreuves répétées de ses forces jusqu'à la dernière limite. Le cheval de course, au contraire, demande le plus grand soin pour éviter que le travail constant ne détruise sa vitesse ou, ce qui est encore pis, son caractère. Mais il ne suffit pas de mettre un homme en état d'accomplir certains exploits de force et d'activité ; l'entraînement doit le mettre en disposition de les faire avec plaisir et même avec avantage pour la santé en général. Ceci établit un grand principe, que tout homme sachant le prix de la santé doit avoir constamment en vue, savoir : que personne ne doit jamais concourir pour une prouesse d'agilité ou de force avant d'avoir subi une préparation qui le mette en état de réussir sans mauvais effet pour sa santé. Par exemple, un homme *en condition* peut ramer dans une course de trois ou quatre milles, dans laquelle il fait des efforts extrêmes jusqu'à être presque aveugle en arrivant, et cependant en sortant du bateau il n'aura plus rien, et pourra recommencer une demi-heure après. Le même homme, hors de l'état d'entraînement, sera plusieurs minutes ou même plus longtemps à demi ou complétement évanoui, et ne sera ranimé que par des stimulants qui le mettront hors d'état de continuer à mettre à l'épreuve sa constitution, d'ailleurs très-forte. L'énergie naturelle remplacera quelquefois l'entraînement ; mais il y a des exemples sans nombre de santés ruinées par les appels faits à cette précieuse qualité, tandis qu'un peu de soins et d'abstinence auraient prévenu un malheur aussi irréparable. Dans presque tous les cas il est fort difficile de mettre un homme de bonne constitution, mais qui a dérangé sa santé par un mauvais régime, en état de suivre un entraînement sans inconvénient. Non-seulement, en effet, il faut quelque talent pour savoir ce qu'il y a à faire, mais il faut un grand empire sur soi-même pour éviter ce qui doit être défendu. Presque toujours la santé se trouve dérangée par un excès d'un genre quelconque, et souvent par une complication d'excès aussi variés que le permet l'imagination humaine. Mais il est extraordinaire de voir combien la prévision d'une régate à Putney entre les rameurs d'Oxford et de Cambridge, ou un pari de pédestrianisme ou toute autre lutte de ce genre, met un viveur à même de résister à toute tentation et de se soumettre en anachorète à toutes les règles prescrites pour son entraînement. A toutes les offres séduisantes, sa réponse est : « Non, c'est mauvais pour l'entraînement. » Sans doute, il n'en est pas toujours ainsi ; mais cela a lieu généralement, et l'on a souvent plus d'énergie à dépenser pour résister aux tentations que pour soutenir les efforts physiques qu'exigent les courses de ce genre. Il y a deux genres d'excès qui peuvent avoir produit l'état maladif que je suppose, savoir : les excès de manger, boire, etc., et excès de travaux littéraires et autres occupations sédentaires. L'un et l'autre abus détruiront la force de l'estomac, et par ce fait toute l'organisation, et chacun de ces cas demandera pour rétablir l'équilibre de l'estomac un traitement différent. Les choses changeront aussi considérablement suivant la position sociale, les habitudes et la constitution naturelle de chaque individu. Par exemple, le fils d'un gentleman, élevé généreusement, va à l'Université et se livre à des excès de vin, fumée, etc., prenant toutefois beaucoup d'exercice. Pendant quelque temps, la force naturelle de sa constitution le met à même de supporter les ravages des doses excessives de vin et de tabac ; mais bientôt sa main commence à trembler, il n'a plus d'appétit pour les aliments solides, ses yeux deviennent rouges, son sommeil est interrompu et ne le rafraîchit plus, et il se trouve menacé d'une attaque de *delirium tremens*. Si dans un pareil état on veut le soumettre à un entraînement, cette terrible maladie se déclare tout de suite, ou bien, dans des cas moins extrêmes, l'estomac refuse son service et le travail prescrit ne peut s'opérer par suite d'étourdissements, de faiblesse, de nausées ou de migraine. Toutefois, avec un peu de temps et de soin l'on pent changer cet état de choses. Mais prenons l'exemple d'un jeune homme de classe inférieure élevé dans la sobriété et l'abstinence, et que les circonstances mènent à pouvoir se procurer toutes les joies du cabaret. C'est sa seule ressource, il n'a point de chasse à courre, de cricket qui fassent diversion, point de séances littéraires ; il s'ensuit que le tabac et la bière commencent la journée, le tabac et les spiritueux servent à la clore. Tout d'un coup cet homme s'aperçoit que son énergie disparaît, que son esprit est triste et affaibli, que son corps est faible, flasque et flétri ; dans un heureux moment il s'imagine de se mettre à ramer ou à reprendre quelque exercice autrefois pratiqué, et le voilà parti sur la rivière ou sur la route. Que s'ensuit-il ? Au lieu de se sentir mieux, il est complétement épuisé et peut être à jamais découragé et dégoûté de toute entreprise de ce genre. Par le fait, il demande un traitement bien plus suivi pour le mettre en santé athlétique que l'étudiant d'Oxford ou de Canterbury, parce qu'il a bien plus changé ses habitudes premières, parce que l'absorption de la bière et des liqueurs a été plus incessante, parce que les chambres où il a vécu étaient moins bien ventilées, et enfin, parce qu'il a pris peu ou point d'exercice. Il est certainement extraordinaire de voir quelle quantité de boissons fermentées l'on peut absorber sans grand dommage, pourvu que l'on prenne régulièrement une dose correspondante d'exercice. J'ai moi-même connu des jeunes gens qui consommaient pendant plusieurs mois de un à deux gallons par jour d'ale forte, sans compter les bouteilles de vin par occasion, sans que cela leur fît grand mal. L'un des plus énergiques rameurs que j'aie connus avalait tous les jours cette quantité de liquide, et continue encore sans qu'il y paraisse. Il est vrai que ce gentleman est toujours en marche à pied ou à cheval, et a naturellement une constitution de fer. Mais il y a une tâche bien plus difficile pour l'homme qui est resté 12 à 18 heures par jour sur les livres pour gagner ses degrés littéraires, et qui, voyant sa santé s'en aller, veut concourir pour des couronnes d'un autre genre. Dans ce cas, le système nerveux a été fatigué à l'aide du thé vert, de linges mouillés sur la tête, et peut-être de beaucoup de tabac ; il s'ensuit que le système musculaire ne peut supporter de travail, et qu'au moindre exercice les membres deviennent raides et engourdis. Cet état de choses demande plusieurs semaines et même plusieurs mois pour que l'organisation puisse supporter le travail, parce que les muscles n'ont plus de solidité et que les nerfs sont trop irritables pour pouvoir les stimuler avec la constance et la régularité essentielle pour le succès. La même chose arrive souvent dans le comptoir du négociant. Un jeune homme est enfermé dix ou douze heures par jour devant un pupitre et un grand livre, il n'a pas de temps pour prendre d'exercice, et son système nerveux est stimulé à l'excès par des calculs incessants et par la vue continuelle du papier blanc; il attrape la fièvre de bureau, maladie qui rend bien des jeunes gens incapables de rester plus longtemps victimes de ce genre d'esclavage. Quelques-uns remédient à cet état contre nature en se levant de bonne heure et en prenant l'exercice de la marche, de l'équitation ou de la rame. C'est un système qui peut rendre de grands services si l'on s'y met avec précaution, mais il faut de la prudence au commencement, et il ne sert à presque rien, si on le continue sans observer les prescriptions que je vais essayer d'indiquer.

261. — *Traitement pour le viveur qui a des habitudes d'activité.* J'ai déjà fait observer que le viveur qui a ordinairement pris une dose convenable d'exercice a une tâche comparativement aisée, s'il a la force de se commander et de renoncer aux habitudes contractées. Mais cela doit se faire avec précaution ; bien des gens ont gagné le delirium tremens en abandonnant subitement l'usage des stimulants. La meilleure méthode consiste à substituer de l'ammoniaque sous une forme quelconque à une portion de l'alcool habituellement consommé, et dans ce but il faut prendre une ou deux fois par jour le breuvage suivant, et même plus souvent, si l'on éprouve cette affreuse impression d'accablement qui fait tant souffrir ceux qui veulent renoncer aux excès de vin et de tabac. — Prenez 10 grains de préparation aromatique ; de sel volatil, une drachme ; de bi-carbonate de soude, 5 grains ; de teinture de gentiane, une drachme ; d'eau, une once ; mêlez. La quantité de bière, vin ou spiritueux, doit se diminuer de moitié tous les deux ou trois jours,

jusqu'à la ration fixée plus bas pour l'entraînement. *Le tabac doit être complétement supprimé.* J'ai trouvé invariablement que l'abstinence totale en fait de fumée de tabac était chose plus facile que la tempérance. Il n'y a pas autant de danger à s'en priver que pour le vin, les liqueurs ou la bière, et par le fait il n'y a même aucun danger ; c'est l'inverse pour l'alcool. Je suis d'avis en conséquence, quand la constitution souffre par l'abus de la fumée et de la boisson, de supprimer l'une tout d'un coup et absolument, mais d'avoir soin de ne se priver que graduellement de l'autre mauvaise habitude. Quant au stimulant à adopter pendant l'entraînement, tout dépend des habitudes antérieures. Dans beaucoup de cas, quand l'estomac n'est pas très-bouleversé, la bière suffit ; si elle est saine et sans mélange, c'est la boisson la plus salutaire. Toutefois, dans bien des cas, il sera nuisible de quitter soudainement l'usage du vin et des liqueurs et de se mettre uniquement à la bière. Dans cette circonstance, l'on peut se permettre de temps en temps un verre de grog à l'eau-de-vie ou de vin de Bordeaux. Ce vin, quand on l'aime, est excellent pour la diminution graduelle des stimulants. Il n'y a pas de vin qui convienne mieux au système nerveux, et si on le mêle avec de l'eau de Seltz, on peut en consommer une bonne quantité, quand on a été accoutumé à un plus fort stimulant. Quand l'estomac est très-dérangé, on peut épicer son vin et le prendre chaud. Il ne vaut rien pendant l'entraînement, mais il est excellent pour s'y préparer. Ceux qui ont fumé et bu à l'excès ont excité leurs reins et leur peau à sécréter une quantité de liquide au delà de leur rôle naturel. C'est un effort de la nature pour se débarrasser d'un poison qui a été absorbé dans l'organisme, mais l'effet ne cesse pas immédiatement après la suppression de la cause. Il s'ensuit que la soif continue, et qu'il faut l'apaiser avec quelque liquide. C'est pour cette raison que je conseille le vin de Bordeaux et l'eau de Seltz à ceux qui peuvent en faire la dépense, et à ceux dont les finances n'admettent point un pareil luxe, du porter ou de la bière amère, mêlés à proportion égale avec de l'eau de Seltz. Dans ces circonstances, il ne faut administrer les purgatifs qu'avec le plus grand soin. Aucun viveur ne peut supporter une forte médecine apéritive sans dommage pour son organisation, et bien que l'on y ait souvent recours, c'est une pratique qu'il ne faut adopter qu'avec les plus grandes précautions. Si le foie agit bien (ce que l'on reconnaît à la couleur jaune ou brune des excréments), l'on peut prendre une simple médecine noire, consistant en une demi-once d'essence douce de séné avec une petite cuillerée à thé de sel dissous dans une once d'eau chaude ; ou bien on peut prendre le soir deux pilules compactes de rhubarbe. Si, au contraire, les matières sont d'une couleur argileuse, il faudrait prendre le soir cinq grains de pilules bleues, suivis de la potion ci-dessus, le lendemain matin. Si les intestins sont relâchés et disposés à agir plus d'une fois par jour, il faudrait prendre deux ou trois fois dans la journée un verre à vin de décoction de quinquina avec une cuillerée de teinture compacte de quinquina. Si les intestins sont très-relâchés, on peut ajouter à chaque dose 20 ou 25 gouttes de laudanum, et si les déjections sont très-aqueuses avec des douleurs cuisantes, 25 ou 30 gouttes d'acide sulfurique pourront se mêler à cette potion avec avantage. Ce régime guérira presque toujours la diarrhée ; il est aussi fort utile pour donner du ton à l'estomac et créer un appétit ; mais si l'on a besoin de remèdes plus efficaces, il faut tout de suite se décider à faire appeler un médecin. Pendant tout le temps que l'on consacre à ce régime, il est de la plus grande importance que l'esprit soit occupé ou plutôt diverti de quelque façon. L'on ne peut trop insister sur ce point, car de là dépend en grande partie le rétablissement de la santé. Il n'y a peut-être pas de principe plus négligé, tant dans la préparation que dans l'entraînement lui-même, et c'est cependant celui dont on devrait se pénétrer le plus. D'abord l'exercice du corps sans amusement est une vraie corvée ; il fatigue, mais ne répare pas les forces, tandis que si on le prend avec un peu d'entrain moral, la fatigue se sent à peine, et le peu qu'on éprouve se dissipe par une réaction qui invite à recommencer le même exercice. Que chacun observe le contraste entre la marche à pied et à cheval, sans but et sans compagnon, avec les mêmes exercices ayant un but déterminé, tel qu'une visite, et surtout en société d'un camarade amusant. En revenant d'une promenade dite de santé (sans doute parce qu'elle ne l'améliore en rien), l'on est fatigué et abattu, tandis que dans une excursion en société, l'on éprouve une gaîté proportionnée à son but et aux qualités agréables de son compagnon. Rien n'assure mieux la réussite d'un traitement de ce genre que de convenir avec une autre personne de s'entr'aider par l'exemple. Que deux personnes s'engagent sérieusement à se contrôler en cas de tentations, et à s'entr'amuser, soit en boxant avec les gants, ou faisant des armes, ou montant à cheval, ou se promenant à pied, ou tout autre exercice gymnastique. Cette méthode aidera au rétablissement de la santé de tous les deux, et il leur sera beaucoup plus facile de mettre le holà sur le voisin que sur eux-mêmes. Lors même qu'ils ne devraient pas suivre le même genre d'entraînement, la préparation est toujours la même, puisque, dans tous les cas, elle a pour but principal de renoncer aux aliments et aux boissons nuisibles, d'éviter de fumer ou faire l'amour, tout en prenant un exercice qui ait de l'agrément et qui donne une certaine fatigue au système musculaire sans l'accabler. Dans cette période, la nourriture doit être simple, mais variée. Le bœuf et le mouton rôti, souvent sous la forme de côtelettes ou de beefsteaks, avec tous les légumes qui plaisent, sont parfaitement convenables. La volaille, le gibier et le poisson ne font aucun mal; la pâtisserie elle-même, si elle est bonne et simple, ne saurait nuire. Il vaut mieux remettre le régime sévère jusqu'à l'époque du véritable entraînement; car il est rare que l'estomac puisse le supporter un peu longtemps. Au temps où nous vivons, il est à peine nécessaire de prêcher l'usage des grandes ablutions à l'eau froide tous les matins. Il ne faut pas chercher à se baigner pendant cette préparation, bien que dans l'été on puisse avec avantage se plonger une fois dans la rivière ou encore mieux dans la mer. Mais en toute saison tout le corps devrait être épongé chaque matin. Dans les temps très-froids, l'on prendrait de l'eau à la température de 60 à 65 degrés de Farenheit. Le corps devrait se bien frotter avec du gros linge jusqu'à ce que la peau commence à briller. Il est avantageux de se faire aider dans cette opération. Si la réaction se produit promptement, l'on peut mettre une chemise de calicot; mais, dans le cas contraire, pendant l'hiver, l'on peut mettre un gilet de flanelle sous la chemise. Cette précaution devient au reste rarement nécessaire, puisque ceux qui sont assez délicats pour en avoir besoin ne sont pas souvent en état d'affronter les fatigues d'un entraînement. Telle est la tâche relativement aisée qui se trouve dévolue à ceux qui ont continué à prendre beaucoup d'exercice concurremment avec un libre usage du vin, du tabac et tous leurs petits *et cætera*.

262. — Le traitement des viveurs indolents, qui ont eu les mêmes faiblesses épicuriennes, tout en laissant leur corps dans un repos absolu ou ne lui donnant que l'exercice nécessaire pour aller à leurs plaisirs, présente bien plus de difficulté. Il faut dans ce cas un grand empire sur soi-même, et malheureusement c'est la qualité qui manque ordinairement à ce genre de personnes. Peu de jeunes gens s'abandonnent de la sorte, à moins qu'ils ne soient d'une nature faible, cédant à toute importunité et incapables de résister à la tentation. Bien des hommes pleins de force morale et physique ont été entraînés vers la dissipation ou plutôt s'y sont jetés d'eux-mêmes par suite de l'impétuosité de leur tempérament. Ces natures n'ont qu'à prendre une réso-

lution pour qu'une chose soit faite ; ils se décident à prendre ou à laisser, et « *c'est un fait accompli* [1]. » Mais c'est bien différent pour l'homme d'esprit faible et vacillant, eût-il un corps herculéen. Hélas ! quarante fois par jour il prend une résolution, et y manque aussi souvent ; il excite à la fois la compassion et le mépris. Un tel homme peut être dominé par une volonté supérieure, mais il est rare qu'il ait la force de se contrôler lui-même. La vue d'un cabaret lui présente de trop fortes tentations : il ne saurait y résister. Bien que, sous le contrôle d'un autre, l'on puisse momentanément tirer parti de lui, il vaut rarement la peine que l'on se donne à son égard, puisque le moindre manque de vigilance peut causer un écart qui bouleverse tous les bons effets des soins antérieurs. Ici, la difficulté consiste à trouver de l'amusement pour le corps et l'esprit, tant les habitudes d'intempérance et de paresse ont causé de dégoût de tous les exercices, ou encore, dans bien des cas, c'est l'indolence du corps et de l'esprit qui a mené à l'intempérance. Si toutefois l'on désire opérer le changement d'existence au moyen de cette surveillance, il faut qu'elle soit aussi graduelle que pour le régime déjà décrit et encore plus graduelle eu égard à la quantité et à

[1] En français dans l'original.

l'espace d'exercice adopté. Souvent un homme d'un bon naturel et d'un caractère facile s'est adonné aux excès et à la paresse, et cependant, en sa qualité de bon rameur, on a recours à ses services dans le bateau de son collége ou de son Université. Voici un cas où l'on peut se donner un peu de peine pour le guérir, et c'est encore une expérience fort hasardeuse. Le seul plan à suivre est de confier le pauvre garçon à une personne qui soit en état d'exercer sur lui un contrôle ferme, mais tranquille, et de bien convaincre cette personne de la nécessité de surveiller son protégé à toute heure du jour et de la nuit. Il devra marcher à ses côtés à pied comme à cheval, en commençant par de courtes distances et les augmentant graduellement. Que, par tous les moyens, il l'attire aux parties de cricket, aux courses de lévriers, de chevaux, enfin à tout amusement en plein air capable d'attirer son attention et en même temps de tenir son corps en léger exercice sans l'épuiser; ramenez-le ensuite à la maison, faites-le dîner modérément, puis après une partie de billard, d'échecs ou de cartes qui dure une heure ou deux, persuadez-lui, s'il est possible, de se mettre au lit. Ce n'est pas le cas de chercher à diminuer le nombre d'heures de sommeil; laissez-le couché jusqu'à neuf ou dix heures du matin, parce qu'en raison de ses habitudes antérieures, il aura besoin d'une dose de repos au-dessus de la moyenne, et puis il y aura déjà bien assez de difficultés à le garantir des tentations pendant les heures où il sera debout. De cette façon, ces deux classes d'hommes peuvent être rendus à la santé, ou au moins être remis en état d'entreprendre le dur travail et le régime sévère que nécessite un entraînement pour une lutte quelconque. Les hommes de chacune de ces deux catégories seront probablement beaucoup plus gros et plus lourds qu'il ne le faudrait pour avoir leur maximum de force; mais cela n'arrive pas toujours, et quelquefois l'homme qui a cédé à toute espèce de tentation a perdu du poids et le recouvre ensuite quand il renonce aux stimulants qui ont bouleversé son estomac.

263. — *L'homme trop studieux.* — Avant de passer au traitement des gens qui étudient trop, qu'il me soit permis de rappeler à ceux qui veulent briller par leurs travaux littéraires que, sans la santé du corps, l'esprit n'est pas en état d'acquérir de la science. Il est vrai que bien des personnes, après s'être meublé la tête de faits, sont encore en état d'enseigner aux autres tout en étant devenus complétement valétudinaires; mais, dans cet état de souffrance, personne ne peut lutter pour lui-même contre la difficulté. Bien du temps se perd et de la force se dissipe par une excessive ardeur de lecture,

et je demeure fermement et pleinement convaincu que si l'on emploie bien huit et au plus dix heures par jour, c'est-à-dire si l'on travaille très-sérieusement pendant ce temps, l'on aura accompli tout ce que peuvent supporter les forces de l'esprit. Il restera sept ou huit heures de sommeil et six ou sept pour les repas, l'exercice, etc. Toutefois, peu de gens de tempérament ardent et d'habitudes studieuses sont capables de proportionner leur temps de cette façon ; mais ils peuvent bien compter sur le fait déjà énoncé, qu'au delà de huit ou dix heures, ils ne gagneront rien à pâlir sur des problèmes de mathématiques ou des auteurs classiques. Si l'on suivait ce précepte, les conseils que je vais donner deviendraient inutiles ; mais, par suite de la constitution de l'esprit humain, il est probable qu'on ne l'observera guère. Il est inutile de faire observer que, pour un esprit bouleversé par des études littéraires ou des calculs mercantiles, le meilleur système est d'abandonner momentanément la lecture et l'écriture; mais il est rare que cela soit praticable, et dans ce cas, tout ce que l'on peut faire, c'est de favoriser autant que possible la santé du corps pendant que la tension d'esprit dure encore. Aux hommes qui peuvent eux-mêmes régler leurs heures d'étude et qui ont un temps donné pour accomplir une tâche, je recommanderai énergiquement de ne jamais excéder huit heures par jour et même six, s'il est possible. Cette disposition leur laissera tout le temps de suivre l'entraînement nécessaire, et si la santé n'a pas été dérangée, et si la constitution est naturellement forte, l'on trouvera qu'à mesure que l'on pourra augmenter l'exercice du corps, l'esprit reprendra du ton. Revenons aux détails. Peu d'hommes voués à la lecture se décident à un entraînement avant d'être très-dérangés par la vie sédentaire, et il faut qu'ils observent certains soins préliminaires. J'insisterai d'abord pour qu'ils renoncent à la fumée, au thé vert et au café en dehors des repas. Ils éviteront toute surexcitation du cerveau et travailleront sans aucun stimulant contre nature. L'on se trouvera bien d'avoir deux pupitres pour lire, l'un étant assis et l'autre étant debout. Quand on s'appesantira et que l'on aura de la peine à fixer son attention étant assis, l'on changera d'attitude, et l'on n'aura plus besoin de thé vert ou de linges mouillés sur la tête. Je conseillerai ensuite de diviser les heures d'étude en deux périodes égales : la première commençant immédiatement après déjeuner, et la seconde immédiatement après le thé. De cette façon, tout le milieu du jour pourra être donné à la récréation, au dîner et à l'exercice ; et voici les heures que je propose comme les plus convenables, bien que par circonstance on puisse les varier quelque peu : Déjeuner à huit heures, lecture de huit heures et demie à midi et demi, léger lunch, composé d'un biscuit ou de sandwichs, avec un verre de bière amère ou de sherry mêlé à de l'eau ; exercice de midi et demi jusqu'à quatre heures et demie ; dîner à quatre heures et demie ; repos du corps et de l'esprit jusqu'à six heures et demie ; puis prenez une tasse ou deux de café ou de thé noir, puis lecture pendant deux, trois ou quatre heures, suivant les circonstances. Couchez-vous ensuite. Au commencement de ce régime, l'exercice doit être très-doux et d'un genre amusant. Si l'on peut monter à cheval, tant mieux, quoique ce genre d'exercice ne soit pas assez fort pour faire partie d'un entraînement, excepté comme préparation pour la marche ou la course. Bien des gens peuvent se permettre un somme après dîner et s'en trouvent bien ; mais, en thèse générale, cela ne vaut rien. Cependant, si l'on se trouve la bouche fraîche en s'éveillant et s'il n'y a ni palpitations de cœur ni flatuosités, je suis fort d'avis que cela est plutôt favorable. Le sommeil après le repas est instinctif chez tous les animaux, et certainement aussi chez l'homme. La raison pour laquelle on prétend qu'il est préjudiciable après dîner, c'est qu'il est si souvent interrompu, qu'il ne peut produire son effet. L'on sait qu'à toute heure le sommeil interrompu est nuisible, et si l'on ne peut l'obtenir sans beaucoup de chances de dérangement, il vaut encore mieux l'éviter tout à fait. Mais si l'on peut y consacrer une heure ou un peu plus, et que cela convienne au tempérament particulier de l'individu, l'esprit se sentira rafraîchi aussi bien que le corps, et après une tasse de thé ou de café, les études pourront se reprendre avec une nouvelle vigueur. Je viens d'indiquer comment l'homme studieux peut consacrer un temps suffisant à la conservation ou au rétablissement de sa santé, et aussi, comme nous le verrons plus bas, se mettre en mesure de se soumettre à un entraînement pour toute lutte *ordinaire* à la rame ou aux exercices d'agilité. Prenons maintenant les commis de bureau. Pour ceux-ci, les heures sont fixées, et tout ce que l'on peut faire doit se terminer avant neuf heures ou neuf heures et demie du matin, ou bien, pendant l'été, on peut s'exercer le soir après les heures de bureau. Malgré tout cela, bien des hommes se sont entraînés, mais c'est une besogne ardue et hérissée de difficultés. En hiver, il ne fait guère jour avant huit heures, et par conséquent il ne peut être question de suivre dans cette saison un entraînement régulier. A cet effet, la meilleure marche à suivre est de se loger de façon à être obligé à faire une bonne promenade pour aller et revenir du bureau soir et matin. Cela vaut beaucoup mieux que d'entreprendre une promenade sans but, car, dans notre climat, les obstacles que présentent les variations atmosphériques sont tels, que trois ou quatre fois par semaine on remettrait la promenade à un autre jour. Mais quand on *est obligé* de marcher par tous les temps, le bénéfice pour la santé se trouve assuré, et un Anglais se trouve de plus gratifié du privilége de grogner. Ainsi, en consacrant une heure seulement soir et matin à faire une marche de quatre milles jusqu'à son bureau ou comptoir, l'on aura pris assez d'exercice de corps pour pouvoir se maintenir en assez bonne santé pendant la mauvaise saison, et en été il est possible d'étendre la promenade, et même, en se levant très-tôt, de suivre un entraînement régulier. Pendant que nous traitons ce sujet, je voudrais pouvoir convaincre les directeurs des établissements où l'on réunit des jeunes gens pour affaires de commerce, qu'il faudrait un espace de temps réglé pour leurs repas. Je crois que l'on a l'habitude de faire dîner d'abord une moitié ou un tiers des jeunes employés, et puis, dès qu'ils ont rapidement avalé ce repas, ils sont remplacés par la division suivante. L'on considère ce système comme fort avantageux pour les propriétaires (je n'en suis pas très-convaincu), mais je sais que cela est fort préjudiciable aux employés. Dans bien des cas, l'on travaille dix heures par jour, et quelquefois plus, sans autre interruption que cette échauffourée qui tient lieu de repas. C'est plus que la nature ne peut supporter. Les garçons de ferme eux-mêmes, ou les ouvriers des fabriques, ont une heure pour le déjeuner et une autre pour le dîner ; après quoi ils reprennent leur travail avec une provision de force nerveuse. Les conséquences de cette longue contrainte de l'esprit et de l'énergie animale sont des moments d'accablement, pendant lesquels l'on commet des erreurs qui font plus que contrebalancer les prétendues économies de temps. Les conseils que j'ai donnés plus haut s'adressent principalement à ceux dont la santé est encore assez bonne pour permettre la continuation des études habituelles ou l'exercice d'un emploi. Mais il y a bien des cas où l'esprit et le corps sont tellement bouleversés, qu'il est non-seulement prudent, mais indispensable de renoncer à tout travail exigeant de l'attention. Ceci commence à sortir de ma partie, car, dans ce cas, il faut toujours appeler un médecin et suivre ponctuellement ses prescriptions. Cet état ne survient d'ailleurs guère sans de tels dérangements d'estomac que les remèdes et la diète deviennent indispensables, et alors c'est le moment d'avoir recours à la direction et au contrôle moral d'un habile médecin. Il y a quelques personnes pour lesquelles il suffira de changement d'air, de voir une société agréable et de prendre un exercice modéré; mais il est impossible de tirer une ligne de démarcation; le mieux sera donc de consulter un homme de l'art.

L'Entraînement réel. — Soins généraux et régime.

— 264. — *Entrainement pour la marche.* — Quand on projette une lutte à la course ou à la marche, une petite course avant déjeuner pendant une demi-heure suffira pour vider les intestins grêles de leur dernier repas et préparer l'estomac pour le déjeuner. Il serait fâcheux de différer plus longtemps ce repas, surtout si, comme cela doit être, l'on n'a guère soupé que de nom. Pendant une heure après déjeuner, c'est-à-dire jusqu'à près de onze heures, le pédestrian devrait s'amuser selon ses goûts, soit au billard, soit à tout autre jeu, mais à onze heures il doit être revêtu de son costume de marche, en flanelle de la tête aux pieds. Pour souliers il n'y a rien de tel que les empeignes en peau de chien, avec une semelle passablement épaisse pour marcher, et beaucoup plus mince pour courir. De onze heures à deux, ou deux heures et demie, la première marche doit se soutenir sans s'arrêter un moment, ou du moins cela s'observera après la première semaine qui sera consacrée à augmenter graduellement les heures d'exercice de une heure et demie à trois heures et demie de marche. Dans tous les cas, le pédestrian doit être accompagné par son entraîneur, qui doit l'amuser autant que possible par ses anecdotes et sa conversation. Après dîner il faut donner une heure ou deux au repos dans la position horizontale sur un matelas dur ou un canapé en crin, après quoi il faut parcourir la même distance ou à peu près. Il faut bien se persuader que les distances parcourues dans l'entraînement doivent être proportionnées aux projets du pédestrian. Ainsi pour se préparer à courir ou à marcher pendant une courte distance, il n'a qu'à se tenir en bonne santé et s'y maintenir par les moyens indiqués ci-dessus. Quant à l'exercice, il suffit de consacrer deux ou trois heures à marcher ou à courir. Un exercice plus prolongé tend à diminuer la vitesse, mais si l'on veut s'entraîner pour une longue distance il faut jusqu'à un certain point sacrifier de la vélocité. Il est hors de doute que l'on perd presque entièrement sa vitesse, si l'on s'exerce plus de trois ou quatre heures par jour, j'entends *la vitesse* pour *cent ou deux cents yards*. Mais si le but de l'entraînement est d'atteindre la plus grande vitesse que l'on puisse soutenir pendant 10 ou 15 milles, alors il faut mettre à l'épreuve la force de résistance, et l'entraînement doit consister beaucoup moins à franchir cette distance le plus vite possible qu'à la parcourir avec cinq milles en sus avec une allure moindre, avec des poussées à toute vitesse de temps en temps. L'entraîneur doit être lui-même un bon marcheur, et doit développer les moyens de son élève en marchant en compétition avec lui, ayant soin de ne pas le décourager en prenant la tête, même lorsque cela lui est facile. Il faut tout juste le stimuler par la concurrence, et cependant l'encourager en se laissant battre dans cette lutte amicale. Dans bien des cas, tout dépend du traitement moral, et bien des courses se perdent par l'anxiété que l'on ressent plusieurs jours et plusieurs nuits avant le moment de l'épreuve. Chez les autres animaux cette prescience de ce qui doit arriver n'existe pas, c'est la plus grande difficulté que l'on éprouve pour l'entraînement des hommes, dont plusieurs resteront sans sommeil pendant des nuits consécutives par inquiétude sur le résultat. Il faut donc que l'entraîneur encourage son homme par tous les moyens, et s'efforce de dissiper cette crainte de perdre, en lui inspirant dans toutes les occasions de la confiance dans ses moyens.

265. — L'entraînement pour la course est dirigé par des principes analogues à ceux que l'on applique pour la marche, si ce n'est que, pour les courtes épreuves, il est à éviter de faire trop d'exercices préliminaires *en courant*. La marche doit servir à

améliorer la santé générale, et il ne faut faire à la course que la distance pour laquelle l'on doit concourir. Au delà de cette méthode, la course trop prolongée rend l'homme lent, et il est porté à laisser tomber ses mains, pratique fatale dans la course rapide. En préparant son homme pour ces courtes épreuves, l'entraîneur lui fera courir tous les jours deux ou trois fois la distance convenue et courra contre lui avec une concession de quelques yards d'avance, ce qui donne confiance, ou bien il comptera le temps juste mis par l'élève à parcourir le terrain et gardera pour lui le résultat obtenu. Quand la distance est plus longue, il faut la parcourir une ou deux fois tous les jours, suivant sa longueur, à une bonne vitesse et avec tout l'encouragement et l'animation que cause la concurrence avec l'entraîneur. Dans tous les cas d'entraînement pour de longues distances, cinq ou six heures par jour au moins doivent se consacrer à marcher et à courir, passant de l'un à l'autre comme soulagement dans les premiers temps ; mais à la fin, il faut tous les jours dépasser un peu la distance fixée, à moins qu'elle ne se trouve être l'effort extrême des forces que l'on suppose au coureur. Dans ce cas, il se trouverait surmené s'il accomplissait sa tâche tous les jours, et il ne doit faire que ce que son entraîneur jugera pouvoir s'accomplir sans cet effet préjudiciable. Toutefois, l'homme supporte la fatigue d'une façon merveilleuse, et, si l'appétit se conserve bon et le sommeil profond, sans rêves et sans sursaut, l'entraîneur ne doit pas trop craindre que son homme travaille trop.

266. — *Réduction de la graisse.* — Il sera, je crois, généralement opportun de prescrire, avant de commencer l'entraînement sérieux, une médecine apéritive à dose ordinaire. Elle pourra consister en huile de castor ou en sel d'Epsom avec du séné appelé médecine noire, et, chez quelques personnes, les pilules de rhubarbe concentrée réussiront très-bien. Si le foie est engourdi (ce qui se connaît à la couleur pâle des excréments), il faudrait prendre le soir cinq grains de pilule bleue et le matin l'un des autres médicaments et répéter ces remèdes tous les deux ou trois jours, jusqu'à ce que la couleur devienne franchement brune ou jaune. Pour tout autre motif, il faut éviter les médecines apéritives, et l'on trouvera généralement qu'après la première dose, que je crois bonne pour nettoyer les entrailles de toute nourriture mal digérée, l'on n'en aura plus besoin. Il y a des hommes qui ont une telle abondance de graisse que leur poids s'élève à deux et même trois stones de plus qu'il ne devrait. Non-seulement il faut porter ce poids en perte sèche, mais la graisse elle-même gêne le mouvement des

muscles et surtout l'action du cœur. L'on peut adopter deux méthodes de suée, l'une naturelle, l'autre artificielle ; mais chacune doit être mise en usage le matin, en ayant soin de se lever un peu plus tôt dans ce but.

267. — La suée naturelle se pratique en mettant un supplément de vêtements, particulièrement sur les parties chargées de graisse. Si donc les jambes sont dans ce cas, l'on doit mettre deux ou trois pantalons ; si l'abdomen est gros, alors on suspend au cou un double tablier de flanelle passant sous le pantalon ; si les bras et le cou se trouvent chargés, l'on met un, deux ou trois jerseys très-épais et l'on s'entoure le cou d'un châle de laine. Quand on est ainsi vêtu, une promenade un peu vive ou une course lente de quelques milles amène une transpiration abondante que l'on peut prolonger pendant environ une heure, soit en se mettant sous des couvertures de cheval, ou sous un lit de plume, ou en s'étendant devant un bon feu. Au bout de ce temps, il faut se mettre nu, en commençant par le haut du corps et frottant chaque membre avec de l'eau chaude mêlée de sel avant de l'essuyer avec du gros linge. Puis on doit faire bon usage des gants de Dinneford et s'habiller comme à l'ordinaire, en ayant soin de n'exposer chaque membre que le moins longtemps possible. Telle est la méthode naturelle.

268. — La suée artificielle consiste dans le système dont Priesnitz[1] est l'inventeur et que d'autres praticiens ont tant employé dans ce pays. Voici en quoi il consiste : Le corps est mis à nu et enveloppé sur-le-champ d'un drap sorti de l'eau froide en le tordant, sans pour cela en faire sortir toute l'eau. Puis on roule le patient dans une couverture épaisse, y compris les bras, comme une momie, et on le met jusqu'au cou sous un lit de plume. Dans un quart d'heure, ou un peu plus, la réaction s'opère, et une abondante transpiration ruisselle sur la face et sur tout le corps. Les hydropathes ont coutume de faire boire au patient une quantité d'eau froide, par petites gorgées à la fois, pendant le temps de la suée. Mais pour notre objet, cela ne vaudrait rien à cause du travail que cela donne aux rognons, ce qui affaiblit considérablement tout le corps. Quand cette suée a duré une heure ou une heure et demie, il faut tout retirer et puis verser de l'eau froide sur tout le corps, soit au moyen d'une douche en arrosoir ou d'un simple pot à l'eau ; puis on frictionne jusqu'à ce que l'on soit sec et on s'habille. Cette méthode artificielle expose beaucoup moins aux rhumes que la méthode ordinaire et ne donne pas la même fatigue ni le même épuisement. Elle donne aussi beaucoup de légèreté et d'élasticité et ses effets peuvent mieux se graduer. Elle a néanmoins l'in-

convénient de rendre sujet aux furoncles qui, même sans cela, gênent souvent les rameurs. Quelle que soit la méthode adoptée, partout où il y a un amas de graisse il faut y entasser une quantité de vêtements, particulièrement si les épaules sont chargées et chevillées. Personne ne peut bien allonger les mains au delà des orteils si ses épaules ne sont pas libres ou si son abdomen est trop développé, et la première chose à faire, c'est de faire tomber la graisse, ainsi que je l'ai indiqué. L'une et l'autre de ces méthodes peuvent s'appliquer deux ou trois fois par semaine, et cela est fort préférable aux suées pendant la nuit à l'aide de la poudre de Dover ou tout autre médicament autrefois si en renom.

269. — *Emploi des liqueurs sudorifiques.* — Quelque médecine que l'on emploie pour exciter la transpiration, il serait imprudent soit de se laver à l'eau froide le lendemain matin, soit d'exposer le corps au froid comme on le fait en allant ramer. Il faut donc les rejeter quand on se prépare à un exercice qui nécessite d'exposer le corps à l'air. L'on a longtemps soutenu que, pour se préparer à un exercice de longue haleine ou très-rapide, la médecine sudorifique était absolument nécessaire, et il est certain que beaucoup de nos meilleurs coureurs en ont fait usage. Je demeure néanmoins convaincu que le drap mouillé des hydropathes vaut mieux pour le

but du pédestrian. Ce système rend l'humeur plus gaie, donne plus d'agilité et moins de tendance à la raideur rhumatismale. Que l'on en fasse l'essai, et l'on jettera pour toujours la médecine aux chiens, au moins pour les suées. On peut l'employer deux ou trois fois par semaine avant déjeuner et se retirer chaque fois une livre et demie, deux livres et même trois. Si l'on se prépare pour les exercices du pédestrian, il faut charger de vêtements les bras et le corps beaucoup plus que les membres inférieurs. Le premier motif est de débarrasser les grands viscères de toute graisse pouvant intervenir dans leurs fonctions, et le second de diminuer le poids du corps au-dessus des hanches, savoir : vers l'abdomen, la poitrine, le cou et les bras qui ne servent pas beaucoup dans la course et la marche relativement aux jambes. Il est fort aisé de n'appliquer le drap mouillé que sur le tronc et les bras et de ne couvrir que légèrement les jambes, juste assez pour les préserver du froid. Les suées naturelles ne sont pas admissibles dans ce genre d'entraînement, parce que, en raison de la surcharge de vêtements, l'on serait porté à raccourcir l'enjambée, ce qui rend l'allure lente, traînante et misérable. Il reste donc à choisir entre la suée dans les draps mouillés, ou à prendre le soir un scrupule de poudre de Dover, ou une demi-pinte d'un breuvage composé de vin blanc mêlé à trente gouttes de vin d'antimoine et autant d'extrait doux de nitre. C'est certainement un puissant sudorifique; mais il bouleverse l'estomac et laisse la peau très-impressionnable au froid. Quel que soit le parti que l'on prenne, le corps entier doit se frotter soir et matin avec les gants de Dinneford.

270. — Le régime suivant se trouvera, je crois, le mieux adapté aux différents modes d'entraînement, excepté pour s'ôter du poids pour les courses à cheval, sujet que j'ai traité page 421, tome Ier (cas où il faut cruellement se restreindre l'appétit).

Déjeuner. Il est hors de doute que la meilleure nourriture pour ce repas est la tisane de farine d'avoine, en y ajoutant un peu de pain et une certaine ration de bœuf ou de mouton. Mais beaucoup de gens ont une grande répugnance pour ce mets et n'en peuvent manger sans dégoût. Pour ceux-là, je crois que le breuvage le plus convenable est une pinte de bière de table faite à domicile, pas trop forte; il faut alors aussi augmenter la ration de pain. Il ne faut pas chercher à éteindre l'appétit, à moins qu'il ne soit énorme ou qu'il n'y ait une grande surabondance de graisse; mais je crois que l'on reconnaîtra qu'il est bien plus avantageux de perdre du poids par la transpiration et l'exercice que par le jeûne. La meilleure manière de cuire la viande est de la griller, et il faut que je dise un mot de la façon de l'apprêter. Généralement l'on conseille de manger les beefsteaks et les côtelettes extrêmement peu cuits et à l'état saignant ; je suis sûr que c'est une erreur. En grillant, l'on perd très-peu de substance nutritive dès que l'extérieur a été saisi par le feu. Si donc rien ne se perd, il y a beaucoup à gagner en gardant la viande sur le gril jusqu'à ce qu'elle soit entièrement cuite; la plupart des gens la trouveront meilleure, et tous la digèreront mieux. J'ai connu bien des personnes tout à fait dégoûtées par les chiffons rouges qu'on leur servait, et par suite de leur répugnance, ils ne pouvaient digérer la viande ainsi apprêtée. Le thé et le café ne valent pas grand'chose pour l'entraînement, bien que je ne les croie pas aussi mauvais qu'on le suppose, si on ne les prend pas trop forts. Le chocolat est trop gras et ne vaut pas le thé, qui d'ailleurs ne doit jamais être vert. Je suis porté à croire que, dans les cas où l'on prend habituellement le thé ou le café, et que la tisane d'avoine ou la bière sont antipathiques, il vaut mieux continuer son premier régime que de se forcer pour le changer trop complétement. Il faut se priver avec soin de beurre, de sauces et d'épices, et n'employer comme condiment que du sel et une légère dose de poivre noir.

Le dîner. Ce repas important doit consister en bœuf ou mouton rôti. Par occasion, pour changer, l'on peut se permettre un gigot bouilli, mais le veau, le porc, le bœuf salé ou le lard ne sont pas admissibles; il en est de même de l'oie, du canard et généralement du gibier à plumes. Toutefois les poulets rôtis, les perdrix ou les faisans font une bonne nourriture. Le lièvre s'accompagne trop ordinairement d'une farce très-épicée sans laquelle il est à peine mangeable. Rien ne vaut mieux que la venaison, quand on peut s'en procurer, mais elle doit se manger sans sauce épicée et sans gelée de groseille. Quant aux légumes, l'on peut manger des pommes de terre, mais en petite quantité, pas plus d'une ou deux par repas. Le chou-fleur et le brocoli ne se tolèrent que de temps en temps pour varier le régime; tout autre légume est proscrit. Le pain peut se prendre à discrétion avec une pinte ou une pinte et demie de bonne bière, bien saine, fabriquée chez soi. Si cette partie du régime ne convient pas, l'on peut boire pendant le repas un peu de Xérès et d'eau ou de vin de Bordeaux mêlé d'eau, et après le dîner, un verre ou deux de Xérès ou de bon Porto. Quand l'entraînement dure un peu de temps et que l'estomac avait préalablement l'habitude du poisson blanc, comme la morue et les soles, on peut en prendre pour varier un peu le régime. Rien ne dérange plus l'estomac d'un homme que de se tenir à une seule denrée, le *toujours perdrix* peut vous dégoûter même d'une aussi bonne chose. Voilà ce que l'entraîneur ne doit jamais perdre de vue. Il n'a pas à sa disposition un cercle d'une bien grande étendue, mais au moins qu'il le parcoure dans son entier développement. Il est même désirable de faire prendre un pudding de temps en temps, mais il doit toujours avoir pour base le pain. Une bonne cuisinière fera toujours un pudding très-appétissant avec du pain, un peu de lait, et un ou deux œufs. Servi avec des groseilles vertes bouillies ou tout autre confiture commune, cela n'est ni désagréable au palais, ni mauvais à l'estomac; mais que ce ne soit qu'une variété et non un mets usuel. Le fonds du régime est le bœuf et le mouton avec du pain ou de la panade d'avoine, et si l'estomac et le palais s'en contentaient il n'y aurait pas lieu de varier; mais comme cela arrive rarement, il vaux mieux ne pas entreprendre un régime trop rigoureux.

Le souper. Beaucoup d'entraîneurs désapprouvent ce repas, mais je me suis convaincu par l'expérience qu'à moins que l'entraînement ne dure assez longtemps pour accoutumer complétement au jeûne prolongé entre le dîner et la matinée du lendemain, il vaut beaucoup mieux permettre un léger repas à huit heures. A cet effet, la panade de gruau d'avoine est ce qui convient le mieux, et personne ne se trouvera mal d'en prendre une pinte avec un peu de pain grillé mangé sec ou trempé dans le gruau. Je ne vois pas que la viande soit jamais nécessaire le soir, excepté pour les constitutions très-délicates qui ont besoin d'être particulièrement reconfortées. Dans ce cas, j'ai reconnu qu'une côtelette prise le soir avec un verre de Porto, ou même de Xérès à l'œuf, était un excellent moyen de maintenir la vigueur. Bien plus, on trouvera que l'on ne peut poser de règle absolue applicable à tous les cas, et il faut à l'entraîneur beaucoup d'expérience et d'aptitude pour amener ensemble plusieurs hommes au même degré relatif de leurs forces respectives. Rien n'est plus propre à faire perdre des chances de victoire à l'équipage d'un bateau que les *conditions* variables parmi ses membres. Il vaut beaucoup mieux que tous soient également fatigués que d'en avoir la moitié épuisés au commencement de la course avec l'autre moitié conservant leur pleine vigueur. Voilà pourquoi, comme je l'ai déjà fait remarquer, quelques-uns demanderont une nourriture plus abondante et plus fortifiante que les autres. Si, par exemple, les habitudes ont été simples et l'appétit considérable, il faudra ne prescrire que les aliments les plus communs avec très-peu de variété. Au moyen de cette précaution, l'on est sûr de se nourrir assez, jamais trop, et la quantité d'exercice assurera la digestion. Si, d'un autre côté, la constitution est délicate, avec manque d'appétit, embarras de digestion et tendance à trop d'amaigrissement, alors il faut chercher à varier journellement la nourriture, et, tout en restant dans les bornes de la prudence, se plier aux fantaisies particulières du palais. Certains estomacs supportent bien le vin de Porto, et il est souvent indispensable à ceux qui ont une tendance à la diarrhée. D'autres personnes trouvent un effet purgatif au gruau d'avoine, et c'est une raison pour éviter d'en prendre en panade. Pour éviter la diarrhée, il faut pour quelques-uns que le pain soit mangé grillé; pour d'autres, au contraire, le gros pain bis, fait avec de la farine non blutée, est un bon remède contre la constipation. Tout le pain qu'on mange devrait avoir deux jours de cuisson, et le bœuf et le mouton devraient rester au crochet aussi longtemps que la température le permet. Pour le mouton, le meilleur morceau est le gigot d'un mâle de deux ou trois ans; pour les beefsteaks, un morceau de culotte ou l'intérieur de l'aloyau. Souvent l'on permet à l'équipage d'un bateau d'entrer dans une taverne au bord de l'eau pendant les heures d'exercice et d'y prendre une pinte ou une demi-pinte de bière par tête. Je suis convaincu que c'est un mauvais système, la force ne devrait jamais dépendre de stimulants immédiats, et il vaut mieux diminuer la tâche que de l'accomplir à l'aide de semblables moyens. Je suis parfaitement certain que pendant la période d'entraînement bien peu d'hommes ont besoin de plus de trois pintes, au plus deux quarterons de bonne bière à cinq boisseaux le quartaud, et la moyenne ne dépasse pas deux pintes et demie par homme. Sans doute il faut accorder quelque chose aux habitudes contractées et à la nature de la constitution. Dans les premiers jours d'épreuve et dans la course elle-même l'on souffre quelquefois beaucoup, la face devient bleue par suite de congestion et la respiration est difficile et pénible. Le meilleur remède est un verre de grog chaud et des frictions longues et vigoureuses sur les jambes, les pieds, les cuisses, et si l'embarras persiste, un bain chaud à 98 degrés (0°,32 cent.).

LIVRE VIII.

HIPPIATRIQUE ET ÉQUITATION.

Du cheval et de son équipement. — 271. — Le cheval que l'on monte en promenade, appelé communément hack, est d'une nature différente du hunter ou du cheval de course que nous avons décrit dans les chapitres *ad hoc*. Le hack ordinaire n'est pas non plus précisément comme celui appelé covert hack (cheval qui porte le chasseur vers le rendez-vous de chasse)[1], et que nous avons décrit au chapitre de la

[1] Pour Nimrod, le cheval destiné à promener un gentleman doit avoir du sang, être près de terre avec de la longueur dans le dessus, de bons membres et de bons pieds, pas au-dessous de 14 paumes, pas au-dessus de 15. Au pas, il doit faire 5 milles à l'heure, au trot 11 ou 12, et, si on le désire, doit pouvoir faire 15 milles au galop dans la main, sans porter au vent ni être tenu durement. Nous le supposons, bien entendu, en condition de travail, et ce n'est que dans les cas de nécessité qu'on doit lui imposer la tâche de galoper pendant une heure entière. En route, par le temps chaud, il n'est pas mauvais de lui faire prendre de temps en temps quelques gorgées d'eau douce.

chasse à courre. Beaucoup de chevaux de course de pur sang deviennent de bons hacks, et plusieurs hunters sont assez souples pour en servir; mais, généralement parlant, ce n'est point le cas, et ni l'un ni l'autre ne répondent à l'idée du hack parfait. Parmi les hacks, la distinction la plus saillante est entre les chevaux de promenade et les chevaux de route. Les premiers n'ont besoin que de belles formes avec des allures voyantes, tandis que l'on choisit un cheval de voyage pour ses qualités utiles. Il doit être en état de parcourir une distance, dans un temps donné, avec aisance et sans fatigue pour le cavalier.

272. — Le hack de promenade est généralement ce que les marchands de chevaux appellent « une attrape-nigaud, » c'est-à-dire que c'est un cheval brillant avec une apparence qui flatte l'œil, mais qui au fond ne vaut rien, par suite de quelque défaut de constitution ou infirmité des membres. Tous les ans, l'on expulse par vingtaines, des écuries d'entraînement, des brutes sans utilité aux travaux préparatoires, en raison de leur tendance à s'enflammer et à s'endolorir. Maintenant ces chevaux sont souvent à peine aptes à porter un cavalier de 11 stones (70 kilog.) et aussi impropres à la chasse, pour leurs jarrets défectueux ou pour quelque disposition de caractère qui les empêche de devenir bons sauteurs. Ils ont souvent un beau dessus, c'est-à-dire sont bien

conformés de tête, d'encolure et de corps, et pour l'œil inexpérimenté sont fort séduisants. Ils ont souvent des allures bien relevées et quelquefois d'une manière toute particulière, car les mouvements les plus relevés sont ceux qui ont le plus de chance de produire l'inflammation des jambes. Ces animaux sont mis de côté, rafraîchis à l'aide de blisters [1] et montrés ensuite comme de beaux hacks à l'usage des amateurs qui ne demandent qu'une courte promenade de santé d'une heure ou une heure et demie, chaque fois qu'il fait beau, et comme la moyenne des beaux jours n'est pas au-dessus de quatre par semaine, la plupart des chevaux peuvent faire ce travail, même avec les jambes les plus infirmes, *si on les mène doucement sur le terrain dur*. Tous les jours, on fait parader bon nombre d'animaux semblables dans Hyde-Park, où le terrain doux de Rotten-Row [2] leur convient à merveille. Mais vous en trouverez là également de l'extérieur le plus parfait et aussi durs à l'ouvrage que n'importe quel poney de boucher. Toutefois, il faut admettre qu'en grande majorité nos jolis hacks modernes sont incapables de faire autant d'ouvrage sur le terrain dur que la

[1] On entend par là des espèces de vésicatoires appelés, en France, feux anglais.

[2] Littéralement *allée pourrie*, dont le terrain est semblable à celui des allées destinées aux cavaliers dans le bois de Boulogne.

brute d'origine moins distinguée et d'aspect plus commun, en usage parmi les bouchers et autres détaillants qui vont à des foires de campagne fort éloignées. Le sang oriental présente de grands avantages sous presque toutes les considérations, et sans doute, quand l'animal qui le possède est sain, il supportera impunément les chocs de la route ; mais je ne mets pas en doute qu'il n'est pas en état de supporter ces chocs si le travail est quotidien, et qu'un poney du pays de Galles ou un cheval normand résisteront à un travail double, sans en éprouver de mal. C'est la partie faible de cette race, venant en partie du manque de dimension dans l'os et l'articulation, mais principalement, je crois, par l'usage constant de faire servir les juments de second ordre par des étalons qui ont eux-mêmes souffert de l'inflammation des jambes et de ses conséquences, d'où avec le temps s'est formée une race plus que naturellement délicate dans ses extrémités, parce qu'elle provient d'animaux affectés de ce défaut, pris par nécessité, il est vrai, et non par choix. Ma raison pour penser que le sang arabe n'est pas infailliblement porté à produire des inflammations d'articulations, est que dans le pays natal les chevaux arabes sont particulièrement exempts de cette tare, quoiqu'on leur fasse parcourir de longues distances. Également en Angleterre, ceux qui sont procréés par d s arabes modernes ont les membres sains, quoiqu'ils soient autrement impropres pour l'objet auquel on les destine (les courses). Safeguard, qui descend de l'arabe gris Wellesley, a donné à la plupart de ses produits des jambes d'acier. J'en ai un de cette race, dont les extrémités supporteraient tous les chocs possibles sans le moindre inconvénient, et en outre j'en ai connus en d'autres mains plusieurs du même genre. De là je suis fondé à conclure que la cause ne tient pas au sang, mais s'est introduite accidentellement par l'emploi que font les fermiers d'étalons de rebut. Ces étalons donnent de jolis poulains qui atteignent de hauts prix, et par suite remplissent le but de l'éleveur tout aussi bien qu'un étalon plus sain dont la monte se ferait payer le double. L'éleveur n'éprouve que rarement les jambes des poulains, et ce n'est que quand on les met au travail que l'on découvre une faiblesse qui était primitivement imperceptible à l'œil. Par une longue expérience, pour mon propre compte et pour celui des autres, je suis convaincu que l'on ne peut juger les membres par l'apparence ou le toucher. Je ne veux pas dire que, sur quarante chevaux, les vingt dont les membres paraissent les meilleurs ne battront pas les autres, mais il est impossible pour un connaisseur, quelque bon qu'il soit, de prononcer qu'une certaine jambe résistera ou non, s'il ne sait rien du cheval auquel elle appartient. J'ai vu, dans tant de circonstances, une jambe bien conformée se démolir immédiatement et une jambe paraissant mauvaise tenir bon, que je ne puis venir à d'autre conclusion qu'à celle de l'impossibilité de se fonder une opinion certaine par une simple inspection. Ceci est une grande source de perte pour le marchand qui achète les chevaux après un long repos, avec des jambes paraissant belles et saines, car même la simple montre du cheval devant les écuries en met plusieurs à bas, et il s'ensuivra une boiterie d'une nature qui n'implique pas rédhibition et cependant suffisante pour empêcher une vente avantageuse. Un cheval qui boite à la suite du travail est rafraîchi, médicamenté et mis en liberté dans la boxe; on lui met des feux anglais et on le garde avec aussi peu d'exercice que possible, jusqu'à ce qu'il doive être vendu, et à ce moment ses jambes sont redevenues aussi nettes que le jour de sa naissance. Maintenant je défie qui que ce soit, même parmi les connaisseurs, de s'apercevoir de la faiblesse inhérente, mais elle n'en existe pas moins, et à la première semaine de travail un peu dur, l'inflammation revient aussi dangereuse qu'auparavant. Le hack de promenade n'ayant pas besoin de jambes de résistance, son emploi peut être rempli par tout cheval de bon caractère, sûr de pied, d'allures brillantes et de forme élégante. Le bon caractère est nécessaire, parce que, comme on ne fait pas durement travailler ces chevaux, ils deviennent bientôt ingouvernables, s'ils sont naturellement d'une disposition vicieuse. Le travail calme presque tous les chevaux ; mais pour avoir un animal agréable à monter en tout temps, frais ou fatigué, il faut qu'il soit d'un caractère bien maniable Beaucoup de chevaux qui, frais, sortent de l'écurie dans un état de feu et d'impatience, se cabrent et ruent comme s'ils étaient fous, seront aussi tranquilles que des ânes après avoir bien travaillé. Par cela même, il n'est pas toujours sage d'en rejeter un qui montre cette nature, ni prudent pour un mauvais cavalier d'en monter un pareil tout d'abord, quoiqu'une fois dans son assiette ordinaire il soit assez tranquille. Il est deux qualités de conformation que tous les hacks devraient posséder, d'abord une bonne épaule, et ensuite un usage libre de l'arrière-main. Il est inutile que la jambe de devant soit bien levée et bien poussée en avant, si ce mouvement n'est pas aidé par la jambe de derrière. Il n'y a point de hack plus désagréable que celui qui lève le pied et le repose presque exactement à la même place. Ici le défaut est dans l'arrière-main, qui ne porte pas le corps en avant aussitôt que la jambe est levée, et de là l'allure dont je parle, qui, en faisant beaucoup d'*esbrouffe*, ne dépasse pas six milles à l'heure (9 kil. 1/2). En même temps, de trop grandes enjambées, au pas, trot ou galop, ne sont pas agréables, et le cheval qui a une allure vive et modérément courte, sera préféré dans presque tous les cas. Tout cela, comme la bonté des jambes, ne peut se deviner avec sûreté par la forme; c'est pourquoi le marchand, qui a un cheval à belles allures, dit toujours à l'amateur qui trouve à redire à l'extérieur du cheval dans l'écurie: « *Voyez-le dehors, Monsieur, et vous l'aimerez,* » et fort souvent il se trouve avoir raison. Souvent le cheval le plus laid à l'écurie est non-seulement le meilleur, mais le plus beau dehors, étant un animal tout à fait différent une fois en mouvement. En fait, tous les essais doivent se faire avant l'achat, car ce n'est que quand le cavalier a monté lui-même, que les bonnes ou mauvaises qualités au point de vue de l'agrément ont été complétement développées. Quelques personnes croient pouvoir choisir un hack rien que par leur coup d'œil, mais quoique sur les grands nombres ils puissent passablement réussir, cependant, dans plusieurs circonstances, ils seront cruellement trompés; les pieds devraient toujours être bons avec abondance de corne, les sabots plats ne supportent pas la route, pas plus que les talons contractés; il n'y a pas de cheval qui demande autant de perfections dans la forme des pieds. Le hunter ou le cheval de course peuvent être employés quand même ils ne pourraient plus marcher sur la grande route; mais le hack doit être sain de ce côté, ou il sera paralysé au premier terrain dur. En hauteur, le hack des parcs va ordinairement de 14 mains à 15 1/2; toutefois il dépasse rarement 15 mains (de $1^{m},42$ à $1^{m},57$)[1].

273. — Le hack de route peut être beau ou laid, mais il doit, avant tout, aller au pas, au trot et au galop d'une manière irréprochable. Comme pour le hack des parcs, il doit avoir le pas sûr et agréable, le pied de devant bien levé et déposé sur le talon avec une action nette de la jambe de derrière par laquelle il évite de butter en le posant trop tôt ou de faire des atteintes par le défaut opposé. Cinq milles à l'heure (8045 m.) est un pas convenable pour le pas d'un bon hack, et quoique quelques-uns fassent considérablement plus, il est rare que ce ne soit pas par une fausse allure, qui n'est pas agréable pour le cavalier, ni élégante aux yeux des spectateurs. Le trot doit être de nature à être restreint à 8 milles à l'heure (12,872 m.), ou étendu à 14 milles (22,526 m.), et ceci est la perfection de l'allure, et peu de chevaux peuvent bien faire les deux, rasant trop le terrain pour pouvoir rendre la première

1 C'est généralement un cheval hongre. Au moyen âge, la noblesse anglaise ne se servait pas des juments à la selle, mais le clergé en usait librement. (Yonatt, p. 18.)

allure avec sûreté, ou trop bien mis et trop relevés dans leurs mouvements pour faire les 14 milles. Aucun défaut n'est pire que le manque de sûreté dans le mouvement de l'avant-main, qui résulte d'une faiblesse des muscles extenseurs du bras, par suite de laquelle le mouvement est assez bon tant que le cheval n'est pas fatigué; mais après quelques milles la jambe n'est pas levée avec assez de puissance et la pince est constamment frappée contre quelque inégalité de terrain *dont elle ne peut se retirer*. Cette dernière circonstance est la marque distinctive du défaut, et il ne faut pas le confondre avec l'habitude de broncher, qui se manifeste aussi bien au départ qu'en d'autres temps, et qui est toujours facilement découverte en épiant dans le trotteur, peu sûr par nature, la manière de poser le pied; la pince touche terre d'abord et le talon ensuite, comme on en peut trouver la preuve à l'examen du fer. Ici l'on peut rencontrer un faux pas sans faire de chute, parce que les extenseurs sont forts, et vous tirent d'embarras quand le mal est presque fait; mais quand les extenseurs sont faibles, la pince qui a d'abord été bien levée, après quelques milles, rencontrant terre et n'étant pas rapidement relevée, il s'ensuit une chute des plus dures. C'est pour cette raison qu'il est nécessaire de monter un cheval à quelque distance avant de prononcer sur ses allures, et ce n'est qu'alors que vous pouvez juger s'il conviendra à un cavalier timide ou maladroit. Il est, j'en suis sûr, de la plus grande absurdité de recommander telles ou telles formes, et quoique obliquité des épaules soit chose désirable, cependant de bien bons chevaux de selle n'ont pas cet avantage. Les allures sont le *sine qua non* uni à la solidité, la douceur, la parfaite intégrité de l'haleine, des membres et de la vue; un cheval avec une épaule épaisse et chargée fait souvent un bon hack, tandis que les épaules amaigries font rarement de longs voyages. Une particularité fort désirable dans la forme de l'épaule, c'est un développement convenable de la partie large du scapulum; sans quoi il n'y a rien pour retenir la selle en arrière, et le cavalier est beaucoup trop sur l'encolure. Pour les chevaux de route, le galop n'a pas l'importance du pas et du trot, mais il faut qu'il soit franc, c'est-à-dire aussi haut de devant que de derrière, car par le défaut d'équilibre convenable entre l'avant-main et l'arrière-main, la fatigue de l'animal s'accroît considérablement. Mais comme, dans l'état actuel de nos routes, le galop ne doit pas être continué pendant plusieurs milles, il devient ainsi de moindre importance que le trot, qui est, ou devrait être, l'allure régulière sur le terrain dur. Le galop cadencé (canter) n'est pas fort en usage parmi nos cavaliers, et il faut le laisser pour les dames, parce qu'il tend à user la jambe directrice lorsqu'il y a un grand poids sur la selle. On ne recherche donc le hack au galop raccourci pour aucun service, excepté pour porter une dame. Le galop cadencé est ordinairement de 15 à 16 milles à l'heure (de 24,135 m. à 25,744 m.).

274. — Quant à la méthode pour se procurer un hack, il y a peu de choix ; un petit nombre de ceux qui montent ces animaux ont l'occasion de les élever, et s'ils avaient la terre nécessaire, ils ne trouveraient pas la chose profitable. Le hack est un animal bâtard et peut rarement être élevé avec certitude ; parce que de la manière dont on l'emploie, c'est une exception, tel qu'un hunter ou un cheval de course accidentellement trop petits. De là, si l'on veut tirer des produits d'une jument hack dans l'espoir d'avoir un hack, il y a des chances pour qu'elle produise aussi haut que sa mère, qui était probablement une forte bête de chasse. Nos hacks viennent tous maintenant de l'étalon pur sang croisé avec quelque jument d'attelage ou de chasse, généralement de chasse, et comme celles-là sont maintenant pur sang, le hack est encore plus pur que sa mère, cependant toujours un bâtard, et se trouve souvent croisé avec le sang du pays de Galles ou de Normandie, qui le rend robuste, mais encore plus bâtard. L'achat est ainsi la seule voie ouverte au futur cavalier, et il y

a quantité de vendeurs dans le royaume chez lesquels on peut se procurer ces animaux, sans compter les foires nombreuses de nos villes de provinces. La meilleure ressource est l'écurie d'un marchand important; elle est très-préférable à une foire, où l'on ne

Fig. 50. — Achat d'un cheval.

peut bien essayer et où le cheval, étant préparé pour un temps fixe, peut avoir été plus facilement arrangé pour tromper le consommateur un jour donné. Dans l'écurie du marchand, on ne prévient pas à l'avance et on ne peut pas toujours être préparé à la supercherie. Ensuite, il est bien plus difficile de deviner les maladies des yeux à l'air libre qu'à la porte de l'écurie, et bien des chevaux boiteux sont échauffés et mis temporairement d'aplomb en marchant d'un bout de la foire à l'autre; l'éparvin a plus de chance d'être dissimulé de la sorte, ainsi que la pousse, qui jusqu'à un certain point peut aussi être artificiellement cachée.

L'achat des hacks à l'encan est une parfaite loterie, car ils peuvent être très-désagréables à monter, quoique avec toute l'apparence d'être doux et sûrs. Les chevaux d'attelage peuvent être achetés avec beaucoup plus de certitude de cette manière; mais le cheval qui fait l'objet de cet article a besoin d'allures si parfaites, qu'on ne peut s'y fier qu'après les avoir montés. On ne peut aussi savoir comment la bouche goûte le mors, quoique l'âge puisse être deviné avec passablement de précision. Une bonne bouche est un grand avantage et une mauvaise un terrible défaut; tout cela ne peut se voir à l'encan, c'est pourquoi je dis qu'on ne doit avoir recours à ce mode d'achat qu'à la dernière extrémité.

Aides et accoutrements. — 275. — La sellerie, pour les hacks, est très-semblable à celle qui a été décrite dans le chapitre de l'équitation de chasse et aussi les aides (voir p. 136). Le fouet est différent, étant une cravache droite comme pour les courses, ou un stick un peu court, ou un jonc court, avec un manche, en usage parmi les cavaliers. Les éperons ne sont guères portés sur hack, à moins qu'il ne soit paresseux; mais il y en a sur lesquels on ne peut compter sans ce stimulant. Ils sont quelquefois assez indolents pour butter tous les dix pas, si l'on n'a pas d'éperons; mais au plus léger contact, ils se réveillent et leur allure change instantanément. Avec les animaux de cette sorte, il faut toujours mettre des éperons, bien qu'il ne faille s'en servir que rarement.

Monter et mettre pied à terre. — 276. — Les règles pour ces pratiques préliminaires de l'équitation sont généralement posées comme si tous les chevaux étaient de taille moyenne et tous les hommes mesuraient 6 pieds à la toise (1m,828). Ainsi le capitaine Richardson, dans ses dernières élucubrations sur cette branche de notre littérature du sport, donne les conseils suivants: « Tenez-vous debout en face « du pied gauche antérieur, placez la main gauche « sur le cou, près du garrot, le dos de la main « tourné vers la tête du cheval et les rênes dans le « creux de la main; prenez les rênes avec la main « droite, mettez le petit doigt de la main gauche « entre les deux et tirez jusqu'à ce que vous sentiez « la bouche du cheval; tournez le bout des rênes le

« long de l'intérieur de la main gauche, laissez-le « tomber au-dessus de l'index, du côté extérieur, « et mettez le pouce sur les rênes; tordez une mè- « che de la crinière autour du pouce ou de l'index « et serrez fortement les rênes dans la main; prenez « l'étrier dans la main droite et engagez-y entière- « ment l'orteil gauche, appuyez le genou contre le « panneau de la selle pour que la pointe du pied « n'irrite point le flanc du cheval; saisissez le trous- « sequin de la selle avec la main droite, et vous « élançant de l'orteil droit, jetez la jambe droite « par-dessus le cheval sans le toucher, venant dou- « cement en selle en retenant le poids du corps avec « la main droite appuyée sur la partie droite du « pommeau; mettez l'orteil droit dans l'étrier. » Ceci est en somme applicable à un homme de 5 pieds 10 pouces à 6 pieds ($1^m,77$ à $1^m,83$); mais un homme moins grand, essayant de monter un cheval de 15 mains 3 pouces ($1^m,60$), le trouvera impossible, simplement parce qu'il ne peut atteindre le troussequin, de la position qui lui permet de tenir l'étrier dans la main gauche. Dans mon opinion, le capitaine a également tort de prescrire que le corps soit jeté en selle directement de terre en un seul mouvement. Ceci mettra toujours le cavalier en selle avec une évolution assez gauche, et la vraie méthode consiste à lever le corps jusqu'à ce que les deux pieds soient de niveau avec l'étrier, c'est *alors* qu'en retenant la jambe gauche contre le quartier de la selle avec la main gauche sur le pommeau, la jambe droite est facilement jetée par-dessus le troussequin et le corps peut être maintenu dans la position première jusqu'à ce que le cheval soit tranquille, surtout s'il fait des courbettes ou se cabre. Un petit homme peut en général mettre le pied à l'étrier pendant qu'il le tient à la main, mais on ne doit pas ignorer que tous ne le peuvent faire, car j'ai vu de jeunes cavaliers très-vexés de ne pouvoir y réussir quand on le leur prescrivait. La plupart de nos écrivains sur l'équitation sont dans les principes militaires et voudraient couper le drap de chacun sur le modèle de leurs habits. Il sont en état de faire aisément certaines choses, et leurs soldats aussi, parce qu'ils sont presque tous de la taille que nous venons de citer, mais comme les sportsmen et les cavaliers civils sont de toutes les tailles, j'essaierai d'approprier mes préceptes à toutes les tailles et à toutes les classes. Dans tous les cas, le cavalier doit se mettre à l'épaule, quoique pour un petit homme il soit beaucoup plus aisé de monter un grand cheval en se mettant à la hanche, mais le danger des coups de pieds est imminent, et même en montant soutenu par la jambe dans le style des jockeys, j'ai vu la cuisse presque cassée d'un coup de pied. Si la main peut maintenir l'étrier, il faut en profiter; mais si la personne est trop petite, on peut mettre le pied à l'étrier sans s'aider de la main, et prenant alors les rênes entre les doigts, à peu peu comme il a été prescrit plus haut, et saisissant une mèche de crins entre le pouce et le premier doigt, le corps s'enlève jusqu'à ce que le pied droit arrive au niveau du gauche; alors la main droite empoigne le troussequin et la gauche le pommeau, le corps est équilibré pour un moment, qui à l'ordinaire est presque imperceptible, mais qui avec un cheval remuant est quelquefois assez long. Alors on jette doucement la jambe par-dessus la selle, et l'on retire la main à l'approche de la jambe; après quoi le corps s'enfonce en selle d'une manière aisée et gracieuse. Le pied droit est alors mis dans l'étrier avec ou sans l'aide de la main droite.

277. — Pied à terre s'effectue en commençant par arrêter complétement le cheval, ensuite raccourcissez la position de la main gauche sur les rênes jusqu'à ce qu'elle repose sur le garrot en sentant bien la bouche du cheval, entortillez au doigt une mèche de crin et tenez-la avec les rênes, pesant aussi sur le pommeau avec le talon de la main. Puis jetez le pied droit hors de l'étrier et enlevez le corps assujetti par la main gauche et supporté par le pied gauche jusqu'à ce qu'il soit sorti de la selle, jetez doucement la jambe droite par-dessus le trousse-

quin; dès qu'elle est passée, saisissez-le de la main droite, descendez ensuite légèrement le corps à terre à l'aide des deux mains et du pied gauche, ou si c'est un très-petit individu et un très-grand cheval, en élevant le corps sur les poignets hors de l'étrier et coulant à terre avec leur appui.

278. — Pour monter sans étriers, le cheval étant tranquille, l'on s'y prend de la façon suivante: Le cavalier se met vis-à-vis de la selle, en saisissant à la fois le pommeau et le troussequin, gardant en même temps les rênes dans la main gauche et de la manière dont on les tient pour monter à l'ordinaire. Alors élancez-vous fortement de terre, et au moyen de l'élan aidé par les bras, élevez le corps au-dessus de la selle, ensuite passez la jambe par-dessus pendant que la main droite arrive rapidement à la partie droite du pommeau, et le corps est fixé en selle à l'aide des deux mains.

279. — Les hommes très-agiles peuvent monter sans étriers pendant la marche du cheval, à peu près par les mêmes moyens que l'on voit tous les jours en pratique dans les cirques; le cavalier court à côté du cheval tenant fortement le pommeau de la selle des deux mains et se laissant traîner en faisant deux ou trois pas très-longs; tout d'un coup il s'élance de terre et se trouve amené en selle. Ce tour est rarement fait par le cavalier ordinaire, mais il est plus

aisé qu'il ne paraît, et à la queue des chiens il est quelquefois très-utile avec un cheval turbulent.

280. — Pour descendre sans étriers, le cheval doit d'abord être complétement arrêté; ensuite, tenant les rênes dans la main gauche, l'on pose les deux mains sur le pommeau et l'on enlève le corps à la force du poignet; la jambe droite est encore jetée par-dessus le troussequin; pendant ce mouvement, la main droite le saisit, et avec l'aide de la gauche soutient le corps descendant à terre.

281. — Pour monter et descendre par *le dehors*, il faut seulement faire des mouvements inverses, et en lisant gauche pour droite et *vice-versa*, toutes les prescriptions ci-dessus deviennent applicables. Il est quelquefois très-utile de savoir exécuter ces mouvements, puisque des chevaux à la vue défectueuse se laissent quelquefois mieux monter par la droite.

De l'assiette et des rênes. — 282. — L'assiette est la première chose à assurer et doit toujours être fixée avant de faire toute autre chose, par conséquent dès que le corps entre en selle. Il y a quatre choses à observer : 1° De plaçer son poids suffisamment en avant dans la selle; 2° de fixer bien les genoux sur la partie rembourrée du panneau; 3° la juste longueur en position des étriers; 4° l'attitude du corps. Le poids du corps devrait être bien en avant, parce que le centre du mouvement est proche du milieu de la selle, et comme le poids est en grande partie dans le siége, si l'on jette l'assiette en arrière, ce poids n'agit plus au centre, mais vers le troussequin. Mais, en s'asseyant bien en avant, le poids est réparti entre le siége, les cuisses et les pieds, et le cheval peut se lever et s'abaisser dans son galop sans déranger son cavalier. Les genoux doivent être bien en avant pour prendre cette assiette, et aussi bien en avant des étrivières, car si on les met derrière, le corps est jeté trop en arrière et la tenue est mal assurée. Le but de tous les nouveaux cavaliers doit être d'aller le plus possible vers l'avant de la selle tant que le genou ne la dépasse pas, et il n'y a guère d'effort de leur part qui leur fasse dépasser le but de ce précepte. Être à cheval bien sur l'enfourchure avec les genoux sur la partie rembourrée du quartier, assurera une bonne position si les étriers ne sont pas trop courts. Ceux-ci doivent être à peu près de longueur à toucher la cheville du pied quand les jambes sont comme il a été indiqué, mais hors des étriers, et quand elles sont dedans, le talon devrait être environ un pouce et demi au-dessous de la plante du pied[1]. Cette partie presse sur l'étrier quand on chemine sur les routes, mais à la chasse et à travers champs le pied est complétement en-

[1] En anglais la balle du pied, partie de la plante qui précède les doigts, en latin, *vola*, souvent prononcé *bola*.

foncé, l'étrier touche le coude-pied et la pression est faite sur la partie inférieure de l'arcade plantaire. La raison en est qu'en sautant la pression sur l'étrier est presque perdue, et si l'on n'y engage que l'orteil, le pied sort continuellement. En outre, dans le galop, l'attitude est telle que l'élan du coude-pied n'est pas nécessaire, le poids étant trop sur le pied (si l'on est debout sur les étriers), et si l'on est assis au fond de la selle, les pieds ne devraient presque pas presser sur les étriers, et par suite la meilleure place pour eux est celle où ils sont le mieux assujettis. L'attitude du corps doit être aisée, penchant à l'occasion en avant, en arrière ou même de côté, mais jamais à l'excès. L'instinct est le meilleur guide à cet égard, et le cavalier doit suivre ses inspirations plutôt qu'aucune règle préconçue. Si le cheval se cabre, la nature vous appellera à vous pencher en avant, vous pourrez saisir l'encolure s'il le faut, tout, excepté la bride qui renverserait le cheval sur vous. Le corps ne doit pas être tenu raide, mais par contre il peut difficilement être trop fixe en creusant légèrement les reins en avant. Les jambes aussi doivent être aussi immobiles que possible, et en direction à peu près verticale à partir du genou ; si elles s'écartent de cette ligne, ce doit être un peu en avant, le talon bas et les orteils très-légèrement en dehors. Les épaules devraient toujours être tenues carrément, c'est-à-dire à angles droits avec la route que l'on suit, et soit au trot, soit au galop, aucune ne doit être avancée plus que l'autre.

283. — Les rênes se prennent dès que l'assiette est fixée, et quand c'est un cavalier novice qui entre en selle, le cheval doit être tenu par le groom qui se tient à droite avec les deux rênes de bridon dans la main droite, ou, si le cheval se tracasse beaucoup, le groom peut se mettre en face avec une rêne de filet dans chaque main, et cette méthode fait tenir tranquille tous les chevaux qui ne sont pas absolument vicieux. Le groom doit tenir aussi l'étrier droit pour que le cavalier y mette facilement le pied; en prenant les rênes, il faut d'abord les saisir de la main droite et les passer dans la gauche.

284. — Le bridon se tient en plaçant entre les rênes tous les doigts, moins l'index, puis en tournant les rênes par-dessus ce doigt vers le dehors; on les tient ferme entre le pouce et le premier doigt; de la sorte, l'on n'a qu'à ouvrir la main gauche en tenant l'extrémité des rênes de la main droite pour être à même de les raccourcir. Quand la main est ainsi fermée sur les rênes, le pouce doit être dans la direction des oreilles du cheval, le petit doigt près du pommeau de la selle, le coude près du corps comme conséquence naturelle de la position de la main, de sorte que le cavalier n'a qu'à regarder pour

s'assurer si le pouce est tourné vers les oreilles et le petit doigt vers le pommeau, et il sera tout à fait sûr que son coude est bien placé. Quand la main prend la position indiquée page 179, fig. 52, il est à peu près certain que le coude s'écartera du corps; l'attitude devient disgracieuse et le poignet a moins d'action sur la bouche. Avec la rêne séparée, la direction de la bouche est assez facile; toutefois, il y a différentes manières de s'y prendre adoptées dans chaque école et reposant sur des principes contraires. Il n'est point de commençant qui ignore que le cheval tourne à gauche par la traction de la rêne gauche, et à droite par le moyen opposé; le problème à résoudre est de le faire d'une seule main; avec une seule rêne, cela s'obtient facilement en levant le pouce vers l'épaule droite quand on veut tirer la rêne droite, et pour la gauche en rapprochant le petit doigt de l'enfourchure; dans les deux cas, en tournant le poignet sans lever toute la main. Mais indépendamment de l'action de la main, il y a un mouvement qui, dans les chevaux dressés, est susceptible de bien plus de finesse et qui dépend de la sensibilité de la peau de l'encolure. On l'obtient en portant, *sans aucune action de poignet*, toute la main à droite ou à gauche, de façon à presser la rêne droite contre l'encolure pour faire tourner à gauche, et la rêne gauche pour l'autre côté, en relâchant en même temps les rênes, de sorte que la bouche ne sente aucune pression. C'est ainsi que l'on peut faire galoper un cheval autour d'une feuille de chou, comme disent les maquignons, avec beaucoup plus de finesse et de précision qu'en agissant sur les coins de la bouche. Mais les chevaux qui ont été beaucoup maniés, comme les chevaux de troupe, finissent par trop s'habituer à l'action du mors pour être sensibles à une aussi légère et délicate manipulation. Elle est, en conséquence, repoussée par le capitaine Richardson aussi bien que par le colonel Greenwood ; mais il est singulier que ce soit pour des raisons inverses et que chacun ait cherché à remplacer cette méthode par un procédé différent. Je sais qu'il y a des chevaux qui ne peuvent l'apprendre, mais veulent toujours, pour tourner, sentir l'appui du mors. Toutefois, quand le cheval peut l'apprendre, il devient si maniable et agréable à monter que cela devient une qualité fort à désirer, et je ne puis, en conséquence, me joindre à ceux qui condamnent cette pratique; mais, au contraire, je serais heureux de la voir étendue à tous les chevaux.

285. — La double rêne peut se tenir de deux façons ; mais la meilleure, à mon avis, est la suivante : prenez d'abord les rênes de filet et placez-les comme ci-dessus, excepté que la rêne gauche doit

être entre l'annulaire et le médius; ensuite, levez les rênes de bride et accrochez-les au petit doigt, où on peut les laisser jusqu'à ce qu'elles deviennent utiles, à moins que l'on ne préfère les fixer avec le pouce au-dessus de l'index à leur point juste. Dans ce cas, toutes les rênes doivent retomber en dehors, du côté hors montoir. Les rênes de brides se trouvent ainsi toujours à portée de la main droite pour être allongées ou raccourcies à l'instant, circonstance qui se présente constamment dans la pratique journalière de l'équitation. L'on tient la main comme précédemment, le pouce dirigé vers les oreilles du cheval; mais pour tourner l'on a bien moins de puissance de pression de chaque côté du mors en levant le pouce ou baissant le petit doigt, parce que la distance entre les rênes de bridon n'est que moitié de ce qu'elle était précédemment. Le mode de tourner par une pression sur l'encolure devient doublement désirable; aussi l'a-t-on adopté dans tous les cas où l'on emploie ensemble la bride et le filet, soit à la chasse, soit pour faire route. Quelquefois l'on place les rênes de filet comme des rênes de bride, en dehors du petit doigt, et les rênes de bride sont alors accrochées sur l'annulaire, entre les rênes de filet, de façon à permettre à la main d'agir pleinement sur la bouche sans toucher l'encolure. L'objection qui se présente contre cette méthode, c'est que les rênes de bride ne peuvent se raccourcir sans lâcher le bridon, et alors le cheval doit être dirigé par la bride seule ou on doit le lâcher tout à fait, tandis que, dans l'autre méthode, la bouche est toujours sous l'action du bridon pendant que l'on allonge ou que l'on raccourcit la bride.

Les allures ordinaires. — 286. — Le pas est une allure parfaitement naturelle pour le cheval, mais il s'altère un peu à la longue, devenant plus prompt et plus vif qu'avant le dressage, et chez le hack parfait les jambes de derrière avancent plus sous le cheval. Dans cette allure la tête ne doit pas être trop maintenue, et cependant le cavalier ne doit pas l'abandonner absolument. Le point d'appui le plus léger suffit, de sorte qu'au moindre faux pas le cavalier soit informé par le mouvement de la tête. Alors, par un léger effet de rênes, on réveille le cheval et on l'empêche de tomber. Ce n'est pas qu'on le soutienne en tirant la bride, mais elle le ramène et le force à faire son possible. Car bien des chevaux semblent se soucier fort peu d'une chute, et s'abattraient vingt fois par jour s'ils n'étaient stimulés par les mains et les jambes. Dans la marche au pas, il est préjudiciable de trop tenir le cheval; cela cause plus de chutes que cela n'en évite. Le cheval qui marche bien s'avance en branlant la tête à chaque pas, plus ou moins suivant la longueur de l'enjambée, et si cette oscillation de la tête est gênée par la main lourde du cavalier, le pied de devant n'est pas bien porté en avant, l'allure est paralysée, et bien souvent la pince rencontre terre quand elle l'aurait évitée avec un peu de liberté de bouche. Pour les chevaux qui buttent, j'ai trouvé généralement que des rênes peu tendues, avec la main prête à donner une légère saccade, était ce qu'il y a de mieux, et qu'alors le cheval découvre bien vite qu'on le punit à chaque faux pas, et en peu de temps il apprend à se remettre sur pied avant même de recevoir l'avertissement. Je n'aime pas autant l'usage de l'éperon ou de la cravache, parce que l'emploi de ces aides porte le cheval à s'élancer en avant et à broncher de nouveau dans son empressement à éviter le châtiment. D'un autre côté, la petite saccade de bride le fait relever sur place, par une espèce de demi-arrêt, et il se trouve dans la meilleure position pour éviter de tomber. Il est permis de suivre légèrement avec son corps le mouvement du cheval, mais il ne faut pas se dandiner d'un côté à l'autre, comme cela se voit quelquefois. Il y a des chevaux sur lesquels on ne bouge pas, d'autres qui vous secouent et vous fatiguent considérablement; on peut le prédire de la part des animaux dont la queue va de droite et de gauche pendant la marche. Ce mouvement est occasionné par l'extrême longueur d'enjambée, qualité fort désirable pour le cheval de course et le hunter, mais nullement pour le hack.

287. Le trot est à tout prendre une allure acquise, et dans l'état de nature on ne le remarque que pour quelques mètres. Dans cette allure, les bipèdes diagonaux se meuvent à la fois, les pieds se relèvent et se posent au même instant

288. — Pour faire partir un cheval au trot, prenez les rênes de bridon et sentez la bouche avec fermeté et justesse, penchez-vous légèrement en avant, pressez les jambes contre les flancs du cheval et faites l'appel de langue, qui en toute occasion sert à encourager le cheval. Si le cheval est bien dressé, il se mettra tout de suite au trot; mais s'il part au galop, il faut le retenir et le mettre au pas ou au tout petit trot de curé. Il y a des chevaux qui peuvent prendre un galop raccourci aussi lent que le pas ; dans ce cas il est difficile de les passer au trot, car aucun arrêt, s'il n'est pas définitif, ne peut empêcher ce galop. Dans cette occasion l'on réussira souvent en saisissant une oreille, ce qui fait baisser la tête, mouvement qui gêne le galop et amène ordinairement le trot.

289. — On s'élève sur les étriers pendant le trot dans l'équitation civile pour épargner de la fatigue au cheval et au cavalier; mais dans les manéges mili-

taires l'on enseigne le principe opposé, parce que dans une troupe de cavalerie il n'y a rien de plus laid que de voir les hommes s'agiter de bas en haut en dehors de toute cadence. Si tous pouvaient se lever à la fois, peut-être leur pardonnerait-on cette dérogation à la précision militaire, mais comme les chevaux ne veulent pas faire des pas cadencés, les hommes ne peuvent pas se lever à la fois; en conséquence on les condamne à cogner sur la chabraque d'une façon désagréable, aussi fatigante pour l'homme que pour le cheval. Voici la méthode civile: Au moment précis où les jambes de devant et de derrière font leur effort pour mettre le cheval en mouvement, le corps du cavalier est jeté en l'air avec force; avec quelques chevaux il y a de quoi faire croire à un novice qu'il ne redescendra jamais. Après avoir atteint une certaine hauteur, le corps n'en revient pas moins et atteint la selle juste à temps pour recevoir l'impulsion suivante, et ainsi de suite, tant que le trot dure; de cette façon, pendant la moitié du temps, le cheval ne porte absolument aucun poids, l'action et la réaction se combinent de façon que ce poids accélère l'allure plutôt qu'il ne la retarde. Aucun cheval ne peut trotter franchement plus de 12 ou 13 milles [1] à l'heure sans cette mé-

[1] 12 milles, 19,311 mètres 77. — 13 milles, 60,921 mètres 09.

thode, quoiqu'il puisse courir et traquenarder avec un cavalier toujours assis. Ce n'est donc pas seulement pour ménager le cavalier, mais pour soulager le cheval, que l'on a introduit cette habitude, et elle a tenu bon sans être sanctionnée par l'autorité militaire. Comme pour l'assiette, ces messieurs sacrifient l'utilité à l'apparence, et ce n'est que quand la faible assiette sur longs étriers de la caserne l'emportera sur l'assiette solide des particuliers, que je m'attends à voir abandonner l'appui sur les étriers pour le trot. La longueur des étriers des militaires n'est pas aussi exagérée qu'il y a trente ans, et peut-être un jour adopteront-ils l'élévation sur l'étrier, mais j'ai bien peur que ce ne soit qu'après avoir rognonné plusieurs milliers de chevaux qui seraient restés sains sous des cavaliers bourgeois. Dans le trot, le pied doit appuyer fortement sur l'étrier, le talon bas, la balle du pied doit peser sur la base de l'étrier, de sorte que l'élasticité de la cheville détruit le choc et empêche qu'on ne soit enlevé deux fois par le temps de trot, ce qui arrive souvent avec quelques chevaux durs. Les genoux doivent se maintenir en place sans laisser voir ces déplacements si fréquents de la part des mauvais cavaliers, et les jambes doivent tomber perpendiculairement à partir du genou. La poitrine bien en avant, la ceinture rentrée, l'élévation presque verticale, mais légèrement en avant avec autant d'aisance que possible, en restreignant plutôt qu'en augmentant l'impulsion que le cheval communique au corps.

290. — La méthode militaire, sans s'élever sur l'étrier, s'obtient en laissant le corps chercher le

Fig. 51. — Équitation civile préférée par les Anglais à l'équitation militaire.

plus possible son équilibre. Les genoux ne doivent pas presser la selle, le pied ne doit pas peser sur l'étrier, les mains ne doivent pas tirer sur la bride. En observant ces préceptes négatifs, le cavalier n'a qu'à se pencher un peu en arrière de la verticale et conserver son équilibre; la pratique fera le reste.

291. — Le galop cadencé, en anglais *canter*, est encore plus que le trot une allure artificielle et peu naturelle. On ne peut guère l'enseigner sans mettre beaucoup le cheval sur ses hanches, et bien rarement sans employer la bride. Dans cette allure, chaque jambe est levée et posée dans l'ordre le plus méthodique, la jambe droite ou gauche antérieure posant la première, suivant les cas; mais il y a toujours un pied par terre.

292. — *Pour partir au galop cadencé sur une jambe ou sur l'autre*, il faut tirer la rêne opposée et presser le talon du même côté. La raison en est assez évidente, tout cheval partant au galop *canter* (et plusieurs fois dans le courant du galop) se met un peu de côté sur sa ligne de progression, afin de pouvoir mettre en avant la jambe sur laquelle il galope. Supposons un cheval qui va galoper sur le pied droit antérieur, il tourne la tête à gauche et la croupe à droite et se trouve fort à l'aise pour avoir en avant la jambe droite hors montoir et la jambe gauche en arrière. Pour le forcer de continuer cette allure, il suffit de le tourner de la même façon en portant la tête à gauche, en le touchant du talon gauche, après quoi on le fait galoper en l'excitant de la voix ou du fouet, tout en le contenant avec la bride. Quand une

fois cette direction est donnée, la tenue de la bride et la pression des jambes peuvent rester constantes; mais si pendant le *canter* l'on veut changer la jambe directrice, le cheval doit être rassemblé par l'action du mors et de la voix, et l'on change l'action de la rène et la pression de la jambe de façon à tourner le cheval dans le sens opposé à celui de son départ; il changera généralement l'attitude de son galop, ce que l'on appelle changer de pied.

293. — L'assiette pour le *canter* est fort aisée, les genoux pressant légèrement la selle, les pieds pesant peu sur l'étrier et le corps assez droit sur la selle. A cette allure, les mains ne doivent pas être trop bas, mais elles doivent conserver une pression légère mais constante du mors. S'il y avait la moindre tendance à cesser le *canter*, il faudrait se faire légèrement sentir sur la bouche et exciter la crainte par la voix ou le fouet.

294. — Le galop est la plus naturelle des allures; on la voit chez tous les chevaux en liberté, depuis le poney du Shetland et le cheval de camion jusqu'au cheval de course de pur sang. C'est une répétition de sauts, et il diffère du *canter* par un trait essentiel qui fait la vraie distinction de ces deux allures. En décrivant le *canter*, j'ai dit qu'il y avait toujours un pied en contact avec la terre, tandis que dans le galop lent ou rapide il y a toujours un intervalle

pendant lequel l'animal tout entier est suspendu en l'air sans toucher terre. Il n'est donc pas vrai de dire que le *canter* est un galop lent, ni que le galop est un *canter* rapide : ce sont deux allures parfaitement distinctes, qui diffèrent autant que la marche et la course chez l'homme. On trouve, il est vrai, les mêmes alternatives pour la jambe dirigeante, et on emploie la même méthode pour faire partir le cheval sur un pied désigné ou pour changer de pied, quoique tout cela soit beaucoup plus difficile à effectuer dans l'allure du galop que dans celle du *canter*.

295. — Dans l'allure du galop, l'assiette du cavalier doit être, suivant les circonstances, au fond de la selle ou debout sur les étriers. La première est la position habituelle, et ce n'est que dans les courses et le galop très-rapide que l'on a recours à la deuxième manière. En conservant le fond de la selle, les pieds peuvent reposer sur la balle [1], comme dans les autres allures, ou bien avec l'étrier complétement enfoncé, comme on le fait ordinairement en courant à travers champs. Le corps doit être à l'aise, légèrement en arrière, les genoux tenant bien, mais en prenant soin de ne pas serrer au point d'incommoder le cheval, faute que j'ai souvent vu commettre à des hommes d'une grande force musculaire. Les mains

[1] Les Anglais appellent balle du pied la partie qui précède les orteils.

doivent être basses, avec assez d'action sur la bouche pour retenir le cheval, mais sans le porter à se défendre. S'il est porté à s'encapuchonner ou à mettre le nez au vent, les mains doivent être levées ou baissées en conséquence. Quand il faudra se mettre debout sur les étriers, c'est à eux à porter le poids; mais il faut l'assujettir avec les genoux, qui doivent bien tenir les quartiers de la selle. L'assiette est jetée bien en arrière, pendant qu'en même temps le rein se creuse. Par cette action combinée, on évite de faire peser le corps sur l'épaule du cheval, ce qui arriverait et ce qui se remarque souvent lorsque l'assiette qui a quitté la selle est apportée presque jusque sur le pommeau, les yeux du cavalier ayant l'air de regarder le long du chanfrein de son cheval, ou quelque chose d'approchant. Si l'on examine un jockey qui sait se tenir, l'on verra que sa jambe ne tombe pas droit à partir du genou, mais qu'elle est jetée légèrement en arrière de cette ligne; que, conséquemment, le centre de gravité se trouve aussi en arrière, de sorte qu'en raidissant l'articulation il peut porter le corps en arrière, jusqu'à la ligne de l'étrier, sans cesser de peser dessus. Cette attitude ne peut se conserver longtemps sans fatigue pour le cavalier; elle n'est usuelle que dans les courses ou dans un temps de galop sur mauvais terrain, comme à la chasse, quand on recontre un champ labouré un peu profond, ou une montée rapide, ou tout autre terrain susceptible de fatiguer le cheval[1].

Mouvements extraordinaires. — 296. — Outre les allures nécessaires au cheval pour l'emploi qu'en fait l'homme, il y a encore certains mouvements que l'on rencontre fréquemment sans les désirer ; il y en a d'autres que l'homme lui enseigne pour des cas extraordinaires. Les premiers sont des vices ; les seconds sont plus ou moins le résultat du manége ou école de dressage. Les vices sont : 1° de butter ; 2° de se couper et de se cabrer ; 3° de se dérober ; 4° de ruer ; 5° de faire des bonds ; 6° de se coucher ; 7° de cogner l'épaule au mur ; 8° de s'emporter. Les airs de manége sont le recul, le passage, etc.

297. — Le défaut de butter est dans tous les cas occasionné par une action défectueuse des muscles, bien qu'il soit hors de doute que, chez plusieurs chevaux, ce défaut s'aggrave par la boiterie soit des pieds, soit des jambes, ou par une ferrure défectueuse. Il y a des chevaux que l'on ne peut monter en sûreté pour une longue course, quoiqu'en sortant de l'écurie ils aient les mouvements fort beaux. La cause en est dans la fatigue rapide des muscles qui relèvent et étendent la jambe, à la suite de laquelle

[1] L'amble est une allure méprisée en Angleterre. Nimrod dit que c'est la première démarche du poulain ; mais, dès qu'il prend de la force, il la quitte. Un cheval peut passer sans s'arrêter du trot au galop, mais il faut un arrêt pour passer de l'amble au galop.

la pince ne franchit pas le terrain, et, quand elle le rencontre, il n'y a pas la puissance musculaire nécessaire pour réparer la faute. Beaucoup d'animaux paresseux et rasant le terrain sont toujours à rencontrer quelque pierre; mais, ayant de forts extenseurs, ils retirent leur pied de l'obstacle et se remettent facilement. Ceux qui ont de mauvais extenseurs ont beau rencontrer avec moins de force, ils n'ont pas la vigueur nécessaire pour se tirer d'affaire, et tombent. Ceux qui bronchent de la première façon peuvent être maintenus sur leurs jambes par la sévérité en les réveillant constamment; mais ceux qui pèchent par faiblesse ne sont jamais sûrs. Quand le cheval butte par suite de boiterie et de douleur, le plus humain et le plus sûr est ou bien de descendre en menant le cheval en main, ou bien de le tenir éveillé par l'usage du fouet et de l'éperon. L'humanité, qui ferait prendre un terme moyen, le mènerait à mordre la poussière; il ne faut jamais essayer de ce système; mais il y a plusieurs manières de faire des faux pas de paresse, comme, par exemple, quand la pince rencontre, quoique bien jetée en avant; cela provient de ce que, l'action du genou étant basse, le pied ne franchit pas l'obstacle. Ce n'est point un faux pas dangereux; il est rare que le cheval ne se relève pas. Il y en a une autre qui provient de ce que le pied est posé trop en arrière et trop sur la pince, de sorte que le paturon, au lieu de se fixer à sa place, derrière la verticale du pied, plie en avant et fait ainsi perdre à la jambe la faculté de supporter le poids; dans ce cas, le cheval ne tombe généralement pas, à moins que l'autre jambe ne se comporte pas mieux ; mais c'est un accident très-désagréable, et l'on ne doit jamais considérer comme sûr un cheval qui y est sujet. Ces animaux trompent souvent les jeunes et les inexpérimentés, parce que généralement ils lèvent bien le genou et paraissent marcher avec aisance et sûreté. Mais si on les surveille, on leur verra poser le pied derrière la verticale partant du devant de leurs genoux, et, quand les choses en sont là, l'on doit toujours s'attendre à ce genre de faux pas. Il y a encore celui qui provient d'une pierre roulante qui s'échappe au moment où elle supporte le poids de la jambe. Le cheval perd ainsi l'équilibre au point de faire une faute avec l'autre jambe. Elle sera plus ou moins grande, suivant la bonne ou mauvaise allure du cheval. Enfin, il y a des faux pas qui résultent de la sensibilité de la sole ou de la fourchette; lorsque les pieds tombent sur une pierre tranchante, la douleur est telle que le genou cède et il se produit le même effet que dans le cas de la pierre roulante et à un plus haut degré.

298. — Le remède aux faux pas dépendra, dans

tous les cas, de la cause qui les produit. S'ils proviennent de faiblesse, ni soins ni équitation n'empêcheront de butter, bien que l'on puisse éviter une chute complète en s'asseyant bien en arrière et en prenant garde de ne pas être tiré par-dessus l'épaule en cas de faute sérieuse[1]. En pareil cas, il est inutile de rêner beaucoup le cheval ; il faut le tenir éveillé, mais non le presser, parce que plus vous le fatiguez, plus il a de chances pour s'abattre. Il faudra donc beaucoup de jugement pour le dorloter jusqu'à l'accomplissement de sa tâche, et le meilleur moyen pour cela est de soulager ses reins en marchant à côté. Personne ne devrait monter habituellement un pareil cheval ; mais si malheureusement l'on se trouve dessus et à quelques milles de chez soi, le conseil précédent est bon à suivre. Toutefois, quand les faux pas proviennent de paresse décidée, la seule méthode à suivre est de s'emparer de la tête du che-

[1] Les chevaux à l'état sauvage, marchant librement, ne tombent guère, mais chez nous le cheval échappé s'abat généralement bientôt, n'ayant jamais tourné court au galop et ignorant le danger de ce mouvement. Toutefois, pour aller droit devant soi, on trouve des animaux qu'il vaut mieux abandonner à eux-mêmes. Un cavalier expérimenté a gagné à Dublin le pari de faire sans tomber trois tours de parc sur un cheval d'une maladresse notoire, livré pour ce motif au travail d'une ferme. Il avait le choix des mors de bride et on lui en présenta de très-puissants, mais il préféra un licol en corde, monta à poil et gagna son pari. Le groom qui avait remis la bride pour le reconduire, ayant pris assez de confiance pour monter dessus, ne fit pas cent pas sans que la rosse ne tombât à genoux. (Magenta, p. 52.)

val et d'employer vigoureusement la cravache ou l'éperon, ou même les deux à la fois. Bien des chevaux sont sûrs au grand trot sans que l'on puisse se fier à eux au petit trot. Le cavalier expérimenté sait découvrir l'allure où son cheval travaille avec aisance et sûreté, et le maintient à cette allure. Il y a des chevaux qui peuvent descendre une côte avec sûreté

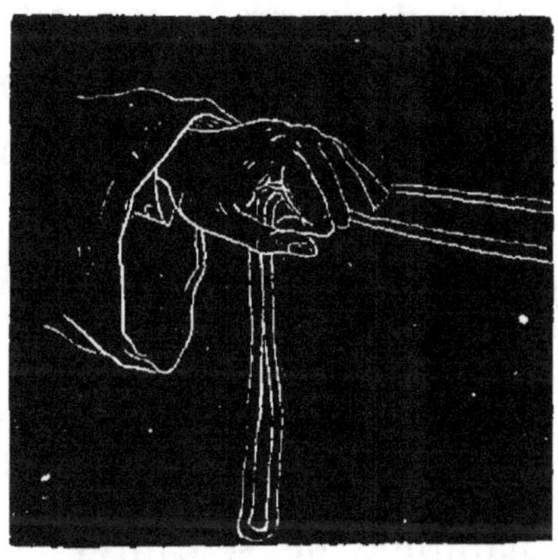

Fig. 52. — Main tenant les rênes.

et sont toujours à trébucher sur terrain ordinaire (ce sont ceux qui rasent, mais ont une bonne épaule); d'autres encore buttent en descendant, parce qu'ils jettent les pieds trop en avant ; chacun de ces chevaux doit être monté différemment, en tenant compte de son défaut particulier. Quand la faute provient de claudication, le remède consiste à déferrer et à rectifier la ferrure si elle laisse à désirer. Si la boiterie dépend des articulations, ligaments ou muscles, on a recours au repos et à l'art vétérinaire[1].

299. — Le cheval se coupe quand une jambe est atteinte par le fer ou le pied de l'autre jambe ; cela peut être au boulet ou à l'intérieur de la jambe, ou juste sous le genou [2], ce que nous appelons l'atteinte de vitesse. Elle provient de ce que les jambes se meuvent de travers, de sorte que l'action n'est pas régulière. Ce défaut s'aggrave par la faiblesse ou le mauvais état de l'animal. Ainsi, un cheval qui aura dépéri pourra très-bien se couper, quoique exempt de ce défaut quand il est en bonne chair. Le cheval peut se couper à la jambe de derrière comme à celle de devant.

300. — Le remède consiste à modifier la serrure ou à mettre une botte.

301. — L'habitude de se cabrer est un mauvais tour de poulain qui se perd ordinairement en vieil-

[1] On a vu des chevaux raser le tapis sans faire de faux pas: c'est qu'on ne les promenait pas de nuit, auquel cas ils auraient butté contre toute aspérité du sol.

Nimrod (M. Apperley) a écrit avec grande prédilection en faveur de cette manière de marcher le pas. Il soutient que la sûreté de la marche dépend de la façon de poser le pied et non de celle de le lever. Il appuie son opinion sur l'exemple de l'homme, qui rase le sol et butte rarement. Cette doctrine ne doit pas être admise *sine grano salis*.

Il est pourtant vrai qu'avec un beau scapulum les jambes suivent son impulsion, et l'action de l'épaule veut que la pince arrive tout d'abord à terre et non tout le pied à la fois.

Le plus important est la tenue des rênes comme ci-contre.

[2] Speedy cut, coupure qui arrive quand le cheval est forcé.

lissant; mais il n'est pas maintenant aussi commun qu'autrefois, et on ne voit pas souvent de chevaux dangereux par ce motif. C'est un horrible vice quand il s'aggrave, et il peut être fatal à un cavalier inexpérimenté. Quand le défaut est léger, le cheval s'enlève un peu du devant et retombe aussitôt comme pour jouer; mais il y a circonstance aggravante quand le cheval cherche systématiquement à désarçonner le cavalier; quelquefois la brute va jusqu'à se jeter en même temps elle-même sur le dos[1].

302. — Le remède à ce défaut est la martingale, qui peut être employée avec des anneaux coulants dans lesquels s'engagent les rênes de filet, ou on peut l'attacher directement au mors de filet à l'aide

[1] Il y a des cavaliers qui ont trouvé moyen de guérir ce vice en sautant de cheval et le tirant en arrière. Cela l'effraie assez pour le faire renoncer à fournir cette occasion de châtiment. Mais, pour bien saisir le moment, il faut un cavalier plein de sang-froid, prompt, agile et montant *le cheval d'autrui.*

Avant d'avoir recours à cet expédient périlleux, essayez-en un autre qui réussit souvent à prévenir la faute quand il ne la corrige pas complétement.

« Prenez un fort mors de bride bien épais, ayant une liberté de langue « très-profonde et monté à l'envers, j'entends par là que la courbure soit « tournée vers l'extérieur de la bouche et non vers la gorge de l'animal « comme dans les mors ordinaires. L'épaisseur et le creux du mors doivent « dépendre de la taille, de la force et de la dureté de bouche de l'animal « à corriger. Pour une bouche très-dure, le mors doit avoir une liberté de « langue très-profonde et les canons aussi minces que possible en conser- « vant la force indispensable pour éviter rupture.

« Neuf fois sur dix, j'ai trouvé que les cabreurs invétérés avaient la « bouche fine, et leur détestable habitude venait d'avoir été embouchés et « maniés trop rudement. Une martingale sera fort utile avec le mors que

de la boucle ordinaire, ou encore à l'aide d'une rêne coulante qui commence au poitrail de la martingale et passe à travers l'anneau de filet, avec un effet de poulie; on la ramène en main et on la serre selon les circonstances, de façon que l'on peut ramener le nez du cheval sur le brechet, où on peut le laisser en pleine liberté sans être obligé de descendre. C'est un fort bon système pour un cavalier expérimenté; mais les autres ne doivent pas y avoir recours. Avec un cheval déterminé à se cabrer, il n'y a que ce moyen qui réussisse, et encore pas toujours, puisqu'il y a des animaux qui ont trouvé le moyen de se dresser debout avec la tête entre les jambes de devant; ce sont heureusement de rares exceptions, et avec la majorité des chevaux il y a

« je viens de décrire. On ne peut en apprécier le bienfait qu'après s'en « être servi plusieurs fois jusqu'à ce que le cheval y soit un peu accou« tumé. » (Extrait de Walker's *Manly excercices*, 1855, p. 161.)

On a guéri des chevaux de ce vice en les assujettissant à la corde. Jetée d'abord en travers sur les reins à la place du porte-manteau, elle est ensuite passée sous le ventre, croisée, dirigée en deux brins entre les jambes de devant, puis introduite dans les anneaux du filet, et arrive entre les mains du cavalier, qui tient ferme les deux bouts séparés. Pour se cabrer, le cheval voudrait jeter le nez en l'air, mais il ne peut le faire sans se scier les reins, et il y renonce dès qu'il y est maintenu par des mains invariables. La difficulté pour le cavalier est de tendre la corde à propos, dans un cas où il est habitué à rendre la main.

Ce moyen réussit mieux que de casser une bouteille d'eau entre les oreilles, d'attacher un plomb de châtaigne sous la queue et de tirer au moment où le cheval s'enlève; mais je crois qu'en Angleterre la Société protectrice des animaux poursuivrait devant les tribunaux les cavaliers adonnés à ces méthodes barbares.

toujours un genre de martingale qui réussit. Jamais, avec des chevaux qui se cabrent, on ne doit en mettre sur les rênes de bride, et même l'on ne doit guère mettre de bride aux animaux affectés de ce vice; le moindre contact du mors les porte à se cabrer, et, à moins qu'ils ne soient aussi enclins à s'emporter, il vaut mieux se fier à un pelham ou à un bridon qui, ne produisant pas d'irritation à la bouche, les engagera souvent à marcher franchement, tandis que le mors de bride pourrait bien les disposer à montrer, en se cabrant, leur mauvais caractère. On peut essayer de casser une bouteille d'eau entre les oreilles ou d'appliquer un coup violent dans la même région; mais l'usage répété de la martingale suffira ordinairement. L'on a essayé quelquefois de guérir les cabreurs en les laissant s'enlever, ensuite en glissant de côté et les tirant en arrière; mais c'est un tour dangereux pour le cheval et le cavalier, qui a souvent cassé les reins au cheval et causé à l'homme de graves accidents. Il est inutile d'ajouter que dans tous les cas le cavalier doit bien se pencher en avant et lâcher la bride pendant que le cheval est en l'air.

303. — Les écarts proviennent quelquefois de peur et quelquefois de vice; plusieurs chevaux commencent par les premiers et se livrent ensuite aux seconds par suite de mauvais traitements. Le pou-

lain est toujours plus ou moins peureux, surtout si on l'amène brusquement dans les rues d'une ville bruyante en sortant des prairies isolées où il a été élevé. Il y a toutefois des variétés sans fin de chevaux peureux; quelques-uns s'effraient outre mesure d'un objet qui n'a rien de formidable pour un autre. Quand un cheval s'aperçoit qu'il obtient gain de cause en tournant le dos à ce qui lui déplaît, il répétera ces demi-tours sans cause, feignant l'alarme et cherchant des prétextes. Cela n'est pas rare, et avec les cavaliers timides, cela mène à mettre pied à terre; alors le cheval, ayant atteint temporairement son but, saisit la première occasion de recommencer. Quand les écarts proviennent naturellement de la peur, les yeux sont généralement plus ou moins défectueux, mais quelquefois la cause est dans une irritabilité générale du système nerveux. Ainsi il y en a qui abordent de confiance les chariots et autres objets qu'ils rencontrent sur la route et qui tombent presque de terreur quand un petit oiseau s'envole d'une haie ou que tout autre bruit les prend en sursaut. Ils sont aussi plus dangereux parce qu'ils n'avertissent pas, tandis que celui qui est simplement sur l'œil montre presque toujours par le mouvement de ses oreilles qu'il médite un demi-tour.

304. — Pour les chevaux peureux, le seul remède est d'y faire aussi peu attention que possible, de

mépriser leurs frayeurs, de leur parler d'une façon encourageante et cependant sévèrement, et *d'une manière ou d'autre de ramener* l'animal à l'objet qui l'effraie. S'il est nécessaire, il faut avoir recours au fouet et à l'éperon, mais jamais comme châtiment. Tant mieux si on peut ramener l'animal à l'objet qui l'effraie sans user de rigueur; mais en cas de nécessité c'est le moyen à employer. Quand la peur occasionne les écarts, le châtiment ne fait qu'ajouter à sa peur; mais quand la mauvaise volonté a remplacé l'effroi, il faut employer la sévérité pour la détruire. Comme règle générale, le fouet ne devrait pas être employé, à moins que le cheval ne fasse son demi-tour complet, et encore dans cette circonstance faut-il avoir des motifs de croire que la crainte est simulée. S'il veut se rapprocher de l'objet même fort au large, avec l'aisance des coudes, on peut lui laisser continuer son chemin avec impunité. Rien n'est pire que la sévérité absurde déployée par certains cavaliers après que le cheval a vaincu sa répugnance et dépassé l'objet. Dans ce moment on devrait l'encourager autant que possible de la main et de la voix, et sous aucun prétexte on ne devrait lui faire faire ces lançades que nous observons sur les routes et qui proviennent des moyens de rigueur employés mal à propos. Le châtiment, au contraire, devrait être appliqué d'avance; mais il arrive souvent que le cavalier n'est en mesure de frapper que quand l'écart est terminé, et dans sa colère il ne réfléchit pas qu'il n'est plus temps de punir.

305. — La ruade est un défaut très-désagréable à la selle et à l'attelage, mais il est moins dangereux dans le premier cas; il est trop connu pour qu'il faille le décrire. Souvent il provient de gaîté, mais tout aussi souvent il est occasionné par un désir vicieux de se débarrasser du cavalier.

306. — La meilleure méthode avec un rueur est de bien tenir la tête aussi haute que possible et alors de frapper fortement l'épaule avec la cravache. Si la tête n'est pas bien en main, il n'en ruera souvent que plus; mais si, au moment où le coup arrive l'on se tient bien, le cheval renoncera ordinairement à ruer. Avec des rueurs décidés, le *gag snaffle* (filet-bâillon) est fort utile, parce que ce mors maintient la tête haute mieux que tout autre.

307. — Les sauts de mouton sont une suite de bonds et cabrioles que le cheval emploie évidemment dans l'espoir de se débarrasser de sa charge; généralement il voûte l'épine dorsale et souvent fera le saut des bêtes à cornes, verticalement au-dessus de terre, qui désarçonne sûrement un faible cavalier[1].

[1] Ces sauts de mouton proviennent souvent de circonstances particulières sans qu'il y ait vice chez l'animal. Parfois le cheval souffre d'être trop fortement sanglé; les Anglais sont fort attentifs à empêcher les

308. — Le remède est de rester fixé en tenant bien la tête, sans trop la confiner; souvent les sauts sont suivis d'une quinte de ruades auxquelles le cavalier doit être préparé. Si vous êtes fondé à croire que le cheval veut se livrer à ces tours, on trouvera beaucoup d'aide en bouclant sur le devant de la selle une pièce de drap roulée comme le manteau d'un soldat; souvent, quand l'assiette n'est pas très-bonne, c'est le moyen d'éviter une chute.

309. — Le défaut de se coucher est seulement pratiqué par les poneys du pays de Galles et autres brutes obstinées, et il est bien rare dans les chevaux de provenance anglaise. Quelquefois, à coups d'éperon, on fait relever ces méchantes rosses; mais dans les mauvais cas il faut prendre son parti de céder.

310. — On ne trouve aussi que dans des chevaux de race inférieure le vice de frotter l'épaule au mur, bien que dans toutes les races il y en ait qui, par suite d'éducation vicieuse, adopteront cette pratique dans l'espoir d'écraser le genou du cavalier contre les murs et palissades. Si l'on étend fortement en dehors la main et le pied, le cheval ne peut exercer

grooms de trop serrer les sangles. On est étonné de voir comment, à la chasse, ils peuvent franchir les obstacles avec des sangles assez lâches. D'autres fois, la bête souffre de sentir une selle toute froide pressée contre son dos, et l'habitude de poser la selle une heure d'avance à l'écurie est tout à fait logique. Par le même principe, on laisse constamment le collier aux carrossiers disposés à s'acculer.

une pression latérale assez forte pour vaincre leur résistance, et il ne s'ensuit aucun mal.

311. — Un cheval qui s'emporte est celui qui pousse à l'extrême l'habitude de tirer sur la main au galop, mais quelquefois cela arrive de la façon la plus vicieuse, et l'animal court comme si l'excitation le rendait fou. C'est un vice dangereux en ce que le cheval en fait ordinairement usage quand il est le plus gênant, comme dans les rues les plus fréquentées, etc.

312. — Pour les chevaux qui s'emportent, l'on a inventé plusieurs mors d'une grande dureté, mais l'on n'a encore rien inventé qui réussisse aussi bien que la muserolle à la bucéphale, à laquelle j'ai déjà fait allusion à la page 323, tome Ier. C'est un bon système pour les animaux acharnés que de les faire galoper jusqu'à ce qu'ils s'arrêtent, en les poussant à la montée, ce que l'on trouve souvent occasion de faire. Il y en a toutefois que ce traitement ne fait que rendre pires. En général il réussit, et un semblable effort rend les chevaux tranquilles pour quelque temps. En dépit de la leçon, ils recommencent aussitôt qu'ils se sentent frais, et il est rare que l'on puisse les confier à des cavaliers ordinaires. Il ne sert à rien de tirer droit sur la bouche de ces animaux, mais il est plus avantageux de les laisser aller quand il y a de l'espace, et puis d'essayer ce que

produira sur la bouche une pesée vive et sévère; il ne faut pas la prolonger si elle ne réussit pas, mais on doit rendre la main pour quelque temps et puis essayer une autre fois. Quelquefois il n'y a pas d'espace pour cela, et alors le seul plan à suivre est d'essayer de plier la tête de côté, soit pour galoper en cercle, soit pour pousser la tête du côté d'une palissade, ou même d'une muraille ou d'une forte grille. Quelquefois tout vaut mieux qu'une course directe, comme dans une rue encombrée où il y aurait à peu près certitude d'accident; alors tout est bon à faire plutôt que de persévérer dans la direction prise par le fugitif. Dans ces occasions il faut mener le cheval contre tout ce qui peut l'arrêter, comme une haie épaisse ou une muraille de parc, ou tout autre obstacle insurmontable, et il faut courir tous les risques d'endommager la brute et même le cavalier. Celui-ci échappera toutefois avec des contusions généralement légères, si le cheval est dirigé droit et de plein élan contre l'obstacle et non obliquement, ce qui serait loin de remplir le but.

313. — La marche en arrière devra être enseignée à tous les chevaux, bien qu'on la demande beaucoup moins à la selle qu'à la voiture. C'est toujours une des premières choses qu'enseigne au poulain celui qui est chargé de le dresser, et le cheval bien mis obéira naturellement à la main du cavalier

qui le tire légèrement en arrière; l'action ne doit avoir que le degré de dureté nécessaire à la bouche de l'animal en particulier, car il y a des chevaux qui s'irritent d'être trop sévèrement retenus. Si le cheval refuse obstinément de bouger, l'on peut légèrement scier de côté et d'autre, ce qui manque rarement de le mettre en mouvement.

Quand un cheval recule par malice et malgré son maître, cela s'appelle s'acculer (*jibbing*). C'est un tour fort embarrassant et contre lequel il n'y a d'autre remède que la patience. Le châtiment est inutile et fait fuir le cheval davantage; mais en attendant tranquillement qu'il se lasse, l'animal renoncera généralement à cette défense et reprendra sa marche vers la direction demandée.

314. — Le passage est un exercice d'équitation dont on ne se sert que dans les écoles militaires. C'est l'allure du cheval se mouvant en côté en se servant à la fois des deux jambes latérales et apportant ensuite les deux autres en cadence.

L'équitation de promenade. — 315. — Cette équitation est la mise en pratique de tous les préceptes qui ont déjà été donnés plus haut. Quand on a ordonné de préparer un cheval, il est amené à la porte sellé et bridé. C'est le devoir du groom de bien mettre la selle; mais il est bon que le maître sache où et comment il faut la poser. La règle ordinaire est de mettre la selle une main (4 pouces) derrière le scapulum ; mais c'est trop en arrière, et peu de selles peuvent y rester. Il vaut mieux la mettre tout de suite où elle va bien que de lui laisser de la place pour revenir en avant, parce que les sangles ne font que se relâcher quand elle glisse et lui permettent alors de venir trop en avant. Si on la met tout d'abord à l'endroit où elle arriverait en glissant par suite du mouvement, les sangles restent serrées et la selle bien fixe. Le meilleur est de placer la selle là où elle *s'ajuste bien*, en ayant soin que ce soit aussi en arrière qu'il est possible de le faire, sans qu'elle cesse d'être ajustée ; la bride doit être mise de sorte que le mors ne soit ni trop haut ni trop bas, et que la sous-gorge soit au point convenable, choses que l'expérience seule enseigne. Après avoir quitté l'écurie, l'on fait marcher le cheval pendant quelques minutes, alors les sangles se relâchent ordinairement un peu et le groom doit s'occuper de resangler. Au moment de monter, le cavalier qui n'a pas dans son groom une confiance absolue doit regarder les sangles, l'ajustement de la bride, la façon dont la gourmette est serrée, s'il a mors de bride et de filet.

Dès que tout cela est arrangé, le groom conduit le cheval contre la porte, le tenant de la main gauche par les rênes de filet et pesant sur l'étrier droit pour empêcher la selle de tourner, lorsque le cavalier est d'un poids un peu fort. Alors celui-ci monte d'après les principes donnés au § 276, et met son cheval au pas; c'est toujours par là qu'il faut commencer une promenade d'agrément. A cette allure, ainsi que je l'ai déjà expliqué, on peut donner à la tête de son cheval beaucoup de liberté et l'on n'aura pas de difficulté à le tourner à droite ou à gauche, soit avec une main, soit avec les deux, soit par la pression des rênes sur l'encolure, suivant la manière dont le cheval est dressé. Après avoir parcouru une certaine distance, le cavalier peut s'exercer aux diverses allures, et s'il a envie d'apprendre à bien monter, il peut de temps en temps jeter les étriers sur le pommeau et pratiquer le *canter* sans étriers. En apprenant à se passer d'étriers, il est bon d'avoir l'intérieur de son pantalon doublé en basane noire à la manière française; cela adhère bien à la selle, tandis qu'avec du drap et une selle lisse il y a peu de tenue, et l'équilibre seul vous maintient en selle. Avec cette précaution, l'on peut bientôt marcher à toutes allures; mais il ne faudra essayer le trot qu'en dernier lieu, car c'est le plus difficile. L'on ne peut plus s'enlever sur l'étrier et on doit laisser le corps chercher sa chance sur la selle en se penchant un peu en arrière de la perpendiculaire, et ne faisant rien que se mettre en équilibre. Quand on est sans étriers, les pieds doivent être portés comme si on les avait les talons bas et les orteils relevés par la puissance musculaire de la jambe.

316. — Pour les principes à observer en sautant, voyez le chapitre de l'équitation à la suite d'une meute.

De l'équitation des dames. — 317. — L'équipement du cheval à l'usage des dames est semblable *en principe* à celui que l'on fait pour l'équitation des hommes, si ce n'est que le mors et les rênes de bride sont plus légers et plus élégants, et la selle est garnie de fourches pour pouvoir monter en côté. Les rênes, excepté la partie tenue en main, sont généralement arrondies pour les alléger, et les montants sont ornés de rosettes et d'une muserolle.

La selle doit être bien adaptée au cheval, et il devrait toujours y avoir une troisième fourche, dont nous expliquerons plus loin l'usage. Il y a, en outre, un surfaix pour maintenir les quartiers de la selle. L'étrier peut être comme celui d'un homme, avec une doublure de cuir ou de velours; ou il peut être en forme de pantoufle, ce qui est plus sûr et plus commode pour le pied. La cravache des dames est quelque chose de fort léger; mais, comme les chevaux de ce genre doivent rarement mériter châtiment, on la porte plutôt pour menacer que pour punir. L'on peut ajouter un éperon, et pour les dames qui chassent il est quelquefois nécessaire pour stimuler à moment donné. Si on l'emploie, il doit être bouclé sur la bottine, et l'on fait une petite ouverture dans l'amazone avec un cordon à l'intérieur, que l'on attache autour de la cheville, et de la sorte l'éperon ne sort pas toujours au delà des plis du vêtement. Ordinairement pour ornement on met une martingale ; mais tout cheval qui porte au vent est impropre à porter une dame.

318. — Le cheval de dame devrait être le plus parfait des hack, au lieu d'être, comme cela arrive souvent, une brute inutile, bonne à fusiller. Beaucoup d'hommes croient que tout cheval qui a de l'extérieur portera une dame ; mais c'est une grande méprise, et si les dames choisissaient elles-mêmes leurs chevaux, elles auraient bien vite décidé le contraire. La seule considération qui soit en leur faveur, c'est que généralement elles ont peu de poids à imposer, et que par conséquent un cheval qui les porte est rarement bon pour un homme, à cause de la supériorité de poids du sexe masculin sur la dame cavalière. Il y en a bien peu qui pèsent plus de 9 stones[1] ; la plupart sont au-dessous, et un cheval fait pour porter 10 stones avec la selle, fera triste figure sous 12 stones et au delà ; mais au point de

1 9 stones, 57 kil. 05.
10 Id. 63 » 46.
12 Id. 76 » 5.

Fig. 53. — Position de dame.

vue de la netteté, de l'action de la bouche et du caractère, le hack d'une dame devrait être irréprochable : du reste, ce sont là les conditions qui font le hack parfait pour n'importe quel sexe. Le hack d'un gentleman peut encore être bon sans avoir été dressé au *canter*, et être assez formé pour ne plus pouvoir apprendre d'autres allures nouvelles. Il ne vaut donc rien pour une dame, et d'un autre côté un cheval de dame devrait avoir toutes les allures bonnes. Il est vrai que beaucoup de dames ne trottent jamais ; mais il ne faut pas leur laisser pour excuse la mauvaise volonté du cheval. La taille du cheval de dame doit être de 15 mains[1] ou de 14 mains 1/2 à 15 mains 1/2 ; au-dessous l'amazone traîne dans la boue ; au-dessus le cheval est trop haut et trop peu maniable pour un cheval de dame.

319. — Pour dresser le cheval de dame, s'il a un bon caractère et la bouche fine, il n'y a guère à lui enseigner que le *canter* sur le pied droit. Cela doit être ainsi, parce qu'en raison de l'attitude de côté que les dames ont sur la selle, le galop sur la jambe gauche leur est désagréable. L'écuyer doit donc dresser le cheval sur le pied droit par les moyens que nous avons déjà indiqués, et persévérer jusqu'à ce que le cheval soit rompu à cette allure et porte ha-

[1] 15 mains, $1^{m},52$.
14 mains 1/2 à 15 mains 1/2 = de $1^{m},47$ à $1^{m},57$.

bituellement sur le pied droit. Il faut aussi que le cheval soit bien mis et galope bien sur les pieds de derrière, et non avec l'allure désunie que l'on voit si souvent. Il faut pour cela employer la bride, mais sans trop peser dessus; le cheval doit apprendre ce qu'il doit faire par la finesse du doigté et non par force, par des pressions de mors légères et intermittentes, sans se pendre aux rênes. C'est ainsi et graduellement, sans aller trop loin, que l'on s'empare de la tête, que les jambes de derrière sont poussées en avant, de manière à régler la bouche sans ces pressions qui l'égarent, quand le cheval a été mis sur les hanches. On peut boucler une couverture du côté droit pour habituer le cheval au ballottement du vêtement. J'ai néanmoins trouvé que dans tous les chevaux de bon caractère, quand les allures et la bouche ne laissent rien à désirer, l'on peut être sûr que l'animal supportera les ballottements de l'amazone. Les messieurs ont trop souvent l'habitude de dire que leurs chevaux n'ont jamais porté une dame; mais s'ils portent tranquillement un gentleman, ils auront le même caractère sous une lady, bien qu'ils ne soient pas encore faits à son assiette et à sa main.

320. — Les règles pour tenir les rênes et pour s'en servir sont applicables, telles que nous les avons données, à l'équitation des dames, avec cette diffé-

rence que le genou empêche de baisser la main jusqu'au pommeau de la selle. Voilà une des raisons pour que l'encolure doive être plus pliée que sous un homme, parce que, si elle est droite ou renversée, les mains des dames qui se trouvent hautes, amènent le cheval à regarder les étoiles. Beaucoup de dames tiennent leurs rênes comme en conduisant une voiture; nous dirons comment au chapitre prochain. Sous quelques rapports cela vaut mieux, parce que cela permet à la main d'être plus basse qu'à la manière des hommes, et l'extrémité des rênes tombe mieux sur l'amazone.

321. — Pour monter, le cheval est amené à la porte par le groom et tenu ferme comme pour un gentleman, en ayant soin de le tenir bien à côté de l'endroit où se trouve la dame, dont il cherche souvent à se dérober par le côté. Le gentleman qui accompagne la dame met alors sa main droite sur le genou droit ou un peu au-dessus, et y reçoit le pied gauche de la dame. Avant cela elle doit avoir pris les rênes dans la main droite, qui est placée sur la fourche du milieu; alors avec la main gauche sur l'épaule du monsieur et le pied dans sa main, elle prend son élan de terre, raidit immédiatement sa jambe gauche et s'appuie par un second élan sur sa main raffermie par le genou. L'on peut aisément alors la lever en suivant avec la main et finissant

son élan avec la force minime qui se trouve nécessaire. En s'élevant, la main continue à tenir la fourche, ce qui jette le corps de côté sur la selle; c'est alors que la dame passe le genou droit par-dessus la fourche du milieu. Puis elle se met en selle et le gentleman retire l'amazone jusqu'à ce qu'il n'y ait plus de replis. Quand il a mis le pied gauche de la dame dans l'étrier avec un pli de l'amazone, l'assiette est complète, elle doit prendre les rênes et s'en servir comme il a été prescrit pour le gentleman au § 285. La faute qui se commet le plus souvent en montant est l'absence de tension de jarret de la part de la dame; si le genou reste plié, il faut une grande force pour la mettre en selle, tandis qu'avec un bon élan et le jarret tendu, elle doit peser peu de livres dans la main.

322. — La tenue en selle des dames passe en général pour faible et reposant entièrement sur l'équilibre; mais il n'y a pas de plus grande erreur, et d'après ce que l'on voit en particulier tout aussi bien qu'au cirque, il faut un aussi grand effort du cheval pour déloger une bonne cavalière que pour projeter le gentleman. Même avec la vieille fourche toute seule, la jambe tenait bien : maintenant qu'il y en a une troisième, la dame est solidement accrochée. Quand on n'emploie pas la troisième fourche, l'on tient à la paire qui reste par la jambe droite, on

serre la fourche entre la cuisse et le mollet et l'on obtient une tenue ferme et solide, surtout en se servant de l'étrier. Mais ce dernier support n'est que pour l'équilibre et est également utile en trottant; ce n'est pas lui qui assujettit l'assiette, quoiqu'il vienne en aide à la solidité obtenue par le genou. Quand on emploie la fourche supplémentaire, la jambe n'est pas retirée en arrière pour saisir comme auparavant, mais on tient bien des deux genoux sur les fourches; la fourche supérieure se trouvant sous le genou droit, et la fourche inférieure sur le genou gauche, le genou droit, accroché sur la fourche, empêche le corps de glisser en arrière, tandis que le gauche l'empêche de tomber en avant, et la position se maintient juste. Dans tous les cas, le pied droit doit être tenu en arrière, la pointe du pied à peine visible. Toutes les dames cavalières ne doivent jamais perdre ces principes de vue, et elles doivent apprendre aussi promptement que possible à se fixer en selle en pressant sur les fourches sans avoir recours à l'étrier. Quoique assises de côté, elles doivent faire face en avant, le coude plié avec aisance et maintenu en position relativement au pouce par les principes décrits minutieusement au § 284 pour l'équitation des hommes. Généralement la cravache se tient dans la main droite, la mèche en avant et vers la gauche. A l'aide de cette position, on peut s'en servir sur toutes les parties du corps du cheval en croisant vers la gauche, en fouettant en avant ou en arrière de la selle, ou, avec encore plus de facilité, sur le flanc droit. L'on peut donc, dans tous les cas, substituer son action à la pression de la jambe pour les changements de pied, pour tourner à gauche ou à droite, pour galoper sur un pied ou sur l'autre. Avec cette substitution et le soin d'éviter la dureté des mouvements, ce qui est plus facile avec la main fine et le tact délicat d'une dame, toutes les prouesses faites par les hommes peuvent être imitées par elles.

323. — Pour descendre, le cheval est arrêté court; sa tête tenue par un serviteur, la dame retire les genoux de la fourche supérieure, sort le pied de l'étrier et s'assied complétement de côté. Elle pose ensuite la main sur l'épaule du cavalier qui l'accompagne, qui passe le bras droit autour de sa taille et la soutient légèrement jusqu'à terre.

Chevaux d'attelage. — 324. — Les chevaux de harnais se divisent en poneys, chevaux de gig, de Brougham ou de carrosse et suivent en taille et en force la même gradation, depuis le petit poney jusqu'au carrossier de dix-sept mains. L'on trouve des poneys dans toute l'Angleterre, l'Irlande et l'Ecosse. Il y en a de plusieurs races, dont quelques-unes se font remarquer par un fonds extraordinaire, avec de la symétrie et des allures, des membres et des pieds qui ne manquent jamais. Pour la santé et la solidité générale, ils l'emportent beaucoup sur les espèces plus grandes, et il est difficile de s'en rendre compte, car ils sont bien plus négligés et souvent même fort maltraités. Rien de plus rare qu'un poney poussif ou cornard, et il n'arrive pas tous les jours d'en trouver un boiteux. Nous avons toute raison de supposer que le sang arabe a été infusé à larges doses dans les races de poneys de nos bruyères et de nos forêts; leurs jolies têtes, leur résistance à la misère et à la fatigue, la petitesse de leurs os sont autant de preuves de cette assertion. Parmi les poneys du pays de Galles, il y a un fort croisement avec le cheval normand[1], et plusieurs d'entre eux ont le long du dos la marque foncée particulière à cette race et aussi la vigueur de constitution qui lui est inhérente. Les chevaux de gig (*gigsters*) sont le rebut des écuries de chasse et de course, d'après l'habitude prise d'atteler tout ce qui est maladroit ou trop lent pour ces destinations. Il y en a qui, bien que mauvais galopeurs, trottent fort bien et conviennent par conséquent au harnais, bien que déplacés à la chasse. Un grand nombre de gigsters sont aussi des carrossiers au-dessous de la taille voulue. On sait que le

[1] Probablement le bidet d'allure.

carrossier se produit en croisant la jument de Cleveland ou celle de Clydesdale avec des étalons ayant du sang ou même tout à fait purs. Jusqu'à une époque récente, la jument de Cleveland était presque la seule origine du côté maternel pour nos meilleurs carrossiers; mais dernièrement l'on a commencé à employer sur une grande échelle la jument de Clydesdale, et avec beaucoup plus de succès, dans le sens de la résistance; car, quoique peut-être moins réguliers, les produits ont plus de race apparente, et leurs jambes et extrémités sont plus fermes et plus résistantes. C'est, je crois, le meilleur croisement pour obtenir des carrossiers en général, et ils l'emporteront sous tous les rapports sur la race de Cleveland. M. Apperley, le premier, a recommandé l'adoption de l'alliance directe entre le cheval de pur sang et la jument de Cleveland, et l'autorité de son nom a toujours depuis maintenu cette habitude; mais on a fini par découvrir que, sous le rapport des membres, c'est une race peu profitable et qu'elle supporte le travail de la route presque plus mal que tout autre, à moins que vous ne preniez le cheval de course *taré*. Je fonde de grandes espérances sur la substitution de la jument de Clydesdale à celle de Cleveland, et j'attends de ses produits non-seulement d'utiles carrossiers, mais des poulinières destinées à donner des chevaux de route et des hunters de trois quarts et de sept huitièmes de sang. Il y a une belle et spacieuse charpente pour s'installer, des membres nets et plats et de *jolies têtes*, avec cela des caractères disposés à tout apprendre. Leur constitution est bonne, et, sous tous les rapports, cette race me paraît calculée pour faire des carrossiers, et, d'après de nombreux spécimens que j'ai vus résultant du premier croisement, je suis porté à croire que les vœux des patrons de cette espèce seront complétement exaucés.

HABITUDES GÉNÉRALES ET VARIÉTÉS D'ESPÈCES PARMI LES CHEVAUX.

Habitudes générales. — 325. — Le cheval (*equus caballus*)[1] vient immédiatement après le chien pour les plaisirs de la campagne, et se trouve rivaliser avec lui, puisque non-seulement il sert à la chasse, mais aux courses, aux promenades et à la voiture. Il appartient à l'ordre *vertebrata*, classe des *mammalia;* mais la section des *ungulata*, dont il fait

[1] Le cheval se dit en arabe, *hosann;* en barbaresque, *aoud;* en grec, ἵππος; en latin, *equus;* en anglais, *horse;* en allemand, *Pferd;* en hollandais, *paard;* en suédois, *häst*, et en danois, *hest;* en italien, *cavallo;* en espagnol, *caballo;* en polonais, *konn* (d'ou nous avons fait cognat); en russe, *loschad;* en turc, *sokh;* chez les Turcomans, *al;* chez les Siamois, *ma;* dans le Bsurnou, *fahr;* en bas-breton, *marh*, la jument *regakek*, l'espèce en général *Joh;* en basque, l'étalon *garano*, la jument *behorra*, le cheval *zamari*, le coursier *zaldi;* à Tombouctou, *barri* (comme les éléphants en latin); dans l'intérieur de l'Afrique en langue pustoue, *as*.

partie, est fort éloignée du chien, puisque c'est la dernière des *mammalia,* tandis que les *feræ* viennent immédiatement après les *primates*, dont l'homme est le chef et le premier. Parmi les *ungulata,* le cheval forme la seconde famille avec l'âne, le dzigguetai, le zèbre et le quagga.

326. — L'histoire primitive et l'origine du cheval est, comme celle du chien, enveloppée d'obscurité et de fables, et en réalité nous n'en savons presque rien. Nous avons seulement lieu de supposer que, de même que l'homme, il provient d'Asie, comme d'ailleurs tous les animaux, selon le récit de Moïse, et nous savons qu'on s'en servait en Égypte plus de 1600 ans avant Jésus-Christ. Je ne veux pas encombrer ce livre d'une histoire du cheval, qui pourrait prendre une énorme extension si on abordait pleinement ce sujet. Nous nous bornerons donc à établir quelle est la condition présente du cheval dans la Grande-Bretagne, avec son origine récente, et ses habitudes générales.

327. — *Les habitudes du cheval*, dans tous les pays et dans toutes les espèces, se ressemblent à peu près. Partout où il est en liberté, il est hardi, mais circonspect, et s'apercevant facilement de l'approche de l'homme, auquel il aime à tourner les talons. De nos jours, on trouve des chevaux sauvages dans l'intérieur de l'Asie et dans l'Amérique du Sud. Mais

les chevaux des Tartares et ceux de la Plata descendent d'animaux domestiques et peuvent à peine être qualifiés de sauvages dans toute l'acception du mot. Toutefois, les chevaux de Californie, qui descendent encore plus récemment du cheval espagnol, sont tout aussi sauvages que ceux qu'a décrits le capitaine Head. Par suite de l'état de liberté et de leurs habitudes errantes pour se procurer de la nourriture et de l'eau, ils sont endurcis à la fatigue et peuvent supporter avec succès une énorme quantité de travail aux grandes allures, sans cet entraînement qui devient nécessaire à l'animal domestique. Le pas et le galop sont leurs allures naturelles; toutes les autres sont des allures acquises; mais rien ne peut égaler l'animation, le feu et l'élégance de mouvements du cheval à l'état de nature, et l'art est impuissant à perfectionner sa forme, si ce n'est en donnant un peu plus de vitesse à l'allure du galop. Dans tous les pays et à toutes les époques, le cheval se nourrit d'herbe ou de grain, bien que l'on prétende qu'en Arabie on le soutient à l'occasion avec du lait de chamelle quand la nourriture ordinaire vient à manquer.

Variétés actuelles de l'espèce chevaline. — 328. — L'arabe est encore une des variétés les plus distinctes de ce noble animal et l'un des plus estimés; Turcs et chrétiens le recherchent en Asie, en Russie méridionale, dans l'Inde et même en Australie[1]. Dans les déserts d'où il tire son origine, on le voit quelquefois à l'état demi-sauvage, bien que, selon

Fig. 54. — Cheval arabe,

toute probabilité, il ne cesse pas d'appartenir aux habitants des tentes qui peuplent ces régions. Mais

1 Le talent de ces peuples comme éleveurs n'est surpassé nulle part, et pourtant il se transmet par tradition orale de père en fils et jamais par règles écrites.

Les Turcs sont encore plus fiers de leurs chevaux que les Arabes et les traitent avec une extrême douceur. (Yonatt, p. 11.)

l'espèce que nous rencontrons ordinairement et la plus domestique, est celle que les chefs de tribu maintiennent dans toute sa pureté, bien qu'elle ne soit pas aussi immaculée qu'autrefois. La tête du cheval arabe est le plus beau modèle que l'on trouve dans la nature, donnant l'idée du courage tempéré par la docilité et la soumission à l'homme encore mieux que chez le chien. Le croquis plein d'animation d'un cheval arabe en donne parfaitement la preuve; et encore il ne rend pas toute la légèreté et l'élégance de l'encolure, l'élévation de l'avant-main et la légèreté du coffre. Il est rare de rencontrer d'aussi belles formes, mais cependant on rencontre des exemples de cette élégance d'ensemble avec des détails irréprochables. La longueur et la musculature de l'avant-bras sont aussi remarquables, et la queue est attachée très-haut, formes qui se sont transmises à nos chevaux de pur sang, qui descendent des arabes. Beaucoup de chevaux de cette race sont méchants et pleins de défauts, surtout dans l'Inde, où l'expression de cheval arabe est synonyme de rueur, mordant et faisant le saut de mouton; on en fait toutefois grand cas, parce qu'il est toujours bon hack et supporte sans inconvénient la chaleur des étés dans les Indes. Il a aussi du prix pour le sportsman moderne, parce qu'il affronte mieux que toute autre race l'éléphant et le tigre. En hauteur, il a généralement un peu moins de quinze mains, et sa robe est le plus souvent baie, noire ou grise. Dans le chapitre de l'élève pour le turf, nous avons fait connaître les divers chevaux arabes d'où dérive le pur sang moderne. L'on dit que, même de nos jours, l'on compte trois races distinctes les *attechi*, race tout à fait supérieure; les *kadischi*, alliés aux précédents, mais sans grande valeur, et les *kochlani*, fort estimés et très-difficiles à trouver. S'il en est réellement ainsi, l'on peut facilement expliquer par cet état de choses les résultats que l'on obtient par le croisement avec les arabes modernes, si inférieurs à ceux que donnaient les arabes du 18e siècle.

329. — Le barbe est un cheval africain de plus petite taille, mais plus fortement établi que l'arabe, et évidemment nourri plus substantiellement. Ainsi que l'indique son nom, il est originaire de Barbarie, mais il y a toujours du doute sur la race à laquelle appartient précisément un cheval importé, parce qu'on les envoie à des distances considérables de leurs plaines natales, et que d'ailleurs toutes ces races sont très-croisées entre elles. Il est généralement admis que le cheval barbe a produit l'une des principales racines de notre arbre généalogique, savoir l'arabe de Godolphin, qui aurait été un barbe. L'on ne peut décider sûrement cette question et il

paraît que l'on ne donne d'autre raison pour cette supposition que l'extrême élévation de son encolure, tandis que sa taille supérieure (quinze mains) argue tout aussi bien en faveur d'une origine arabe. Mais le cheval espagnol descend incontestablement du barbe venu sous les cavaliers maures qui ont conquis le pays, et comme en apparence les chevaux espagnols sont tout l'opposé des descendants de Godolphin, il y a là un argument en faveur de son origine arabe ou au moins contre son origine barbe.

330. — Le cheval du Dongola est une autre variété africaine de beaucoup plus grande taille que l'arabe ou le barbe, mais plus haut sur jambes. J'ignore si jamais cheval de cette race a été amené dans ce pays.

331. — Le persan est un cheval de petite taille, et tout aussi élégant que l'arabe, mais qui résiste beaucoup moins.

332. — Le turkoman est une race plus grande, mais qui n'a pas l'élégance de formes de l'arabe et du persan. Le corps est léger, les jambes longues, la tête commune avec des encolures de brebis ; mais ils ont des qualités de fonds et de durée et font de très- longues distances sans en souffrir. Voilà encore une application de l'adage : « Sous toutes les formes le cheval peut marcher. »

333. — Les chevaux cosaques sont élevés en liberté

en grands troupeaux et l'on a longtemps cru que cette éducation leur donnait une vitesse et un fonds sans égaux; mais dans la fameuse course qui eut lieu en Russie en 1825, ils furent complétement battus à tous égards par un cheval anglais de seconde qualité et leur rendant du poids. Ils sont petits et d'aspect rude, mais ont du cœur et peuvent faire tout ce que l'on attend d'un poney.

334. — Le cheval turc passe pour être presque pur arabe, avec un croisement avec le persan et le turkoman. C'est maintenant un cheval très-beau, très-vif et très-élégant, mais l'on n'a fait aucune épreuve récente de ses qualités contre les chevaux anglais, malgré bien des défis portés de part et d'autre. Le cheval de course anglais descend de plusieurs chevaux turcs importés en Angleterre, tels que les turcs de Byerley, Helmley et Belgrade, mais il est douteux qu'ils aient ressemblé en rien aux races que l'on trouve actuellement à Constantinople, et comme la Turquie d'Europe et la Turquie d'Asie couvrent une vaste partie de l'Orient, le nom de cheval turc n'explique bien ni la naissance ni la parenté.

335. — Les chevaux des Indes orientales et de l'Australie sont de races diverses et croisées arabes, persans, turcs et barbes; d'autres encore sont du sang anglais, mais ils dégénèrent rapidement, et quoiqu'ils soient utiles pour des croisements avec

l'arabe et le barbe, cependant on ne peut les conserver longtemps sans dégénérescence dans leur pureté originelle [1].

336. — Les chevaux belges ou hollandais s'importent dans notre pays en quantités considérables et rendent de bons services pour le travail lent. Ils sont presque tous trop lourds et trop gauches pour faire autre chose que de tirer par leur poids, et même dans ce rôle il faut prendre garde de les surmener. Presque tous les chevaux noirs des pompes funèbres ont cette origine, ainsi que beaucoup des chevaux noirs de la cavalerie.

337. — Le *cheval normand* est un animal beau-

[1] A la Nouvelle-Zélande, il s'est créé une bonne race venant de l'Amérique du Sud. Ces animaux arrivent à l'état sauvage et sont dressés par un procédé expéditif. On attache la bête à un poteau solide avec une longe d'une certaine longueur. Le dresseur prend son *poncho* (espèce de manteau) et en couvre la tête de façon à lui bander les yeux. Puis on laisse à lui-même le pauvre animal qui commence bientôt à trembler d'effroi dans cette position critique. Il se couvre de sueur et on le laisse sans secours jusqu'à ce qu'il tombe d'épuisement. Un peu avant que son système nerveux ne soit à bout, on lui pose sur le dos une lourde selle fortement chargée par des poids pendus aux étriers. Quand il est en stupéfaction complète, le dresseur va à lui, le flatte sur l'encolure, l'apaise autant que possible par des caresses et recommence ce manége jusqu'à ce qu'il obtienne quelque indice de confiance. Un peu plus tard, on retire le *ponoho*, et le cheval a reçu sa première leçon qui consiste à lui faire considérer comme un ami l'homme qui l'a délivré du terrible *poncho*.

Nous avons vu donner cette première leçon avec tant d'art que le dresseur a retiré la selle chargée aux étriers, a monté le cheval à cru et en a obtenu tout ce qu'il voulait. Si on les traite ensuite avec douceur, on obtient un degré inconcevable de docilité de ces chevaux si récemment retirés de l'état sauvage.

coup plus vigoureux et plus compacte, mais qui a encore de la lenteur, relativement à nos races. Il est toutefois doué d'une excellente constitution et avec des jambes et des pieds qui peuvent rouler sur le grand chemin tant qu'on veut. Généralement ils ont moins de taille et sont plus près de terre que les belges [1].

338. — Le *cheval espagnol* est très-croisé avec le barbe et possède la jolie tête et l'encolure de ce dernier, mais avec une croupe trop avalée et un coffre trop léger. Mais les épaules et les membres sont bien, et il rend plus de services qu'un Anglais ne pourrait le croire possible, en comparant son aspect avec celui de nos chevaux.

[1] Il est fâcheux que la constante infusion de sang anglais ait compromis dans les races normandes la solidité des extrémités. Continuellement de fort beaux chevaux se trouvent manquer de talons. Les jours de gala, comme le premier de l'an, on voyait arriver aux Tuileries de superbes attelages. Mais, le plus souvent, l'un des deux animaux appareillés à grands frais donnait des signes de claudication. On ne se pressait pas de renouveler un attelage coûteux et on se contentait pour la vie de chaque jour de chevaux de service, quitte à faire triste mine en arrivant le 1er janvier sur la place du Carroussel avec un ou deux carrossiers boiteux.

Nos pères n'avaient point de sang oriental dans leurs attelages, mais ils disaient avec raison : *sans pied, point de cheval.* Ils n'auraient pas mis sur le pavé de Paris un barbe encastelé. (Voir Regnier, Satire VIII.)

Aussi que de soins pour la ferrure quand on voyageait à cheval. Avant d'entreprendre une traite de longue durée, on faisait de la conservation des pieds l'objet de soins extrêmes et même de prières spéciales, et l'on voit encore à l'église de Saint-Martin Lhortier, près Neufchâtel en Bray, des fers accrochés en *ex voto* à la chapelle, par de pieux cavaliers. Les libres penseurs d'aujourd'hui vont plus vite sur le turf, mais ils ne vont pas longtemps et arrivent souvent à leur ruine.

339. — Les races *américaines* et *canadiennes* varient beaucoup et proviennent des chevaux espagnols, venus dans le principe, avec des arabes, anglais et barbes importés. Toutefois le climat a beaucoup fait pour eux, et bien qu'ils n'aient pas une beauté remarquable, ils ont la charpente de fer et l'élasticité de muscles de leurs maîtres. Ils sont sans rivaux comme trotteurs et, comme résistance, ils peuvent se classer très-haut, mais ils n'ont pas des formes bien distinguées, sans pécher complétement sur aucun point. Quelques-uns de nos meilleurs chevaux ont été exportés en Amérique, surtout en Virginie, où Tranby, Priam et autres ont rendu de bons services. Ceux qui ont dirigé ces importations ont eu soin de choisir un sang franc de tares en même temps que plein de fonds, et n'ont pas hésité à consacrer de fortes sommes pour se le procurer.

340. — Quant au *cheval de pur sang anglais*, je l'ai décrit fort au long dans les chapitres consacrés aux courses; j'ai décrit la manière de les élever et je dois y renvoyer le lecteur. J'ai donné une description des diverses espèces de hunters, et au chapitre de la promenade à cheval, je me suis occupé des hacks en usage en ce pays et des races d'où ils dérivent[1].

[1] Il y a lieu de changer en Angleterre la race des chevaux de charrette. (Yonatt, p. 50.)

341. — Les diverses espèces de chevaux de charrette sont extrêmement nombreuses ; mais elles ressortissent beaucoup plus au commerce qu'au sport. Presque toutes nos races les plus grandes et les plus lourdes sont croisées avec les chevaux flamands, qui ont augmenté leur poids et les ont rendues plus propres au transport des fardeaux, travaux auxquels les prédispose leur volume et leur aptitude à donner *à mort* dans le collier. Le croquis suivant donne à peu près l'idée de l'un de ces animaux informes dont la taille dépasse d'ailleurs souvent dix-sept mains et demie. Le *Clydesdale*, le *Cleveland*, le cheval noir du Midland et le bidet du Suffolk sont les quatre espèces les plus estimées de cette race[1]. Elles ont maintenant presque partout évincé le vieux cheval de charrette anglais de robe noire avec sa grosse tête et son air commun et gauche. L'on a essayé à bien des reprises de croiser ces quatre espèces avec le cheval oriental ; mais bien qu'au premier croisement on ait souvent réussi en raison de la pureté supérieure de l'étalon, cependant dans les croisements suivants le

[1] Le cheval écossais est excellent pour le trait; M. Charles Philipps est le meilleur éleveur. Selon le Druide, ses élèves se sont vendus au Canada, à deux ans, au prix de 8 schellings 8 pence la livre. Je n'ai jamais ouï dire que l'on ait acheté ailleurs des chevaux au poids; ce n'est guère concevable, même pour des chevaux de charrette. Nimrod croit que, si l'on mesurait la force de traction au dynamomètre, le cheval de Clydesdale l'emporterait sur tous les autres à taille et poids égal.

Fig. 55. — Cheval percheron. Fig. 56. — Cheval de trait anglais.

sang du cheval de trait se rencontrait, et puis il y a toujours eu manque de résistance et une tendance aux épanchements de matière osseuse, sous forme d'éparvins, de formes et de suros.

342. — Le cheval de carrosse se trouve décrit à la page 289.

343. — Le cheval de cavalerie peut être considéré sous trois destinations : 1° le *charger*, ou cheval d'officier; 2° le cheval de troupe de grosse cavalerie, et 3° le cheval de troupe de cavalerie légère. Le *charger* est toujours de pur sang ou à peu près. On l'a presque toujours élevé pour les courses; mais il s'est trouvé trop peu de vitesse tout en ayant de jolies formes et l'*action* belle, ce qui est nécessaire pour les évolutions du manége. Il lui faut de bonnes épaules pour être adroit du devant; son arrière-main doit être proportionnée au poids qu'il doit transporter; en d'autres termes, il doit être bien sur ses hanches. La plupart des *chargers* ont 16 mains d'élévation, quelquefois davantage. Le cheval de troupe de grosse cavalerie est un hunter réformé faute de vitesse, c'est-à-dire un cheval élevé pour la chasse, mais resté trop lourd pour bien suivre les chiens. On l'obtient alors au prix du cheval de troupe, qui, à la paix, était de 24 livres, mais qui est maintenant un peu plus élevé. Les troupes de la maison de la reine sont montées en chevaux noirs, dont les uns ont été

produits pour ce service par des éleveurs du Yorkshire ; les autres viennent de Belgique. Les chevaux de cavalerie légère sont de toute provenance, et actuellement, comme on doit s'y attendre, d'après leur bas prix, beaucoup d'entre eux sont des animaux très-inférieurs, à ranger dans la catégorie des chevaux de bois. La somme que l'on consacre à leur acquisition est insuffisante pour se procurer un bon cheval de service avec assez jolie apparence ; or, comme les colonels recherchent surtout cette dernière qualité, ils sont obligés de lui en sacrifier de plus utiles. Très-peu de ces chevaux sont aptes à porter plus de 14 stones, et ils en doivent avoir dix-huit sur le dos ; il n'est pas étonnant qu'ils succombent quand la troupe veut faire campagne.

344. — Le Galloway est une race très-encouragée par les agriculteurs du pays de Galles et de quelques autres districts où l'herbe est maigre et ne conviendrait pas à des animaux plus grands et moins rustiques[1]. Le croquis d'un Galloway que nous joignons ici, donne la forme très-commune dans le pays de

[1] Aujourd'hui, le terme Galloway s'applique à tous les chevaux de la taille des cobs, mais de formes légères. Autrefois, quand les courses exigeaient plus de fonds que de vitesse, on voyait souvent le Galloway sur l'hippodrome. Bald Galloway, père de Cartouche, a acquis une grande célébrité, ainsi que le hongre Carlisle, qui courait encore à l'âge de 18 ans et ne cessa qu'après s'être brisé une jambe par accident. Citons encore au milieu du siècle dernier le célèbre Galloway Mixbury, qui n'avait que 13 paumes et 2 pouces d'élévation.

Galles d'un cheval de très-bon service, mais qui a rarement une grande vitesse au galop. Ces animaux passent pour être de sang normand, en raison du grand emploi que l'on a fait dans le pays, il y a quelques années, d'un étalon qui provenait de ce pays. Ils sont sûrs et vigoureux, mais un peu entêtés et indociles. Ceux de la partie Nord n'ont pas tout à fait d'aussi belles épaules, mais ils ont beaucoup plus de vitesse au galop et donnent par ce motif de meilleurs covert-hacks. Les plus petits échantillons de cette race donnent nos poneys ordinaires. Ceux qui n'excèdent pas 13 mains se qualifient ainsi, tandis que le Galloway s'élève au-dessus de cette taille jusqu'à 14 mains ou 14 1/2[1].

345. — Le poney du Shetland est le plus petit de cette race dans notre pays; il est souvent au-dessous

[1] *Le Cob.* Ce mot, de nouvelle fabrique dans le monde du sport, signifie un cheval de grande force, court de jambes, d'environ 14 paumes d'élévation, mais capable de porter un gros poids à une bonne allure. C'est à peu près ce que nos pères appelaient un bouleux. Il provient ordinairement d'une jument de charrette légère et active et d'un étalon de pur sang ou de demi-sang; de plus, il a acquis en grosseur ce qui lui manque en taille et finit par représenter, en plus beau, l'ancien cheval de bât, le cheval du meunier avec ses sacs de farine accumulés sur le rein, mieux encore le cheval du *Parthénon.* Quand un cheval de cette sorte a de l'*action*, bonne conformation et du bouquet, il est fort recherché à Londres, à la campagne (j'ajouterai dans les capitales étrangères), pour porter les vieillards chargés d'embonpoint. Son prix en Angleterre ne dépasse pas 2500 fr., mais je l'ai trouvé plus cher aux Champs-Élysées et lui ai fait porter bien plus de 100 kilogrammes aux grandes allures pendant des heures entières. On regarde comme hasardeux l'élevage du cob; s'il vient à n'avoir que des allures médiocres à la selle, il ne vaut presque

de 11 mains. Ils ont de la prestesse et de l'activité, et ont une action très-franche au pas, au *canter* et au galop, mais rarement ils trottent bien. (Voir la gravure [1].)

SOINS GÉNÉRAUX A DONNER AU CHEVAL.

346. — **Ecuries et accessoires.** — Les écuries pou un service général ne diffèrent guère de celles des hunters que nous avons décrites en détail à la page 338, tome.Ier, où nous avons donné un plan calculé pour un nombre de 12 à 18 chevaux. Une écurie comme celle-là conviendra à toute installation de

plus rien en foire comme carrossier, le mode de transport actuel exigeant de la taille et même du sang.

C'est cet animal que nous appelons fréquemment en France double poney. De nos juments percheronnes et bretonnes à belles épaules et d'étalons de sang, nous devrions créer le cob français, au profit d'une postérité robuste; mais la race de Vercingétorix, Bertrand du Guesclin et Bayard a dégénéré jusqu'au petit crevé, et on préférera des ficelles à tête mignonne .... « un levrier portant un singe. »

[1] Le poney, que les Anglais écrivent aujourd'hui pony, est un cheval au-dessous de 13 paumes. Il paraît venir du Nord, il abonde en Écosse et dans le pays de Galles et se rencontre fort rarement en Irlande. Le vrai poney du pays de Galles, en bonne condition, non castré, est un cheval de guerre en miniature. Lord Oxford avait une poneyte, sortant d'une mère du pays de Galles et de l'arabe Clive qui (sous *une plume*) battait pour 4 milles tous ses chevaux de course.

Le Pony Sir Teddy, de 12 paumes, a accompagné la malle-poste de Londres à Exeter (172 milles) et est arrivé 59 minutes plus tôt. Mais ce pari semble futile, puisqu'on le menait en main sur des chevaux de rechange. Feu Sir Ch. Turner a gagné un pari de 1000 guinées pour faire sur un poney à travers champ 10 milles en 47 minutes, franchissant 30 obstacles.

Fig. 57. — Galloway ou double poney.

Fig. 58. — Poney du Shetland.

particulier qui veut avoir ce nombre d'animaux, et s'il en veut moins, une ou deux écuries à trois stalles établies sur le même plan se trouveront plus saines qu'une seule écurie à six stalles. Pour le travail ordinaire elles conviennent mieux que des box, en ce sens qu'elles ont tout autant d'air et que, d'un autre côté, les chevaux se trouvent bien d'être en société; mais elles sont plus spacieuses que ne le désirent la plupart des gentlemen, qui, surtout à la ville, sont obligés d'épargner l'espace. Dans tous les cas, il ne faut pas ménager la lumière, excepté quand on doit exiger du cheval beaucoup de travail, comme dans les écuries des loueurs, où la nécessité de donner du repos à toute heure aux chevaux non attelés fait une loi d'avoir des écuries ténébreuses ou au moins très-peu éclairées. Mais dans les écuries des gentlemen, il est rare que l'on exige des chevaux un semblable travail, et il arrive plus souvent que l'on garde ces animaux sans un exercice suffisant. La lumière et la ventilation deviennent en conséquence obligatoires dans les écuries particulières, excepté celles destinées aux chevaux de courses, dont nous avons déjà donné une description spéciale. Le meilleur système pour l'admission de la lumière et pour la ventilation a été décrit page 338, tome Ier, mais quand on ne peut pas construire sur ce plan, il faut toujours ouvrir une ou plusieurs fenêtres sur le côté ou derrière les stalles, mais toujours de façon à éclairer efficacement l'écurie. Même quand on ne peut pratiquer des ouvertures à la tête des chevaux, l'on peut toujours établir des manches à vent au-dessus de leur tête, de façon à leur donner de l'air frais. Dans tous les cas, même dans les écuries les plus basses, l'on peut faire passer dans le grenier à foin un tube carré de fer ou de zinc sortant en dehors de la toiture et contribuant à maintenir la pureté et la salubrité de l'air. Il faut éviter les courants latéraux tout en renouvelant l'air, et cela peut se faire en pratiquant à la porte et aux fenêtres des ventilateurs semblables à ceux en usage dans les chenils de lévriers. Les égouts devraient toujours être recouverts et aboutir à la fosse au fumier, exactement comme on l'indique à la page 340, tome Ier.

347. — L'on peut construire des écuries *moins dispendieuses* avec des stalles ouvertes, mais il faudrait les avoir au moins larges de 6 pieds et profondes de 14 pieds. Si l'on construit sur cette base, l'on obtiendra pour chaque cheval 840 pieds cubes d'air, ce qui n'est pas la moitié de ce que m'a donné le calcul basé sur le mécanisme de la respiration. Mais une longue expérience personnelle et chez autrui m'a convaincu que des chevaux qui *travaillent régulièrement* peuvent se conserver en santé avec cette ration de 840 pieds cubes, ce qui ne peut

s'expliquer que par le renouvellement qui s'opère en ouvrant et fermant les portes, par les ouvertures en dessous de ces portes, et autres endroits. Un cheval de course ou un hunter s'enferme après le repas et on évite de le déranger pendant plusieurs heures. L'air de son écurie ne se renouvelle que par les fentes des portes ou quelques ouvertures ménagées à cet effet. Mais pour le hack ou le cheval de voiture, il y a généralement pendant toute la journée des portes ouvertes ou refermées pendant que l'on sort les chevaux frais ou que l'on introduit ceux qui sont fatigués. Il y a encore toute la besogne d'écurie qui ne s'accomplit pas avec la régularité que l'on apporte dans les écuries de course et de chasse. Mais, à tout prendre, quel que soit le motif, l'expérience nous a appris que le minimum d'air respirable pour un cheval de taille convenable se trouvait à la limite précitée.

348. — Il faut toujours un plafond, surtout au-dessous d'un magasin de foin, et tant qu'on le peut, il faut éviter d'avoir une ouverture en haut pour garnir le ratelier supérieur, ce qui était autrefois d'usage si général. Cette ouverture tend à jeter constamment de la poussière sur la tête du cheval, cause continuelle d'irritation pour les naseaux, les yeux et les poumons ; le foin du grenier peut aussi par là s'imprégner d'air expiré par le cheval, ce qui est un

dommage réel. Le sol doit être pavé, avec des sillons bien creusés, pour éviter les glissades, ou avec des briques bien dures ou un cailloutage menu.

349. — Le ratelier et la mangeoire doivent être dans le système moderne donnant trois compartiments latéraux pour la nourriture du cheval. On les établit ordinairement maintenant en fer fondu galvanisé et avec un bord assez large pour que le cheval ne puisse le saisir avec les dents et ne contracte pas le tic de mangeoire ou le tic de l'air. Le foin se place d'un côté dans un compartiment ordinairement ouvert par en haut et grillé dessous et en avant pour permettre à la poussière de tomber. L'on a inventé dernièrement un mécanisme ingénieux pour faire arriver constamment le foin au sommet du ratelier. Il y a d'abord un couvercle s'ouvrant à charnière et grillé, assez large pour laisser passer le museau du cheval; puis il y a un double fond, qui remonte à l'aide d'un poids et d'une poulie; enfin, l'on introduit le foin dans le ratelier par le couvercle en poussant en bas le double fond. Quand le ratelier est plein, sans presser le foin, l'on ferme le couvercle. Le cheval retire son foin au travers des barreaux supérieurs, et le poids suspendu relève le reste à sa portée au fur et à mesure qu'il le mange. On cite cette méthode comme économique, mais je ne puis en parler par expérience. Dans le ratelier ordinaire

construit un peu bas, je n'ai jamais vu perdre plus du vingtième de la ration et souvent moins. Il y a certainement une économie d'un sixième en faveur du ratelier bas sur celui que l'on établissait si haut que le cheval faisait tomber plus qu'il ne mangeait ; mais je ne m'explique guère que le nouveau système soit très-supérieur au ratelier ordinaire bas et ouvert.

La mangeoire pour l'avoine se construit généralement dans l'ancien système, mais il y en a un nouveau qui fait arriver, par une petite ouverture, le grain d'un magasin situé derrière et tenu jusqu'au moment nécessaire à l'abri de l'haleine du cheval. Je n'en ai pas vu sur ce modèle, mais j'imagine que cela convient parfaitement aux chevaux délicats sur leur nourriture, qui en laissent toujours une partie, soit parce qu'elle est imprégnée de leur haleine, ou mouillée au contact des lèvres. L'on ajoute presque toujours maintenant un troisième compartiment pour l'eau et les barbotages. Si on ne s'en sert pas toujours pour faire boire, ce sera toujours commode pour le son et les gruaux, qui souvent font sentir l'aigre à la mangeoire pour le grain. Toutefois le fer galvanisé a presque complétement remédié à ce dernier inconvénient.

Les anneaux pour les longes doivent être au nombre de deux, un de chaque côté, de façon à ce que le cheval ne puisse se retourner dans sa stalle ni facilement se frotter la queue. En effet, lorsque la longe droite permet au cheval de s'écarter de cinq pieds de la stalle, il ne peut non plus porter sa tête à plus de cinq pieds sur la gauche ; si la longe gauche est à même longueur, il ne pourra pas aller plus loin vers la droite, et ne peut, par suite, se mettre en travers dans la stalle. Au contraire, avec une seule longe de même dimension attachée à un anneau au milieu de la mangeoire, le cheval peut, en se retirant, passser la tête par-dessus la travée ou compartiment de séparation et se mettre en travers et peut-être tourner la queue à la mangeoire, comme cela se voyait dans les écuries à l'ancienne mode. Les anneaux doivent s'ouvrir au moyen d'un ressort disposé de façon à ne pouvoir s'ouvrir si on les tire d'en haut ou vers le cheval, mais à céder à une petite pression vers le bas, de manière à délivrer l'animal qui se prendrait la jambe dans la longe. Il y a une précaution à cet égard qui suffit généralement : elle consiste à établir derrière la mangeoire un tube dans lequel la longe a assez de jeu pour que la litière qui s'y mettrait ne puisse l'arrêter ; car l'enchevêtrure la plus commune a lieu quand la longe prend en avant de la mangeoire. Cependant quelquefois le cheval se prend le pied de derrière en l'avançant pour se gratter la tête. Ici l'accident peut arriver avec une longe disposée de façon à couler librement; mais encore cela arrivera rarement. Il faut aussi dans toutes les écuries une chaîne de ratelier disposée de façon qu'en l'accrochant au licol on empêche le cheval d'atteindre la mangeoire ou de se coucher. L'anneau doit se fixer dans le mur à environ sept pieds de terre et la chaîne doit avoir trois pieds avec facilité de la réduire à deux.

350. — La travée est la séparation entre les stalles; elle a généralement huit ou neuf pieds d'élévation du côté de la tête, et quatre pieds et demi ou cinq pieds du côté du pied. Les poteaux de stalle allant jusqu'au plafond devraient toujours être fixés solidement, car s'ils viennent à manquer, c'est une source d'accidents dans lesquels deux chevaux peuvent se blesser grièvement. Souvent ces séparations s'établissent d'une manière dispendieuse, quand on fait couper le barreau supérieur tout d'une pièce dans un cœur de chêne. Mais si l'on se contente de fixer à mortaises trois barreaux allant du poteau au mur et d'y clouer des planches d'ormeau coupées à la partie supérieure selon la courbe voulue, l'on n'a plus besoin que de clouer en dessus une bande d'un diamètre d'un demi-pouce aussi en ormeau; cela vaudra tout autant que le barreau supérieur le plus cher. A chaque poteau de stalle on fixe un anneau à huit pieds de terre environ pour y attacher les longes et les chaînes, quand

on retourne les chevaux pour les seller ou les harnacher pour la voiture. Dans les écuries particulières, l'on a des barres qui glissent dans des mortaises allant du poteau au mur pour empêcher les chevaux de se faire du mal pendant la nuit.

351. — Souvent l'on se sert de barres au lieu de travées, surtout dans les écuries militaires et celles des lieux publics. L'on suspend une forte barre de chêne allant du poteau de stalle à la mangeoire, en l'arrangeant de façon à pouvoir facilement se décrocher de chaque bout et tomber à terre. Avec des barres, l'on peut beaucoup plus serrer les chevaux que dans les travées, parce qu'elles cèdent quand les animaux se tournent, se lèvent ou se couchent, de façon qu'on ne peut prendre que quatre pieds six pouces par cheval et même moins; mais il y a de grands risques à courir par les coups de pied du cheval voisin.

352. — Le magasin à foin et celui de la paille peuvent se mettre au rez-de-chaussée ou au-dessus de l'écurie ; il vaut mieux qu'ils ne communiquent pas, puisqu'il n'y a aucun avantage à mettre les deux denrées en contact. Si on met le foin au-dessus du plafond, la même ouverture par laquelle on fait passer la denrée du chariot au magasin sert à le sortir pour l'usage journalier et même, en temps de pluie, quelques gouttes d'eau sur le foin au moment de le

donner ne peuvent en rien nuire au cheval. On peut le porter à la main jusqu'au ratelier après l'avoir jeté du haut du grenier, ou directement si le grenier est au rez-de-chaussée. Dans presque toutes les écuries l'on fait provision d'une charge de foin, ce qui, à la campagne, fait deux tonnes, et à la ville une tonne et demie. Pour emmagasiner cette quantité, il faut la grandeur d'un box bien spacieux ; quand on prend le foin par petites quantités chez un marchand de grains, il suffirait de pouvoir emmagasiner la provision d'une semaine ; mais dans des vues économiques, l'on devrait avoir à sa disposition un magasin pour une charge de foin et un autre pour la même quantité de paille.

353. — Le magasin à avoine doit toujours être autant que possible au rez-de-chaussée, parce qu'il faut y entrer quatre fois par jour et qu'il est incommode de toujours monter et descendre les escaliers; mais il doit être élevé au-dessus du sol pour tenir le grain sec et à l'abri de la vermine, et il faut pour cela des supports en pierre ou en fer et une pièce bien close et bien couverte. Si l'on vise à l'économie et que l'on ait un bon magasin, on peut acheter le grain par cent ou deux cents boisseaux à la fois, à plus bas prix que chez le grainetier, mais si l'on ne prend pas des dispositions préventives contre les rats et contre l'humidité, l'on dissipe plus de grain et

l'on en gâte plus que l'on en gagne par la réduction des prix. Pour tenir cent boisseaux, la chambre doit avoir à peu près douze pieds sur huit, et si la consommation n'est pas rapide, il faut plus d'espace, afin de pouvoir retourner l'avoine tous les mois ou tous les deux mois. La pièce doit être bien aérée et naturellement il faut qu'elle se ferme à clef[1].

354. — Les écuries humides doivent s'éviter avec soin, que cela provienne de leur construction trop récente ou souterraine, ou de la mauvaise disposition des égouts ou conduites d'eau. Quelle que soit la cause de l'humidité, elle nuit à la santé du cheval, qui sera toujours exposé au rhume, à la toux, etc. Il faut donc combattre les causes du fléau, ce qui peut se faire même sous terre, au moyen d'un drai-

[1] La conservation d'une litière sous le cheval a été le sujet de grandes controverses. Quand on la laisse, le cheval est certainement porté à se coucher, ce qui le soulage après le travail et remet les membres trop fatigués. Quand le pavé n'est pas uni, la litière préserve les pieds. Les chevaux n'urinent d'ailleurs pas volontiers sur les briques nues, n'aimant probablement pas les éclaboussures aux jambes.

D'autre part, les gros mangeurs s'en prennent à leur litière, ce qui n'est pas à désirer, et puis cette litière garde l'urine et répand dans l'écurie des molécules âcres et salines. La station sur une épaisse litière fait enfler les jambes à beaucoup de chevaux et on voit souvent disparaître cet inconvénient rien qu'en faisant place nette. Outre l'enflure, cette chaleur humide produit souvent des crevasses.

On peut prendre un terme moyen en ne laissant dans le jour que peu de litière par devant; il en faut plus aux jambes de derrière pour garantir les briques des coups de pied.

En Angleterre, on se borne généralement au pavage en briques, tandis que sur le continent on emploie souvent le bois et autres pavages artificiels.

nage convenable. Si *l'on est obligé* de construire une écurie au-dessous du sol, il vaut mieux réduire les dimensions en bâtissant une muraille intérieure, établissant un courant d'air entre les deux murs, et c'est ordinairement le procédé le plus économique. Si, en effet, l'on voulait ajouter à l'extérieur de la muraille, il y aurait du terrain à acquérir ou à envahir, et encore faudrait-il autant de maçonnerie que pour la muraille intérieure, à laquelle il suffira de donner neuf pouces d'épaisseur, et en laissant trois pouces entre les deux murs, l'on ne perdra que deux pieds sur la longueur et un sur la profondeur, parce qu'il est rare que l'on ait à mettre double muraille à la tête des chevaux. Ordinairement cette partie a été mieux construite et mieux enduite que le reste ; cependant, s'il en était autrement, il faudrait se résigner à perdre encore un pied dans la profondeur[1].

[1] **LE BAIN TURC.**

A partir de 1861, beaucoup de chevaux ont été entraînés en Angleterre à l'aide du bain turc remplaçant les suées sous un faix de couvertures. Les journaux du sport, principalement *Bell's Life in London* contiennent nombre d'articles en faveur de ce nouveau procédé. Voici comment on doit disposer les écuries pour y administrer les suées :

L'on prépare deux box contiguës et, si l'on tient un peu à l'économie, il faut qu'elles soient attenantes à la sellerie pour qu'un même feu échauffe le tout. Le plan ci-dessous a été établi sur ce principe, le foyer A se trouvant dans la sellerie et la tenant chaude tout en faisant chauffer l'eau d'une chaudière.

Ce foyer est enfoncé à 18 pouces au-dessous du plancher de la sellerie de façon à permettre au commencement du tuyau d'entrer dans la salle

355. — La sellerie doit avoir des dimensions proportionnées au nombre des chevaux; mais même pour un seul cheval elle doit être disposée pour sé-

de bain avec son fond à deux pieds au-dessous du sol de cette pièce, et de passer sous la sortie finale du tuyau, quand il se retire pour entrer dans la cheminée au point F. Ce tuyau est supporté par des voûtes, sans qu'il touche la muraille, s'élevant de B en C de deux pouces par pied, de sorte que, quand il atteint le coin C son fond soit à quatre pieds du sol.

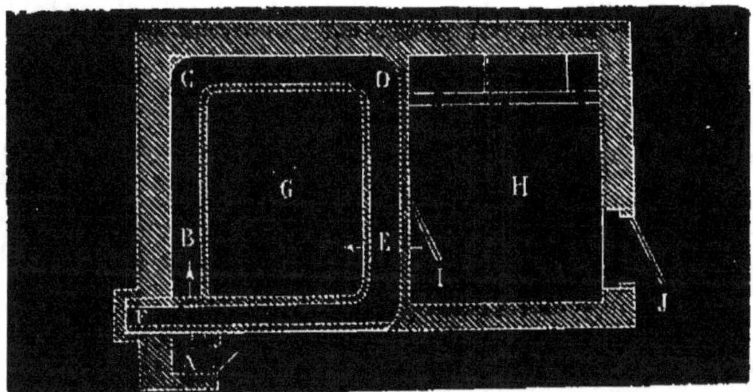

Fig. 59. — Plan horizontal du bain turc (échelle de 1 pour 48).

Il est bâti exactement comme le tuyau ordinaire d'une serre avec des registres et tous les arrangements particuliers à cet appareil. De C en D, il peut être sur des voûtes ou soutenu sur de l'ardoise fixée dans la muraille, la chaleur à cet endroit n'étant pas suffisante pour fendre cette matière. Au point D le fond est à peu près à six pieds d'élévation, et quand il arrive au point d'entrée E, il laissera assez d'espace pour que la tête du cheval ne rencontre pas en passant dessous. De ce côté il est bâti dans le mur, mais encore sur des voûtes, de façon à présenter le plus possible de surface rayonnante; il sert à échauffer l'autre box H jusqu'à la température nécessaire pour préparer le cheval à recevoir la suée. Finalement il passe le long de la partie supérieure de la quatrième muraille, où il est établi de la même façon, et opère sa sortie au-dessus de l'endroit où il est entré en F. Ici, les tuyaux sont munis de registres, de sorte que

cher la selle ou les harnais, ou pour chauffer de l'eau. Il faut des placards pour les ustensiles d'écurie avec des crochets, des chevalets ou des tasseaux

le courant d'air chaud puisse être dirigé par le tuyau B, C, D, F, ou rejeté par la cheminée F à volonté, en tout ou en partie. Les murailles doivent être abondamment garnies de ventilateurs, de manière à donner une quantité considérable d'air frais, dès qu'on en aura besoin, ou bien d'en interdire absolument l'introduction pour élever la température au degré voulu avant de faire entrer le cheval. En supplément à la porte I il faut encore une ou deux soupapes (ou volets) ouvrant et fermant à volonté dans la muraille entre les boxes G et H. A leur aide et par l'action du tuyau, cette box préparatoire peut être chauffée à 80 ou 90 Fahrenheit, de façon à produire un léger travail de la peau avant que le cheval soit introduit dans la véritable box de suée G. La box préparatoire H peut être installée comme une box libre ordinaire et on peut s'en servir de même, tant que l'on n'aura pas recours au bain; mais la box destinée à ce dernier usage ne doit point avoir de mangeoire métallique ni aucun objet de ce genre en saillie; car, quand la chaleur est poussée à 460°, le contact avec les dents ou la bouche ne serait rien moins qu'agréable. Le terrain doit être recouvert de tan, ou, s'il est difficile de s'en procurer, la sciure de bois remplira presque le but, si après chaque bain l'on rejette les portions mouillées. Un dessous en brique est trop chaud pour les pieds et peut même leur être fort nuisible si le bain est administré à une température élevée; de sorte que pour éviter tout risque, on fera bien de recourir au tan ou à la sciure de bois. Quand cet appareil est en bon état et que le feu est allumé dans le poêle A, la box H est chauffée à 80 ou 90 Fahrenheit par l'air chaud qu'elle dérobe à la box C, à travers la porte ouverte I et les soupapes dans le mur dont j'ai déjà parlé. Quand cela est ainsi préparé, on amène le cheval avec ses couvertures et on le laisse un espace de temps qui peut être évalué à 20 minutes, une demi-heure et même une heure selon l'état de sa peau et la température de la boxe. Dès qu'il y a été installé, on peut, après avoir retiré les couvertures, l'y laisser avec une poignée de foin au ratelier pour le distraire et de l'eau froide dans le réservoir jusqu'à ce que sa peau annonce évidemment de prochaines évacuations, et on a soin que le bain soit alors préparé, c'est-à-dire porté à une température de 140° au moins. Pour arriver à ce résultat, on a pu, si on l'a jugé nécessaire, fermer la porte I et les soupapes adjacentes, car une petite box une fois élevée à la température de 80 ou 90° gardera sa température tous le temps nécessaire pendant que le che-

pour les selles ou les harnais. Quelquefois, dans les petites installations, cela se met dans la chambre du groom ou dans la cuisine, et partout où l'on fait du

val s'y tiendra. Le groom doit apporter le plus grand soin à ne pas introduire l'animal dans le local du bain avant que la sueur ne se prononce sur la peau, car en venant trop tôt, une congestion peut s'opérer sur le cerveau, sans que les évacuations de la peau accordent soulagement. Quand l'animal a été introduit dans le bain C, on l'attache en lui mettant la tête dans le coin voisin de la porte d'entrée qui doit être ouverte pour renouveler l'air trop chaud. Au bout d'un quart d'heure environ, la sueur commence à couler en grande quantité, et cette évacuation doit être favorisée par des frictions à la main que l'on peut garnir de gants de crin. Quand elle coule avec profusion, on peut y porter parfois le *Scraper* (couteau de chaleur), mais deux grooms munis de gants de crin pourront la faire tomber en opérant sur la peau une pression continue, profonde et régulière, de façon à pousser hors du crin les particules aqueuses et d'ôter l'écume et toute crasse résistante qui s'y accumule. Selon la réduction que l'on doit faire dans les dépôts graisseux et d'après l'action de la peau, on réglera la durée de l'opération, mais généralement ce sera fait en une demi-heure. Je sais toutefois que l'on a fait suer des chevaux pendant une heure entière sans inconvénient apparent et qu'ils ont repris ensuite leurs exercices avec autant d'animation que jamais. L'on prétend même que l'effet ordinaire est d'augmenter la vivacité et l'ardeur des chevaux que l'on soumet au bain de vapeur. Pendant que le bain fait son effet, la pièce préparatoire devrait avoir les portes et fenêtres bien ouvertes, et on doit la laisser dans cet état quand le cheval y retourne, beaucoup de grooms mettant de l'importance à avoir un fort courant d'air pendant que le cheval sèche. Il y a de grandes variantes dans les procédés suivis dans les écuries où l'on a introduit cette nouvelle méthode de faire suer. Quelques grooms lavent le corps graduellement à l'eau froide; d'autres jettent l'eau sur tout le corps au moment de la sortie du bain; une troisième catégorie se contente d'établir sur la peau un courant d'air froid. Le temps décidera entre ces méthodes; jusqu'à présent, je tiens d'excellente autorité que chacune a été employée avec avantage. Le fait est que quand la peau sue franchement sous l'impulsion de la chaleur, et avant que l'action des divers vaisseaux ne commence à se ralentir, l'on peut avoir recours au froid sous toutes les formes, pourvu que le pouls ne descende pas au-dessous de sa cadence régulière. Il y a encore des grooms qui, après avoir appliqué l'eau froide, rentrent le cheval

feu l'on a de bonnes chances de conservation ; mais il est préjudiciable de les mettre dans l'écurie elle-même, où les doublures ne sèchent point et où le métal se rouille. Dans les grandes selleries, où l'on

au bain pour quelques minutes, l'air s'y trouvant réduit à environ 100° Fahrenheit, et en le sortant le mènent en box ou en stalle, où ils le pansent jusqu'à ce qu'il soit bien sec, puis l'habillent et lui donnent à manger.

Comme on peut bien s'y attendre, les idées sur le régime de l'écurie sont fort agitées par cette innovation. D'un côté, les amis du bain *quand même* prétendent qu'avec de l'exercice au pas et sans un seul galop, un cheval peut être mis en condition parfaite pour l'hippodrome ou la chasse à courre. Un gentleman, sur la parole duquel on peut compter, m'a dit avoir monté toute une écurie de chevaux ainsi préparés, toujours au premier rang des chasseurs de renard dans les pays difficiles, et n'avoir jamais été si bien porté à la queue des chiens. Pas un de ces hunters ne fut exercé au galop, excepté par le propriétaire lui-même, et jusqu'à l'hiver de 60 à 61, aucun d'entre eux n'avait été mené plus vite que le pas, sur déclaration de son groom digne de confiance. D'un autre côté, les adversaires du bain tiennent pour avéré qu'il ne fait que retirer de la graisse et des fluides, qu'il faut travailler autant le cheval aux grandes allures et que cette déperdition additionnelle de sueur épuise beaucoup la bête et nuit à la *condition.* Mon opinion personnelle est que la vérité est entre ces deux extrêmes. Mon idée est qu'un cheval peut être rendu léger et dispos au moyen du seul bain et de l'exercice du pas, mais que ses muscles ne peuvent durcir ni grossir comme ils le font après le travail aux grandes allures. Bien que cela paraisse incroyable, j'ai appris des autorités les plus reconnues qu'un cheval que l'on fait suer deux fois et même trois fois par semaine fera autant de travail et avec autant de vitesse que si on ne l'eût pas fait suer artificiellement. Si le bain de vapeur l'a débarrassé de la graisse et des humeurs superflues, il ne suera pas dans ses galops, et s'il reste de ces matières, le cheval s'en débarrassera sans souffrance. En vérité, après tout, il n'y a pas beaucoup de différence en principe entre le nouveau procédé et l'ancienne méthode de suées à l'écurie sans exercice, et cette dernière a toujours été reconnue très-utile quand les membres et les pieds n'étaient pas en bon état. On sait que l'ancien plan consistait à charger le cheval de couvertures et de le promener au petit trot, puis on le ramenait en box, on redoublait les couvertures jusqu'à ce que la sueur devînt abondante, et de la sorte il était dispensé de galoper. Stonehenge, *The Horse etc.*, 269.

a un soin convenable des attirails, on les garantit après le nettoyage au moyen d'un rideau ou d'une porte à coulisses. Dans la plupart de ces selleries l'on fait du feu tout l'hiver pour sécher les selles et harnais et chauffer l'eau pour l'usage de l'écurie ; mais si on peut construire derrière la cuisine, on a rarement besoin d'allumer du feu, excepté les jours de grande pluie ; on aura ordinairement assez de chaleur et d'eau chaude à économiser sur la cuisine. Il faut toujours que la sellerie soit bien éclairée, et si on peut l'éviter, elle ne doit pas avoir avec l'écurie de communication directe.

356. — La cour de l'écurie doit être assez spacieuse pour y laver une voiture et *a fortiori* un cheval. On se trouve bien d'en faire couvrir une partie tout en laissant les côtés ouverts, de façon à pouvoir laver un cheval à l'abri de la pluie, sans faire de gâchis dans sa stalle. Quand on a assez de chevaux pour pouvoir avoir ses écuries en carré, un hangar autour de la cour, comme on le voit à la page 339, tome Ier, devient de la plus grande utilité, parce qu'en été on peut promener au frais les chevaux couverts de sueur, jusqu'à ce qu'ils soient secs, et en hiver on leur donne un peu d'exercice sans les exposer ; pour les lavages il suffira d'un coin de ce hangar.

357. — Les accessoires d'écurie les plus indispensables sont les balais en baleine, les fourches, les

brosses de tout genre, les étrilles, les peignes, les bandes en flanelle et en cuir, les époussettes (*rubbers*), les éponges, les cure-pieds et les ciseaux. Pour les chevaux d'attelage et pour les voitures, des brosses pour les rayons, des fauberts, des chevalets, des brosses pour les harnais et pour la doublure de la voiture.

358. — Le logement du groom ou cocher se trouve ordinairement au-dessus ou à côté de l'écurie, et dans tous les cas il doit être assez près pour entendre tout bruit extraordinaire, car il arrive de perdre un cheval enchevêtré ou atteint de la colique, tandis qu'un peu d'aide l'aurait sauvé.

359. — **Cochers et grooms.** — Les différences de grade et d'emploi parmi les gens qui soignent les chevaux sont fort nombreuses, même en dehors de ceux qui s'occupent des chevaux de course et des hunters de première classe. On peut cependant les diviser en cochers, grooms et aides-palefreniers (*helpers*). Les deux premiers prennent soin des chevaux de carrosse, de selle ou de gig, tandis que le dernier ne fait que boucler des courroies, sous la surveillance de l'un ou l'autre des deux premiers. Il y a des hommes de cette classe très-intelligents, honnêtes et humains, mais il y en a malheureusement beaucoup qui sont prêts à voler leurs maîtres et se soucient peu des conséquences de leurs négli-

gences et de leurs fraudes, pourvu qu'ils puissent boire et se livrer à la débauche. Souvent cela provient de l'ignorance ou de l'apathie du maître, car s'il ne sait pas ce qu'il faut à ses chevaux, ou ne s'occupe pas de leur bien-être, il ne peut guère espérer que le domestique soit plus zélé que lui-même pour ses intérêts. Bien des serviteurs seraient honnêtes, s'ils pensaient que leurs fraudes seraient découvertes ou s'ils espéraient que leurs bons soins leur vaudraient l'approbation du maître; mais quand le domestique découvre que, soit qu'il mette ses chevaux en bon état ou bien qu'il ne leur donne que la moitié de leur avoine, on a tout juste de lui la même opinion, ce serait trop présumer de la nature humaine que de le supposer insensible à cette façon d'agir. Tous les maîtres devraient être au courant de tous les secrets honnêtes de l'écurie et en état de s'apercevoir si l'on fait tort à leurs chevaux. Qu'ils fassent des reproches en pareil cas, mais qu'ils donnent des éloges à leurs gens quand tout va bien. Encouragez les bons et honnêtes serviteurs et expulsez les mauvais le plus tôt possible.

360. — Le cocher d'un gentleman doit être un bon groom aussi bien qu'un bon conducteur ; mais dans beaucoup de familles on lui donne un aide pour la grosse besogne, tel que mettre le harnais et le nettoyer. Bien des hommes, cependant, contractent

l'engagement de prendre soin d'une voiture et de deux chevaux et de faire tout l'ouvrage; mais pour le bien faire et pouvoir aussi conduire, un homme doit être dans la fleur de l'âge, ou bien l'on peut être sûr qu'il ne pansera pas bien ses chevaux. Quand on considère que chaque cheval *qui a été dehors* demande deux heures de pansage, que la voiture et les harnais en emploieront deux ou trois de plus, l'on verra qu'il ne reste pas grand loisir en comptant le temps consacré à mener la voiture, à s'habiller et se nettoyer. Il faut remarquer que tout ce temps est employé à un travail rude qui fait venir la sueur, et que peu de gens peuvent ainsi travailler plus de sept à huit heures par jour, bien qu'il y en ait qui prétendent y mettre douze ou quatorze heures. L'art de mener est la plus importante des qualités du cocher, puisque la sûreté des maîtres et maîtresses en dépend, et cela passe encore évidemment avant la santé des chevaux. Il faut donc, dans l'intérêt des chefs de maison, que le cocher mène bien et reste sobre, pour son propre intérêt, et pour le bon état des chevaux ; il doit être habile aux soins d'écurie, honnête et industrieux. Il doit connaître le traitement des petites indispositions du cheval, être en état d'administrer une boule, de préparer et d'administrer les barbotages, d'empêcher les jambes d'enfler, de panser les blessures légères et de se livrer à tous les soins que demande un cheval malade. La politesse est pour lui une vertu nécessaire, dont l'absence d'ailleurs se reconnaît et se punit facilement.

361. — Le groom est l'homme qui se charge de soigner et de monter, pour la promenade, les chevaux de selle et d'attelage, que le maître conduit lui-même et qu'il n'est appelé à mener que quand on le lui prescrit ou pour les amener devant la porte. Il doit être aussi bien en état de soigner les chevaux que le cocher, mais il n'est pas indispensable qu'il soit passé maître dans l'art de mener, bien qu'il doive savoir tenir les guides, puisqu'il a souvent à conduire en l'absence de son maître. Sous tous les autres rapports, il doit avoir les mêmes qualités que le cocher. Deux chevaux et un gig ou trois chevaux sans voiture fournissent ses occupations ordinaires, d'autant plus qu'il a généralement à sortir avec son maître pendant une partie du temps.

362. — Le garçon d'écurie (*helper*) est ordinairement un bon travailleur ou un garçon de dix-huit ans, sachant bien garnir un cheval et faire le gros ouvrage de l'écurie, mais incapable de diriger, et d'extérieur trop rustique pour qu'on lui donne une livrée. Cette circonstance fait que beaucoup de garçons ne s'élèvent jamais au-dessus de leur position où ils sont fort utiles; mais leur démarche est si dé-

cousue qu'ils feraient tort à une jolie livrée, et s'assiéraient à côté de leur maître avec la mine de lourdaud qu'ils tiennent de la nature. Néanmoins, s'ils sont honnêtes, polis et industrieux, ils deviennent très-précieux dans une grande écurie, et souvent y font tout l'ouvrage un peu pénible. Souvent ils soignent convenablement quatre chevaux, et chez les loueurs de chevaux et voitures un nombre double ; mais, dans ce dernier cas, les chevaux ne peuvent pas être pansés avec le soin qu'exigent les particuliers.

363. — Les gamins d'écurie doivent se former quelque part, parce que c'est un métier qui ne s'apprend guère plus tard ; mais je m'étonne que ceux qui peuvent faire autrement viennent jamais à les employer en raison de leur négligence et des mauvais tours qu'ils jouent aux chevaux. Avec un cocher régulier et sévère on peut en tirer bon parti ; mais il ne faut guère se fier à leur commander rien d'important à faire hors de sa présence. Il commencera par leur enseigner d'exemple tout ce qu'il y a à faire, et, s'ils ont de la facilité, ils ne tarderont pas à remplir utilement tous les devoirs d'écurie.

364. — **Le Pansage (grooming).** — Nous entendons par *grooming* l'arrangement manuel du cheval et l'art de préparer sa litière, et nous divisons ces soins en trois catégories : la première comprend le

pansage proprement dit; la seconde, la nourriture, et la troisième l'exercice. Le pansage commence de bonne heure le matin, mais l'heure dépend beaucoup de celle de la fermeture de l'écurie la nuit précédente ; car si l'on garde dehors une paire de chevaux jusqu'à minuit, il ne faut pas les déranger le lendemain avant sept ou huit heures. Dans le cours ordinaire des choses chez les particuliers, on commence la besogne à six heures en été et à sept en hiver. La première chose à faire est de donner au cheval quelques gorgées d'eau et de lui donner à manger ; le groom, pendant ce temps-là, retourne la litière, enlève toute celle qui est mouillée, ainsi que le crottin tombé pendant la nuit. Dès que le cheval a mangé, on le panse ou on le sort pour le promener ; en revenant, on lui donne à boire à discrétion et on le panse à fond. Pour les détails de cette opération, qui devrait être la même dans toutes les écuries, mais qui souvent se fait très-incomplétement, voyez page 216, tome Ier. Après le pansage, le cheval reste ordinairement tranquille jusqu'à dix ou onze heures, moment où il faut donner un peu d'eau et un repas d'avoine. A six ou sept heures on le bouchonne, on retourne la litière, on lui met une couverture de nuit par-dessus celle de jour, qu'il faut préserver de la malpropreté, ou même on retire tout à fait celle de jour et on ferme l'écurie pour la nuit, après avoir donné la dernière ration d'avoine avec du foin qui doit se mettre au ratelier ordinairement entre sept ou huit heures. Voilà les occupations ordinaires de la journée, sans compter celles qui résultent de l'emploi du cheval qui se couvre de sueur ou de boue et quelquefois des deux ; la selle ou les harnais deviennent aussi malpropres.

365. — Le pansage après le travail se fait de la façon suivante, mais il faut beaucoup tenir compte de la nature du travail et de l'état des routes. Dans tous les cas, il faut laver les jambes et les pieds au moyen d'une brosse et d'un seau d'eau tiède. L'on se met du côté du montoir et l'on opère sur les deux jambes sans changer de côté. Si le temps est très-chaud, l'on peut promener le cheval de long en large jusqu'à ce qu'il soit frais, ou s'il est couvert de boue, l'on peut laver rapidement à l'eau chaude le ventre, les flancs, la queue et les membres. Bien des grooms se servent du balai pour ce nettoyage ; mais il n'y a aucun inconvénient à laver un cheval en cet état, puisque le corps est déjà mouillé par la boue, et puis l'on peut faire l'opération plus à fond et en moins de temps, parce que le cheval ne s'irrite pas comme au contact du balai. Dès que le lavage est terminé, l'on met la couverture et l'on pose des bandes de flanelle autour des membres. On rentre l'animal à l'écurie et on lui donne l'avoine. Pendant qu'il la mange, on

soulève la couverture par un bord, on essuie le dessous du ventre, l'intérieur des membres et la queue. A la fin de cette opération, il aura mangé sa ration, et l'on pourra le panser en le retournant dans sa stalle, en commençant par la tête, mais laissant toujours les bandes sur les jambes. Enfin, on les retire l'une après l'autre et l'on sèche et frotte bien chaque jambe, puis on habille complétement l'animal et on le laisse, comme à l'ordinaire, dans sa stalle [1].

Nourriture à l'écurie et au dehors. — 366. — La nourriture du cheval, dans la Grande-Bretagne, consiste, dans presque tous les cas, en foin ou en fourrage vert pour le fond, en y ajoutant une ou plusieurs des denrées suivantes : l'avoine, le son, les fèves, les carottes, les navets ou les pommes de terre. Dans ce pays, l'on ne donne d'orge qu'aux chevaux de labour, bien qu'à l'étranger on substitue souvent ce grain à l'avoine. Comme fourrage vert, on donne généralement l'herbe ordinaire, les vesces, la luzerne et le seigle ordinaire ou celui d'Italie. Il faut distinguer le vert à l'écurie du vert en liberté.

367. — Le foin que l'on donne aux chevaux employés aux grandes allures, soit sur la grande route,

[1] Pour le pansage, outre le plus grand ménagement dans l'usage de l'étrille pour ne pas écorcher l'animal, il faut observer si la brosse ou le bouchon ne le chatouillent pas, et changer le mode de friction quand on remarque de l'irritation nerveuse.

soit à la chasse, devrait, dans tous les cas, être du foin de prairies élevées. Celui des plaines ou le trèfle ne conviennent qu'aux chevaux de charrette qui demandent une matière grasse, qui ne suent jamais beaucoup et dont l'haleine n'est pas mise à l'épreuve. *Le foin vert* n'est pas bon ; il contient moins de substances alimentaires que celui qui a bien fermenté et qui a, par suite, une couleur brune. La couleur verte ne prouve pas, comme on le suppose généralement, que le foin soit nouveau ; mais il n'est pas aussi sain que le foin brun, tant que celui-ci n'est pas moisi ou brûlé par excès de chaleur. Le foin doit se choisir dans l'intérieur d'une grande meule ; il doit avoir au moins un an, être très-doux et très-odorant. Il est préférable de le lier en bottes, qui, dans la plupart des comtés, ont un poids de 56 livres, de sorte que l'on peut facilement évaluer une charge de voiture en les comptant. L'on ne devrait jamais emmagasiner à la fois plus que la consommation de deux ou trois mois, parce que cette denrée est sujette à prendre un goût de rance et de moisi qui la fera refuser par les chevaux, ou bien leur fera mal s'ils consentent à en manger. Un cheval de bonne taille, travaillant beaucoup, mais modérément vite, consommera à peu près 84 livres par semaine, et jusqu'aux 98 livres que quelques grands animaux lymphatiques demandent absolument pour conserver leur santé. Les chevaux diffèrent beaucoup entre eux relativement à la quantité de foin nécessaire pour les maintenir en bon état. Il y en a qui mangeront près de deux fois autant de cette denrée sans être moitié aussi forts, aussi charnus et aussi en santé. Bien qu'il soit indispensable dans les écuries de cavalerie et autres grands établissements d'avoir une ration fixe pour chaque cheval, parce qu'autrement il n'y aurait aucune garantie contre la fraude et le gaspillage, on est loin de croire que l'on peut rationner de la sorte sans qu'il y ait des animaux qui en souffrent. J'ai eu souvent dans mon écurie deux chevaux de taille moyenne, qui, à eux deux, ne consommaient pas plus qu'un grand cheval qui n'était pas en meilleur état. L'on peut néanmoins fixer la moyenne à 12 livres pour les chevaux de bonne taille; mais personne ne doit s'imaginer d'avance que cette somme suffira pour un cheval en particulier; car il peut bien se trouver du nombre de ces gros mangeurs auxquels il faudra au moins 100 livres par semaine, surtout si le ratelier est haut et si le groom n'a pas soin de remettre le foin qui s'échappe. Dans tous les rateliers, il faut poser légèrement le foin et non pas le presser au fond, car il est certain que, dans ce dernier cas, le cheval tirera plus d'une bouchée à la fois, et si son attention est attirée vers le bas de la stalle, en tournant la tête, il arrachera un énorme paquet, même si le ratelier est aussi bas qu'il devrait l'être.

368. — Le chaff est du foin haché avec de la paille dans une machine, qui peut être, comme autrefois, une boîte où l'on fait agir un couteau à la main ou bien l'une des machines que les fabricants vendent aujourd'hui pour êtres mues à la main, par un cheval ou à la vapeur. Le foin que l'on fait hacher consiste principalement dans les portions les plus grossières de la provision, que l'on serait sans cela disposé à rejeter. On y met jusqu'aux liens qui ont ficelé les bottes. On le met dans l'auget de la machine avec des couches alternatives de paille, de façon à former un composé de parties à peu près égales de paille et de foin hachés à une longueur d'environ un pouce. Bien des chevaux ne reçoivent que ce fourrage avec leur avoine ; mais je ne regarde pas ce système comme bon, et je crois que le véritable emploi du chaff est de faire mélange avec l'avoine pour décider le cheval à la bien mâcher. Si on en donne davantage, le cheval a plus de peine à mâcher ce fourrage que le foin véritable, et par suite la digestion ne s'opère pas aussi bien. Quand les chevaux sont soumis à un travail rude et ne mangent guère que des fèves, comme certains chevaux de voiture, et quand on a en vue de les faire manger promptement pour avoir plus de temps pour se coucher, le chaff vaut,

je crois, mieux que le foin; mais dans les écuries ordinaires des particuliers je ne saurais en recommander l'usage, après avoir fort expérimenté les deux systèmes.

369. — L'avoine et les fèves, réunies ou séparées, servent à engraisser les chevaux, et presque tous ceux qui feront un travail rude pendant l'hiver se trouveront bien de manger des deux, surtout s'ils ne sont pas très-jeunes. Dans les écuries particulières l'on donne souvent l'avoine aux chevaux, et c'est le meilleur accessoire que l'on puisse donner au foin; mais quelquefois, peu de temps après que le cheval a pris son poil d'hiver, il devient très-abattu et ne peut plus suffire à son travail ordinaire, surtout s'il a été très-exposé au froid ou à l'humidité. Dans ce cas, une addition d'un demi-quarteron à un quarteron de fèves par jour à la ration d'avoine renouvellera sa force et son ardeur et le remettra en chair. Pour les jeunes chevaux l'on peut discontinuer ce supplément en janvier, mais pour les vieux l'on peut continuer jusqu'en mai; plus tard, peu de chevaux se trouvent bien de l'effet extra-stimulant des fèves. Il faut toujours les briser, et l'avoine gagne à être écrasée ou concassée, comme l'on dit; il y a pour ces opérations un moulin qui fonctionne alternativement pour chacune de ces denrées par un changement de vis. L'avoine et les fèves devraient être récoltées depuis

un an ou au moins depuis six mois, époque où elles seront sèches, si la récolte s'est faite par un temps favorable. L'on suppose généralement que toute bonne avoine doit peser au moins trente-neuf livres le boisseau impérial, mais c'est une méprise ; car la qualité *relativement au prix* ne dépend pas toujours du poids. Tout cheval a besoin d'une certaine quantité de la farine contenue dans l'avoine, et tant qu'il aura cette quantité, peu importe s'il y a un peu plus de cosse. Il s'ensuit que, *comme en proportion* les avoines légères sont toujours meilleur marché que les lourdes, l'on aura souvent plus d'avantage à donner au cheval pour une livre sterling d'avoines légères que la quantité d'avoine lourde que l'on se procurerait au même prix. Dans un travail ordinaire sur la route, où l'on donne rarement aux chevaux autant d'avoine qu'ils en voudraient manger, j'ai fait une douzaine de fois cette expérience, et j'ai trouvé qu'une livre sterling dépensée en avoine inférieure, pourvu qu'elle fût fraîche, allait plus loin que la même somme consacrée à l'acquisition d'avoine de première qualité. Avec les chevaux de course et les hunters de première classe, le cas est très-différent. Chez ces animaux on ne mesure l'avoine qu'à leur appétit, et comme presque tous les chevaux peuvent en consommer le même volume, qu'elle soit lourde ou légère, on les nourrit mieux avec de bonne lourde avoine de la vieille Angleterre, quel que soit le prix de mercuriale. Mais les hacks et les carrossiers ont rarement par jour plus de trois ou quatre quarts d'avoine anglaise, et si telle est leur ration, on aurait avantage à donner, au lieu de ces avoines lourdes, un quart de plus d'avoine irlandaise ou du pays de Galles. La différence est encore plus considérable entre un demi-peck d'anglaise et trois quarts d'irlandaise, parce que presque tous les chevaux aiment à se remplir un peu l'estomac avec leur avoine, ce qu'un demi-quart par repas ne fera qu'imparfaitement. Maintenant, quand les avoines anglaises sont à trois shellings six pence le bushel (boisseau), les avoines irlandaises sont ordinairement à deux shellings ; l'on peut donc donner trois quarts d'irlandaise au prix de deux d'anglaise, ce qui concorde avec mes premières évaluations. En achetant des avoines irlandaises, il faut avoir soin de les choisir exemptes de pierres, ou, en les examinant au tamis, exiger qu'on enlève les pierres avant de livrer le grain. C'est le plus grand défaut de cette denrée et quelquefois il existe à un degré fâcheux. Il y a des fèves de toute qualité, depuis les meilleures anglaises jusqu'aux égyptiennes ; mais en règle générale, pour les écuries particulières, je crois que les anglaises sont préférables. On les emploie plutôt à cause de leurs qualités stomachiques que comme une nourriture régulière, et pour cet objet il faut surtout s'attacher à la qualité. Dans les écuries de chevaux de charrette, ou pour les carrossiers ou chevaux de trait légers, on peut employer les fèves étrangères; mais dans mes écuries je n'ai jamais eu à m'en louer[1]. Si l'on achète les avoines irlandaises à ceux qui les importent à Liverpool, Londres ou Gloucester, on peut obtenir une immense réduction de prix, et il est facile de les envoyer ensuite par les chemins de fer à un ou deux pence par boisseau. Le *gruau* pour barbotage se fait par le mélange de la farine d'avoine avec de l'eau froide, et une pinte de farine fera trois quarts de barbotage. Cela suffit dans les occasions ordinaires; mais pour un cheval très-fatigué, l'on devrait mélanger deux pintes de farine au lieu d'une à la même quantité d'eau, et faire bouillir ce mélange pendant dix minutes en le remuant avec soin en tournant. On doit le donner quand il est presque entièrement froid.

370. — Le son est l'enveloppe de la farine que l'on retire après la mouture. Dans les écuries particulières l'on ne s'en sert que pour des barbotages

[1] Les entrepreneurs de transport ont généralement le tort de réduire au strict nécessaire le nombre de leurs chevaux. Ils ne font pas d'économie sur les fourrages, parce qu'ils sont obligés de pousser leurs animaux de nourriture. En donnant à six chevaux la même quantité d'avoine qu'à cinq bêtes surchargées de travail, chaque animal pourra avoir un jour de repos sur trois et durera infiniment plus longtemps. C'est l'excitation quotidienne sans interruption qui les use principalement.

et des cataplasmes, bien que quelquefois on en donne à l'instar des écuries de chevaux de gros trait, en ration régulière, mélangé avec des fèves. Avec cette addition il réussit assez bien pour l'animal qui travaille aux allures lentes, mais jamais il ne vaut l'avoine, et son bas prix est le seul motif de son usage.

Le barbotage au son est une des nourritures les plus utiles aux chevaux malades ou à ceux que l'on veut préparer à une médecine ou pour rafraîchir ceux que l'on a le projet de mettre au vert en liberté. On le prépare froid ou chaud, le premier en mêlant le son à la quantité d'eau froide qu'il est susceptible d'absorber. Le chaud s'obtient en saturant le son d'eau bouillante, puis on le recouvre jusqu'à ce qu'il soit assez refroidi pour être donné au cheval. Comme le son gonfle considérablement, un tiers de seau de son suffit pour faire un demi-seau de barbotage, qui est la quantité à donner. Presque tous les chevaux qui ont une nourriture dure et sèche se trouvent bien de prendre un de ces barbotages par semaine, et cela le soir qui précède le jour de repos que l'on devrait donner à tous. On peut le substituer au repas d'avoine du soir; mais quand on fait barboter plus souvent un cheval constipé, cela doit être en supplément des rations d'avoine.

371. — Les carottes, les navets et les pommes de

terre font du bien aux chevaux qui travaillent aux allures lentes et qu'on veut remettre en chair; mais ces légumes ne sont pas bons pour ceux qui sont menés aux grandes allures ni pour ceux qui sont sujets à se dévoyer. Des trois, le premier est celui qui convient le mieux, et quand on veut vendre un animal et le rendre très-frais, comme disent les marchands, quelques carottes bouillies avec de la graine de lin rempliront le but mieux que toute autre chose, surtout au printemps, quand on ne peut se procurer des vesces. Ce genre d'aliment convient aussi pour la toux chronique et quelquefois effectue une cure; mais il ne faut pas le donner quand le cheval travaille, parce que cela pousse à la transpiration et fait perdre à l'animal autant qu'il a gagné. Les navets de Suède ou les pommes de terre remplacent les carottes, mais ne réussissent pas aussi bien. Il faut les cuire à la vapeur plutôt que de les bouillir, et, si on a recours à ce dernier moyen, il faut jeter toute l'eau, qui est malsaine pour les chevaux.

372. — L'orge se donne quelquefois aux chevaux qui vont aux allures lentes, crue, bouillie ou brassée. L'on mêle aussi ses grains avec du chaff, et cela réussit bien aux chevaux de charrette. Je ne vois aucun avantage à se servir de ce régime dans les écuries particulières, excepté quelquefois par écono-

mie quand l'orge est à bas prix relativement à l'avoine et aux fèves; et encore suis-je porté à croire qu'à la longue, en raison des prédispositions aux maladies que communique ce régime, on le trouverait moins profitable que l'avoine ordinaire.

373. — Le maïs, ou blé de Turquie, a été très-peu expérimenté dans ce pays; mais en Amérique on trouve qu'il convient à toute espèce de chevaux. Il convient si bien aux chiens, à la volaille et aux bestiaux, que je pense qu'on devrait l'essayer pour les chevaux quand on en a vue l'économie.

374. — La graine de lin est un bon supplément de nourriture à donner au cheval, mais en petite quantité et pour peu de temps. Employée de la sorte, elle rend la peau douce et unie et guérit souvent, comme nous l'avons dit, une toux chronique invétérée. La quantité à administrer est une demi-pinte ayant bouilli lentement pendant quelques heures et mêlée avec du son ou des carottes, ou quelquefois avec la quantité habituelle d'avoine.

375. — La répartition des rations entre les repas se fait ainsi qu'il suit: On donne les deux tiers du foin le soir, un tiers le matin et chaque fois un repas d'avoine à onze heures du matin ou midi, et à trois ou quatre heures du soir un repas d'avoine; dans tous les cas, celle-ci se répartit en portions égales pour ces quatre repas.

376. — Le vert à l'écurie est un régime déjà décrit, pour les hunters, à la page 215, tome Ier, à laquelle le lecteur est prié de se reporter.

377. — Le vert en liberté est utile quand la santé du cheval a été altérée par le travail excessif longtemps continué et par la nourriture sèche, ou bien quand les jambes sont endolories ou les pieds enflammés. Afin de remettre de la fatigue, l'été est la meilleure saison pour mettre le cheval dans une prairie, parce que les herbes sont plus douces et plus nourrissantes, et le tempérament de l'animal n'est pas mis à l'épreuve par le froid et l'humidité. Il faut choisir une prairie où il y ait abondance de bonne herbe fraîche, et il faut préparer graduellement le cheval à ce changement de régime, à moins que l'on ne soit au cœur de l'été. Cela se fait en lui retirant ses couvertures à l'écurie, laissant la crasse s'accumuler sur sa peau et réduisant la température de sa box. En été, il sera prudent de lui mettre aux pieds de devant une demi-ferrure (*tips*); mais en hiver, quand la terre est souvent molle, on en a rarement besoin. Si ce sont les jambes et les pieds qui souffrent, un séjour dans la prairie pendant l'hiver vaudra mieux que pendant l'été, parce que l'on a en vue non-seulement d'éviter les chocs du pied contre la terre dure, mais aussi de rafraîchir tout le système par un régime pauvre et débilitant. L'herbe

d'hiver sera donc plus propre à cet effet que la grosse nourriture que l'on trouve dans les prairies pendant l'été et l'automne. En lâchant le cheval boiteux en décembre et le reprenant en mai, l'on peut espérer une grande amélioration dans l'état de ses membres. L'on ne peut espérer avant le mois de mai de trouver l'animal assez en chair et avec une robe présentable. Été ou hiver, le cheval habitué à l'écurie devrait, dans le pré, avoir une cabane pour se réfugier contre les mouches pendant les chaleurs et contre le vent et la neige dans les froides nuits d'hiver. Si on veut le conserver un peu en chair pendant l'hiver, il faut lui donner de l'avoine et du foin, et toujours lui accorder ce supplément si on veut le faire travailler au commencement du printemps; mais pour une grande claudication, il n'y a rien de tel que deux mois de famine comparative, et l'herbe d'hiver produit bien cet effet sur le cheval habitué au régime de l'écurie.

378. — *La cour d'une ferme* offre un autre moyen de remettre les membres du cheval surmené, et il faut l'y mettre pendant l'hiver, avec un abri pour se réfugier, et le laisser marcher dans la cour couverte de fumier et de litière. L'on donne du foin, mais tout juste ce qu'il faut pour maintenir l'estomac en bon ordre, et ordinairement le fond de la nourriture se compose de paille d'orge, quelquefois on donne

un peu de mélange haché (paille et foin), dans certaines circonstances, un ou deux repas d'avoine par jour. Quand on ne peut se procurer un pâturage d'hiver convenable, la cour à fumier est très-bonne pour les jambes et les pieds enflammés, et en raison de son peu d'étendue, qui empêche le cheval de galoper, elle est même préférable à un pré. L'on se passe de toute espèce de ferrure, et quand les pinces ont été parées, comme dans certaines maladies de la corne, ou que le cheval est dessolé après une maladie inflammatoire du pied, la cour d'une ferme offre les meilleures chances pour faire recroître la corne, surtout si on est en mesure d'y faire régulièrement appliquer de la poix.

L'eau. — 379. — *L'eau douce* est, dans tous les cas, meilleure pour le cheval que l'eau dure, ce qui fait mener à l'abreuvoir dans un ruisseau ou dans une mare, plutôt que de faire boire à l'écurie dans un seau qui se remplit ordinairement d'eau de puits. Si donc l'eau douce est à portée, il faut la donner au cheval; mais je ne crois pas qu'avec nos écuries chaudes de l'époque actuelle, il soit prudent de laisser le cheval aller en toute saison boire à la mare ou au ruisseau. Les chevaux de charrette peuvent le faire impunément, parce que leur travail n'est guère de nature à les échauffer beaucoup, et puisque leurs écuries sont comparativement fraîches. En faisant bouillir l'eau, on la débarrasse d'une grande partie de la chaux, et quand il y a beaucoup de cette matière, il faut prendre la précaution de ne donner que de l'eau qui ait bouilli. La *température* de l'eau, au moment où on la donne, doit être celle de l'écurie ou à bien peu de degrés au-dessous. Ainsi, dans une écurie chaude, il faut élever la température de l'eau au moins jusqu'à 70 degrés Fahrenheit, en mêlant un peu d'eau chaude ou en laissant le seau rempli constamment dans l'écurie, et ne le mettant en usage que quand l'eau a bien pris la température régnante. Si l'on donne de l'eau froide à un cheval habitué à la recevoir tempérée dans une écurie chaude, ausssitôt le poil se pique, et souvent l'on voit venir des coliques ou des frissons précurseurs du rhumatisme; l'on doit surtout s'y attendre quand le cheval a pris un exercice violent *et est en train de se rafraichir graduellement;* il y a infiniment moins de danger à donner de l'eau froide à l'animal ruisselant de sueur, que quand il est en train de se refroidir. Si l'on a l'habitude de dégourdir l'eau, il faut toujours prendre ce soin quand le cheval est en route, car l'animal habitué à l'eau dégourdie a bien plus de chances d'attraper du mal en buvant de l'eau froide, que celui qui avec ses repas est habitué à boire à une température basse.

380. — *La quantité d'eau* nécessaire à chaque

cheval varie beaucoup, selon sa tendance à se dévoyer, selon la quantité de sueur qu'il perd en travaillant et selon la nature de ce travail. Dans les écuries particulières, la moyenne est de un et demi à deux seaux par jour, suivant la taille de l'animal et l'exercice qu'il prend. En laissant de l'eau en permanence dans la stalle, peu d'animaux en santé boivent plus de deux seaux par jour. Généralement l'on donne la moitié d'un seau le matin, une autre moitié dans l'après-midi et une troisième tout à fait à la fin de la soirée. Même dans les jours les plus chauds, l'on ne devrait pas donner plus d'une couple de *quarts* sur la route au cheval qui voyage, mais on peut avec avantage répéter la dose tous les cinq ou six milles, avec ou sans un peu de farine d'avoine, quand la chaleur est intense. Il est rarement bon de donner la totalité de la ration d'eau immédiatement avant ou après la ration d'avoine; le meilleur est de laisser le cheval boire deux *quarts*, et une demi-heure après le repas, de lui donner le reste. Mais si l'avoine ne doit pas se donner avant une demi-heure, l'eau peut sans inconvénient être bue toute à la fois.

Les couvertures et les bandes. — 381. — Les couvertures dans les écuries d'un particulier peuvent être faites en une serge forte fabriquée à cet effet et coupée et cousue en pièces diverses, comme pièces de croupe, capuchon, poitrail et pièce de dos, ou bien la couverture peut être tout d'une pièce, grande et chaude, et si on veut qu'elle dure, bordée d'un galon. Dans tous les cas il faut un surfaix avec double courroie, et même avec la simple couverture il faudrait coudre une pièce pour couvrir la poitrine. Dans beaucoup d'écuries l'on met, pendant le jour, un habillement complet de la meilleure serge, et la nuit une couverture chaude et même deux pour maintenir la belle couverture propre et n'avoir pas continuellement à la laver. Un palefrenier soigneux veillera à ce que ces objets dispendieux soient raccommodés dès qu'ils paraîtront en avoir besoin, car c'est là qu'on reconnaît la vérité du vieil adage : un point fait à propos en épargne neuf. Il y a des personnes qui pendant l'été mettent des couvertures légères en toile écrue avec un galon, mais j'ai si souvent vu mes chevaux s'enrhumer sous ce costume que je n'essaierai plus d'en faire usage. Les chevaux se passent très-bien de couverture ; mais si on leur met de la toile de lin, le froid les saisit, la toux survient et le poil se pique; c'est du moins ce que l'expérience m'a enseigné. Si le temps est très-chaud, il faut enlever toutes les couvertures, ce qui est le meilleur système, ou bien mettre une demi-couverture de laine très-légère comme on en trouve chez tous les selliers. Il y a deux espèces de bandes, celles en flanelle et celles en calicot. Les unes et les autres doivent avoir environ trois yards et demie de longueur et huit pouces de largeur. La flanelle est un tissu croisé fait exprès pour être vendu aux selliers; le calicot se prend de l'espèce la plus forte et non soumise au blanchîment. L'un des bouts est coupé carrément; l'autre a les coins repliés pour se terminer en une pointe à laquelle sont fixés deux cordons. Cette dernière extrémité se replie à l'intérieur avec les cordons, de sorte que quand on a fini de rouler, on les trouve pour attacher solidement la bande à la jambe. On se sert de bandes de flanelle après avoir lavé les membres ou quand les extrémités sont froides comme dans certaines maladies; quelquefois on trempe les bandes dans l'eau chaude pour faire une espèce de fomentation. Les bandes en calicot s'emploient pour exercer une pression ou produire du froid en les trempant dans l'eau ou dans des lotions préparées à cet effet.

Tondre, brûler et faire les crins. — 382. — L'art de tondre constitue un métier à part dans toute la Grande-Bretagne, et, faute de pratique, peu de palefreniers peuvent chez les particuliers faire concurrence au tondeur de profession. Ces gens travaillent avec une persévérance extraordinaire en raison de la brièveté de leur saison professionnelle, et j'ai vu deux hommes continuer cette besogne fatigante pendant vingt heures sur vingt-quatre tout un mois, les dimanches exceptés. Après avoir tondu, on brûle légèrement, et puis l'on donne une suée, qui passe pour prévenir les rhumes ; dans tous les cas elle permet d'enlever par le frottement les extrémités carbonisées des poils. Un bon lavage à l'eau et au savon produit le même effet sans le moindre danger, pourvu que l'on lave rapidement et que l'on fasse sécher de même. L'on brûle maintenant presque toujours au gaz, et par cette méthode tout groom adroit peut tenir la robe du cheval dans l'état voulu, pourvu qu'il ne se presse pas trop, qu'il brûle régulièrement et pas trop à la fois. Quand on n'a pas de lampe à gaz, il vaut mieux envoyer le cheval là où il s'en trouve, car la robe brûlée par ce système paraît beaucoup plus unie que si l'on emploie la lampe de naphte. Les ciseaux s'emploient peu aujourd'hui pour faire les crins, mais il y a des chevaux aux jambes velues pour lesquels on est obligé d'employer ce moyen sous peine de les voir ressembler à des chevaux de charrette. Toutefois, tout ce que l'on pourra enlever avec un peu de résine dans la main doit s'ôter ainsi, et l'on rase le reste de près avec les ciseaux. Il faut aussi l'aide des ciseaux pour couper carrément l'extrémité de la queue[1]. A cet effet il

[1] Quelques observations sur les habitudes du cheval suffisent pour démontrer combien il est cruel de le nicter. Il y a peu de parties de son

faut bien la peigner et la tenir dans la position où elle doit être portée habituellement, car on a beau la couper carrément dans toute autre attitude, elle ne sera plus en forme dès qu'elle en changera, et l'opération sera à recommencer. Bien des grooms se croient capables d'exécuter cette opération et peu la font réellement bien, ils sont sujets à laisser l'extrémité trop pleine au milieu ou trop creuse, ou ils en coupent plus d'un côté que de l'autre. Il faut arracher les longs poils qui se trouvent autour de la ganache et tondre ceux que l'on ne pourrait arracher; mais pour les chevaux de sang les doigts suffisent[1].

corps qu'il ne puisse atteindre de la dent ou de la queue; celle-ci lui rend les services d'une *main*. Mais quand il sent une démangeaison là où il ne peut atteindre, il va à un autre cheval et le mord à l'endroit où il désire lui-même être mordu. L'autre comprend l'invite et lui rend le service demandé. Privé de sa queue, il ne saurait se faire mordre partout.

(Youatt, p. 80.)

[1] Il était autrefois à la mode de relever et de nicter la queue des chevaux sous prétexte de leur donner meilleure apparence. Cette coutume a du être préconisée par les ganaches qui fendaient la langue des pies pour leur apprendre à parler. La douleur qu'éprouve le quadrupède lorsqu'on lui coupe l'extrémité de la colonne vertébrale avec la moelle et la corde épinière est une des plus intenses qu'une brute puisse infliger à une autre même quand le bourreau est un propriétaire stupide. Pour excuser cette barbarie, on a prétendu que le coursier portait ensuite la queue à l'instar d'un arabe, comme si l'affreux moignon projeté hors la croupe du cheval nicté était autre chose qu'une caricature grotesque de l'appendice caudal du cheval asiatique. Nous voudrions que l'on fît l'épreuve de poursuivre, aux termes de la loi protectrice des animaux, l'homme coupable de cette cruelle mutilation. Le magistrat n'aurait d'autre alternativs que de condamner, et quelques exemples pareils pourraient mettre un frein à la cruauté de certaines gens, sans toutefois que l'on puisse espérer de jamais leur inculquer le sentiment de l'humanité. (Youatt, p. 79.)

Vices d'écurie. — 383. — Les vices d'écurie peuvent être définis par la longue liste suivante de transgressions au code imposé au cheval à l'écurie, et dont l'exécution est exigée par les palefreniers. Les voici : 1. Se délicolter; 2. Tirer au renard; 3. Sauter dans la mangeoire; 4. Se retourner dans la stalle; 5. Se coucher sous la mangeoire; 6. S'enchevêtrer; 7. La culbute dans la stalle; 8. Ruer contre le poteau de stalle; 9. Le tic de l'ours; 10. Gratter du pied; 11. Manger la litière; 12. Ruer contre l'homme; 13. Mordre; 14. Tiquer sur la mangeoire; 15. Tiquer en l'air[1].

384. — C'est un grand embarras qu'un cheval qui se délicolte; il y en a d'assez malins pour mettre presque au défi le talent du groom et du sellier. Si cependant on adapte au licol une forte sous-gorge et qu'on la boucle serré, il n'y a pas de cheval qui puisse se lâcher, parce que la circonférence de la

[1] La lècherie (*the lick*) peut à peine être rangée au nombre des maladies, mais elle nuit considésablement à la condition et à l'apparence des carrossiers. Il y sont plus exposés que les autres chevaux, ainsi qu'au vertige. Sous l'influence fatale, dès qu'un carrossier a fini de manger, il se met à lécher la peau de ses voisins, ou bien le râtelier et la mangeoire. Cela provient de l'inflammation de l'estomac provoquée par la nourriture échauffante et les transpirations journalières. Les médicaments dérivatifs et les purgations en font promptement justice.

Quant au vertige, le meilleur préservatif est d'employer le carrossier au service de nuit. Les chevaux aveugles aussi craignent l'action du soleil; un proverbe anglais dit : « se porter aussi bien qu'un cheval aveugle en hiver. » (Nimrod.)

tête à la mâchoire est toujours plus grande que celle du cou prise de la gorge à la naissance des oreilles. Si le cheval mord sa longe, il faut y substituer une chaîne ; mais comme cela cause un bruit continuel, il faut tâcher d'éviter d'être obligé d'en venir là, parce que le sommeil des chevaux voisins en est souvent troublé.

385. — Tirer au renard consiste en un effort pour briser la sous-gorge ou la longe, et dans certains cas le cheval y met une force extrême, si bien que plusieurs animaux se sont brisé les hanches à la suite de la rupture soudaine du licol, qui les fait tomber en arrière de façon à s'abîmer pour toujours. Le seul remède est une bonne chaîne et un licol que rien ne puisse briser ; après quelques efforts, le cheval cèdera ordinairement. Si la mangeoire n'est pas très-solidement fixée, l'on peut passer un anneau dans la muraille, en la perçant et rivant l'anneau au dehors. Le groom doit aussi surveiller les tentatives que fait le cheval, et dès qu'il le voit commencer, le bien fouetter par derrière.

386. — L'habitude de sauter dans la mangeoire se contracte quand le cheval reste trop longtemps à l'écurie sans exercice ou quand on le menace trop du fouet chez les marchands. Si un cheval contracte un pareil défaut, il faut le retenir par une longe très-courte, qui l'empêche de lever la tête assez haut pour pou-

voir monter. Quelquefois l'on éprouve quelque difficulté à faire descendre un cheval qui a pris cette position; mais en allant tranquillement vers la tête de l'animal, et le poussant vers l'autre côté de la stalle, et en même temps en arrière, on peut généralement le dégager sans qu'il se blesse ou fasse mal au palefrenier.

387. — On empêche l'animal de se *retourner* par l'emploi de deux longes, décrit au § 95 du chapitre consacré aux soins à donner à l'écurie.

388. — Se coucher sous la mangeoire est un mauvais tour que jouent quelques jeunes chevaux, probablement en essayant de se dérober et de se cacher. Quelquefois ils ne peuvent plus se relever, parce que leur tête se frappe contre le dessous de la mangeoire, et on est obligé, pour les dégager, de leur passer une sangle autour de la poitrine; on a vu même cet accident produire des conséquences fatales. Le râtelier moderne, construit très-bas, est un remède préventif; mais il y a des poulains qui trouvent encore moyen de mettre leur tête dessous; dans ce cas, il faut fermer la cavité par une boiserie, et c'est le système à adopter toutes les fois que le défaut est invétéré.

389. — L'enchevétrure résulte du passage d'une jambe par-dessus la longe, ce qui fait tomber le cheval et l'empêche de se relever. Avec une longe

en corde ou avec une chaîne, l'animal se fait souvent de graves blessures dans ses efforts pour se relever; souvent les tendons sont mis à nu, et leurs enveloppes affreusement déchirées. Cet accident arrive quand le cheval gratte avec le pied de devant ou quand il essaie de se gratter la tête avec le pied de derrière, pendant que le billot attaché à la longe ne fait pas son jeu et la laisse pendre flottante. L'anneau à ressort décrit au § 95 est une sauvegarde contre cet accident, en ce sens que sans le prévenir il en empêche les conséquences, surtout quand on se sert de deux longes, parce qu'il est rare que dans la même nuit le cheval passe la jambe par-dessus les deux, et que quand la première est lâchée, le cheval n'en demeure pas moins attaché dans la stalle.

390. — La culbute dans la stalle résulte de la tendance qu'ont presque tous les chevaux à se rouler sur eux-mêmes, ce qui est sans danger pour le cheval en liberté, bien que j'aie vu dans le pré, quand le terrain était dur, le garrot souffrir par la répétition de cet exercice. Mais quand le cheval essaie de s'y livrer dans sa stalle, souvent il se trouve jeté sur le dos contre la muraille ou la travée de stalle, et, ne pouvant plus se retourner, il gît dans son impuissance, tout en faisant de terribles efforts qui souvent mènent à la rupture du colon et par suite à une mort prompte.

Quelquefois on trouve le matin le cheval en travers de la stalle replié de la façon la plus gauche et les jambes tournées vers la mangeoire ; d'autres fois il est couché en arrière, aussi loin que va sa longe, avec les jambes en partie dans la stalle voisine et toujours dans l'impuissance de se relever. Il n'y a pas de moyen de prévenir cet accident, mais il est facile d'y remédier dès qu'on s'en aperçoit, ce qui fait voir l'avantage de faire coucher le groom dans un endroit où il entende bien ce qui se passe à l'écurie. Deux ou trois étrivières bouclées ou une longe jetée par-dessus les jambes suffiront pour remettre le cheval sur le côté, et alors il peut se relever sans aide.

391. — Le vice de ruer contre le poteau de stalle est dangereux pour le rueur et pour son voisin immédiat, qui, souvent, reçoit le coup destiné à frapper le bois. Ce défaut provient de l'oisiveté, et souvent le cheval s'y livre incessamment nuit et jour, excepté naturellement quand il est couché ; le meilleur remède est de faire travailler durement l'animal, mais quand cela n'est point praticable, une branche ou deux de genêt épineux cloués en poteau mettront fin à la mauvaise habitude, quoique j'aie eu sous les yeux l'exemple d'une jument que cela exaspéra jusqu'à la folie et qui se mit à ruer jusqu'à ce qu'elle fût presque aveugle de fureur. L'on accuse les juments d'être plus adonnées à ce vice que les chevaux

hongres; mais d'après mon expérience il n'y pas grande différence. L'on attache souvent des bûches à la jambe, mais elles ne sont ni assez lourdes ni assez dures, et si l'on veut avoir un résultat, le poids attaché au membre doit être en fer ou en plomb. Le morceau de fer d'environ 4 livres, qui sert à chauffer les urnes pour le thé, est aussi bon que toute autre chose, mais il ne faut pas le mettre avant d'avoir fait porter au cheval quelque chose de plus léger pendant une heure ou deux, car si cheval vient à s'effrayer, il peut se faire beaucoup de mal. Mais quand il a l'habitude d'une petite bûche et est revenu de sa première alarme, on peut lui boucler le poids en fer qui le cognera assez fort pour le faire renoncer à ses farces. Il faut l'attacher au moyen d'une large courroie, bouclant bien serré autour de la jambe au-dessus du paturon, assez haut pour épargner la couronne qui s'enflammerait d'une manière fâcheuse, si elle venait à être meurtrie. Quelquefois on est obligé d'attacher un poids à chaque jambe, si le cheval rue contre les deux poteaux de stalle.

392. — Le tic de l'ours est une manie incessante de balancer la tête d'une façon rapide et toute particulière d'un côté à l'autre de la stalle, comme font les bêtes sauvages dans leurs tanières. Ce n'est qu'un symptôme d'inquiétude naturelle, et par suite peu de chevaux affectés de ce défaut se nourissent bien

et travaillent de même. Ce vice est sans remède, et, partant, il est souvent désagréable pour les chevaux voisins, en raison du bruit que font les longes.

393. — Le cheval qui gratte est toujours à remuer sa litière avec les pieds de devant ; c'est un défaut qui a les mêmes causes que le précédent. Le meilleur remède est une paire d'entraves qui tient les deux pieds de devant réunis. Ces entraves doivent consister en deux courroies rembourrées, pouvant entourer le paturon, et réunies par une chaîne longue de 10 à 12 pouces.

394. — L'on empêche de manger la litière au moyen d'une muselière qu'il faut mettre dès que le foin est mangé, et laisser toute la nuit. Cependant un morceau de sel de roche jeté dans la mangeoire souvent allèchera le cheval et le détournera de la litière; son action tonique peut aussi faire disparaître l'appétit maladif et insatiable.

395. — Tout le monde doit aborder avec de grandes précautions un *rueur déterminé;* il faut même quelquefois en employer d'extraordinaires, et à cet effet on fait passer une chaîne dans une poulie au poteau de stalle, et on la fixe ensuite au licol, de sorte qu'en tirant dessus, on tourne la tête du côté de ce poteau, et par suite on en éloigne les talons de façon à permettre au groom de gagner la tête, où il sera à l'abri des coups. Toutefois, presque tous les

bons grooms savent se garantir eux-mêmes, et la pratique leur enseigne à se tenir à une distance convenable, assez près pour que la ruade ne soit qu'une poussée, ou assez loin pour être hors d'atteinte.

396. — Le cheval qui mord doit être traité comme celui qui rue; seulement la chaîne doit tirer la tête vers l'anneau du râtelier, au lieu du poteau de stalle. Pour panser un cheval qui mord, il faut mettre une muselière.

397. — Le tic de mangeoire est généralement une habitude, bien qu'il puisse devenir une maladie; mais il est tellement contagieux qu'on peut le classer ordinairement dans la catégorie des mauvaises habitudes. On y remédie, soit par une mangeoire faite à bords assez larges pour que les dents ne puissent la saisir, soit par le collier bien serré, soit par une muselière en fer ouverte, qui empêche les dents d'arriver jusqu'au bord de la mangeoire. On y adapte quelquefois une rangée de pointes, de façon que le cheval se pique sévèrement, quand il veut presser dessus. Il n'y a pas de remède sûr contre ce vice ou cette habitude, et quand un cheval la contracte, il perd généralement son embonpoint et devient maigre et exténué. La muselière même ne suffit pas pour faire disparaître entièrement ces apparences, bien qu'avec son emploi le tiqueur conserve meilleure mine que si on n'en fait pas usage.

398. — Le tic en l'air [1] ressemble beaucoup à celui que nous venons de décrire, et on le guérit par les mêmes remèdes. Il diffère en ce que le cheval ne fait pas le même bruit et ne saisit pas la mangeoire, mais il avale tranquillement l'air en pressant son museau contre la mangeoire. Les pointes cachées dans la muselière sont ici bien utiles et constituent le seul remède efficace contre ce vice.

Degré de température nécessaire au cheval à l'écurie. — 399. — L'on a fait dans ce pays un *tolle* général contre les écuries trop chaudes, et il est certain qu'il est résulté beaucoup de bien des discussions soulevées à cet égard ; mais comme toutes les réformes, celle-ci peut avoir été poussée trop loin, et je suis porté à croire que cela a eu lieu dans bien des cas. Il faut toujours un peu de chaleur pour maintenir en santé le cheval de pur sang, car, quoique le poney du pays de Galles ou encore le Galloway soient organisés pour résister au froid, le cheval d'origine orientale n'a pas cette qualité. Par suite d'une longue expérience, je demeure convaincu qu'une écurie modérément chaude, même un peu renfermée, vaut mieux qu'une écurie spacieuse et bien ventilée, mais froide en conséquence. Si, à cette dernière, vous pouvez donner uue chaleur artificielle, alors il n'y

[1] Les Anglais disent *wind sucking* (suçage de l'air).

aura jamais trop d'espace et de ventilation. Mais *est modus in rebus*, chacun doit se baser sur la longueur de sa bourse, et si vos moyens ne vous permettent pas d'avoir des écuries vastes et spacieuses, avec un poêle toujours allumé, vous trouverez que vos chevaux se porteront mieux, si l'écurie est bien nettoyée et bien drainée, et en même temps maintenue chaude, en fermant tout par les temps rigoureux. En été, les portes et les fenêtres peuvent toujours rester ouvertes, excepté pendant les nuits fraîches; mais pendant les froids de l'hiver on peut n'introduire qu'une quantité minime d'air frais dans les vingt-quatre heures. Pendant un espace de vingt ans, avec une moyenne de trois ou quatre chevaux dans mon écurie, je n'ai pas eu en tout plus d'une demi-douzaine de cas de maladie, à part quelques boiteries résultant des voyages, et cela avec une grande variété de chevaux de tous les âges et de toutes les classes. Eh bien, en général, j'ai eu une écurie petite et renfermée, tenue chaude, mais propre, avec une ventilation assez libre, mais ne dépassant pas la moyenne des écuries d'un particulier. La plus saine que j'aie eue était même celle qui paraissait la plus restreinte et la plus mal ventilée; mais ce qu'elle recevait d'air frais, c'était à la tête des chevaux, et j'ai remarqué, dans d'autres écuries, combien cette circonstance était favorable. J'en ai vu de grandes et bien ventilées, notoirement malsaines, tandis que d'autres renfermées, sombres et petites, offraient tout avantage sous le rapport sanitaire. Je suis arrivé à conclure que les chevaux tenus chaudement à l'écurie, et *bien soignés au dehors*, se portaient mieux en moyenne que ceux tenus froids et qui, en raison de la dureté qu'on leur suppose, sont exposés pendant leur travail à toutes les intempéries de l'air. Si on tient ces animaux chaudement, il faut ensuite beaucoup de soin, mais la santé se conserve assez bien, et j'arrive à la conclusion que ce n'est pas l'écurie chaude, mais le manque de soin au dehors qui occasionne des maladies. Si l'on veut exposer ses chevaux aux intempéries, il vaut mieux les tenir au frais, comme dans les écuries de chevaux de louage; mais si on veut les bien soigner, il n'y a aucun inconvénient à combiner la chaleur à l'écurie avec la propreté et les précautions pendant le travail. Il faut se défaire des rats et de la vermine de toute sorte[1].

Soins pour les pieds. — 400. — Souvent le groom, soigneux sous d'autres rapports, néglige considérablement cette partie. Si le maître n'est connaisseur que pour le bon état de la robe et la condition

[1] Tout le monde connaît l'attachement des chevaux pour les chiens terriers ou autres, et quand un chat s'attache à une écurie, il est bientôt dans les meilleurs termes avec la population chevaline. Celle-ci a du penchant pour les chèvres, et sur le continent, encore plus qu'en Angleterre, on réunit souvent ces sortes d'animaux.

du cheval, le palefrenier est très-porté à laisser les pieds à eux-mêmes.

401. — Tous les matins, quand le cheval revient de la promenade, *il faut examiner avec soin la ferrure.* Si les fers commencent à se lâcher, si les rivets sont trop hauts, s'il y a de l'usure, il faut renouveler ou relever immédiatement la ferrure.

402. — Tous les soirs, il faut bien brosser les pieds, passer le curepied autour du fer, puis remplir la cavité de bouse de vache et de goudron, dans la proportion de 3 à 1, mélange que le groom tient dans une boîte exprès (stopping-box).

LIVRE IX.

VOITURES ET HARNAIS.

403. — En dehors des voitures publiques ou de louage, les équipages d'agrément sont très-variés et ont porté des désignations presque sans fin, les unes par suite d'une vogue éphémère, les autres après une faveur plus durable.

Stonehenge, qui a fait, il y a quinze ou vingt ans, une excellente description des véhicules alors à la mode, indique quatre divisions naturelles :

Voitures ouvertes Id. fermées	à deux roues.
Voitures découvertes Id. fermées	à quatre roues.

Pour la première division à deux roues, il met le dog-cart, le gig de Dennet, le Tilbury, la voiture Irlandaise avec un intérieur et un dehors.

Pour les voitures couvertes à deux roues, il décrit

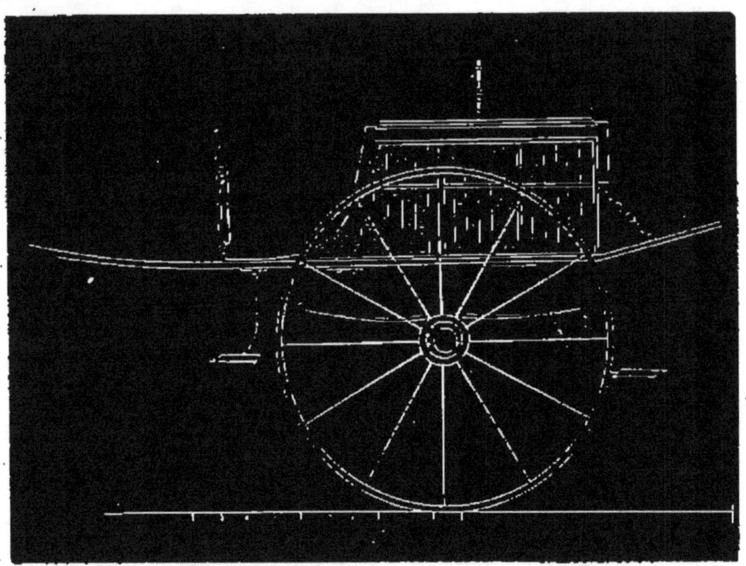

Fig. 60. — Dog-Cart Charrette, de 1000 à 1300 Francs.

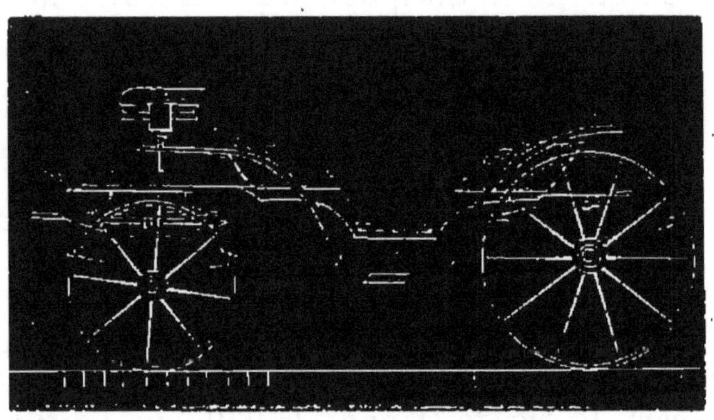

Fig. 61. — Vis-à-vis en osier, de 13 à 1500 Francs.

le cabriolet, le cab de Hansom, le duobus, le char de Nottingham et le Dennet à capote.

Pour voitures découvertes à *quatre roues*, il signale le britska, le barouche, les divers phaëtons et le sociable.

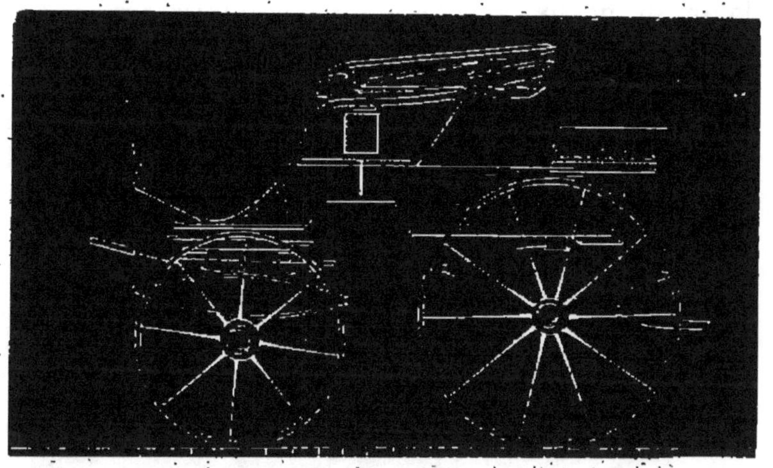

Fig. 62. — Phaëton de Commerce, de 1500 à 2200 Francs.

Enfin, comme équipages fermés à quatre roues, il recommande le carrosse de famille, le chariot, le clarence et le brougham.

Tous les Français d'âge mûr se souviennent d'avoir vu importer en France quelques-uns de ces véhicules, comme par exemple le britska, qui a eu l'honneur de servir de malle-poste, et le brougham ou petit coupé.

La carrosserie du luxe royal et celle des services publics ne sont guère susceptibles de progrès à notre époque de voies ferrées. Les souverains qui peuvent encore trouver wagons royaux ne songent pas à étaler le même luxe dans une berline de voyage, et le particulier qui se trouvait moelleusement assis dans la malle-poste, arrive, pour les longs trajets, avec

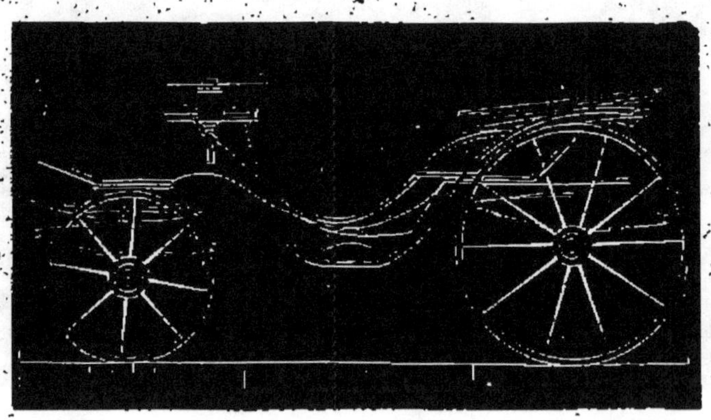

Fig. 63. — Cabriolet Mylord, 2000 à 2500 Francs.

vitesse double et aisance supérieure dans un wagon de deuxième classe. Pour les grands déplacements, l'ingénieur a remplacé le carrossier.

On trouverait encore en France des spécimens de grande carrosserie de Napoléon III; mais encore ce n'était guère qu'une adaptation des anciens modèles à quelques usages actuels.

Les admirateurs du passé, seuls capables, à mon

sens, de fonder un avenir acceptable, feront bien de visiter souvent le dépôt des anciennes voitures de cour existant encore à Trianon.

Revenons aux temps modernes : Il se produit journellement de grands changements dans la forme et dans le mode de construction des voitures. Ainsi les

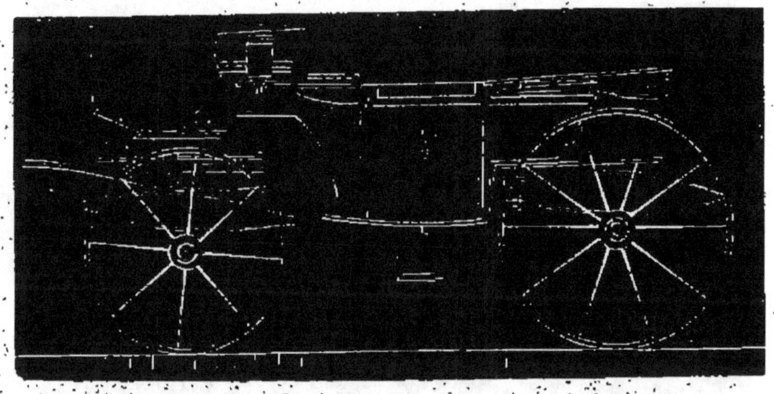

Fig. 64. — Landaulet, de 3000 à 3500 Francs.

arbres d'Amérique, tels que le bois de lance, fournissent des brancards plus souples et plus résistants que les essences de nos forêts ; les progrès de la chimie se reconnaissent dans les peintures et vernis ; les ferrures deviennent de plus en plus légères sans perdre de solidité ; les ressorts sont toujours liants ; l'enrayage n'est plus qu'un jeu ; les harnais sont uniformément bien cousus. Je ne parle pas des étoffes intérieures; le choix en ce genre appartient aux dames, et leur goût est toujours en progrès.

On trouvera dans les planches ci-jointes des modèles à la fois utiles et élégants recherchés non-seulement par les Français, mais par les riches étrangers qui fréquentent notre capitale.

Fig. 65. — Coupé à 8 ressorts, voiture élégante de 5 à 6000 Francs.

J'ai eu sous les yeux ces diverses voitures, et bien d'autres encore, dans la fabrique de MM. J. Rothschild et fils (*115, Avenue Malakoff*), qui ont importé en France le genre anglais, en le perfectionnant de jour en jour, par tous les embellissements que l'on peut réaliser dans un centre aussi artistique que la ville de Paris.

Ces modèles, que j'ai choisis parmi les plus élégants pour la ville et la campagne, sont le *dog-cart charrette*, du prix modeste de 1000 à 1200 fr.; *le vis-à-vis en osier*, de 1300 à 1500 fr.; *le phaëton*, de 1500 à 2200; *le cabriolet mylord*, de 2000 à 2500; le Landaulet, ouvert l'été, fermé l'hiver, fort utile à ceux qui se contentent d'un seul véhicule; ils l'obtiendront pour 3000 ou 3500 fr.

Le célibataire ou le nouveau marié qui veut une élégante voiture de ville, sera moelleusement transporté dans un coupé à huit ressorts de 5 à 6000 fr. S'il se contente du coupé ordinaire, il peut se le procurer au prix de 3000 ou 3500 fr.; c'est aujourd'hui la voiture la plus usitée.

Ceux qui ont plus de monde à transporter auront à choisir des voitures plus vastes. Le coupé à trois personnes, quatre au besoin, se trouve encore pour 3000 ou 3500 fr.; puis les Landaus ou calèches également utiles à la ville et à la campagne, et qui dépassent rarement les prix de 3 à 4000 fr.

Les Harnais. — Les harnais se construisent de diverses façons, suivant le but que l'on a en vue. Ils sont classés en harnais de gig, de phaëton, de coupé de tandem, d'attelage à quatre chevaux, suivant la voiture que l'on veut faire rouler.

404. — *Le harnais de Gig*, qui convient également pour les phaëtons à un cheval et en fait pour toutes les voitures ainsi attelées, consiste en trois

portions : d'abord la partie qui tire, secondement celle qui relève et maintient les brancards, et enfin celle qui sert à guider le cheval. *La partie qui sert au*

Fig. 66. — Les Harnais.

Nomenclature des harnais.

1) Frontail. — 2) Têtière. — 3) Œillères. — 4) Muscrolle. — 5) Sous-gorge. — 6) Mors. — 7) Guides. — 8) Bout supérieur de la courroie d'attelle. — 9) Crochet d'attelle. — 10) Collier. — 11) Bout inférieur de la courroie d'attelle. — 12) Attelle. — 13) Anneau d'attache du trait. — 14) Mantelet. — 15) Sous-ventrière. — 16) Grand boucleteau. — 17) Trait. — 18, 19) Avaloire.

trait consiste en *un collier* (10), anneau ovale rembourré pour porter sur les épaules, ou une *bricole*, courroie large et rembourrée qui croise sur le poitrail. Si l'on emploie le collier, deux barres de fer que l'on appelle des attelles (12) se bouclent de chaque côté au moyen d'une courroie pour le haut et d'une seconde en bas. Cette courroie d'attelle (8-11) passe par un anneau au bout de chaque attelle, puis on la tire serré et on la boucle. Au sommet de chaque attelle il y a un anneau (9) que l'on appelle crochet d'attelle, par lequel passent les rênes, et un peu au-dessous du milieu il y a un anneau (13) auquel on attache le trait (17).

Le trait est simplement une longue courroie double attachée d'un côté à la boucle et de l'autre accrochée à la volée. La partie qui sert à supporter les brancards et à reculer consiste dans la sellette ou mantelet (14), qui ressemble en principe à la selle d'équitation, mais est beaucoup plus étroite et plus légère. Il y a deux anneaux pour le passage des rênes, appelés clefs de mantelet, et un crochet d'enrènage tout en haut. On attache la sellette au cheval par la sous-ventrière (15), et sur le derrière il y a un anneau pour la croupière, qui passe derrière la queue pour empêcher la sellette d'avancer. Par le milieu du mantelet passe une forte courroie appelée dossière, qui s'attache de chaque côté à une boucle et à un anneau qui s'appelle le grand boucleteau (16). Il est destiné à supporter le brancard et aussi à l'empêcher de presser sur le cheval. Souvent on y ajoute une courroie qui entoure la croupe du cheval au n° 18 et se boucle de chaque côté au n° 19, soit sur le brancard ou le boucleteau, et s'appelle l'avaloire. Pour guider le cheval, on se sert de la bride et des guides. La première se compose des deux montants et des œillères (3), une sous-gorge (5), une muserolle (4), un frontail (1) et une têtière (2). Les montants se bouclent au mors (6), qui est ordinairement un fort mors de bride, mais quelquefois seulement un mors de filet brisé. Il est maintenant assez en usage pour mener à la voiture. Les guides (7) ne sont que des bandes de cuir longues et étroites passant par les crochets d'attelle et de mantelet jusqu'à la main du conducteur. Les panurges sont des rênes supplémentaires attachées à des mors de bridon et passant sous des anneaux à côté ou sur la sous-gorge pour aller se fixer au crochet de sellette. Maintenant, au reste, on s'en sert rarement pour mener un cheval; mais nous les avons indiqués dans la figure ci-dessus. Quand on ne se sert pas de panurge, on suspend souvent une longue ganse à la têtière pour y faire passer les guides et empêcher par là le cheval d'engager la rêne sous la pointe du brancard, accident fort désagréable pour ceux qui laissent les chevaux seuls avec un domestique debout devant eux.

405. — Les harnais de *phaëton* et de *coupé* se font sur le même principe et ne diffèrent que par la légèreté des cuirs et des ornements, qui doivent être

moins lourds dans le premier de ces véhicules. Le double harnais consiste, comme le harnais simple, en trois parties distinctes; mais, comme il n'y a pas de brancard à supporter, la sellette est beaucoup plus simple et plus légère. La partie qui sert au tirage ressemble à celle que nous avons déjà décrite, si ce n'est que les parties inférieures des attelles sont réunies par un anneau métallique ovale dans lequel joue un autre anneau auquel on boucle le timon et qui sert à faire reculer la voiture. Les boucles des traits se trouvent aussi vis-à-vis du mantelet et sont soutenues par une courroie légère appelée *porte-trait*. Les traits eux-mêmes se terminent par un anneau ou par un repli garni de fer et destiné à entourer le boulon de volée. Le mantelet est fort léger et sans dossière; quelquefois une longue avaloire se prolonge jusqu'au grand boucleteau; mais, dans les harnais légers, on se contente d'un simple support pour les traits appelée *barre de fesse*. La bride est à peu près la même que dans le harnais simple, si ce n'est qu'il n'y a pas d'ornements du côté qui regarde le timon. Outre la rêne qui vient s'attacher à l'extérieur du mors, il y en a une autre que l'on appelle *entre-deux* ou *croisière*, qui se réunit par une boucle à la rêne du dedans de façon à pouvoir être allongée ou raccourcie à volonté. Ces *entre-deux* s'attachent au côté intérieur du mors du cheval voisin et se croisent après avoir été passés par les crochets de mantelet et d'attelle, de sorte que la rêne du dehors et son entre-deux agissent sur le dehors du mors de chaque cheval, et les rênes du dedans agissent sur le dedans des mors. Dans les harnais doubles, on peut ou non se servir de panurges; mais on les fournit ordinairement pour un harnais complet.

406. — *Le harnais de tandem* consiste en un harnais simple pour le cheval de brancard appelé le *wheeler*[1]; seulement il y a des doubles crochets sur la sellette pour faire passer les rênes du leader[2] (cheval de volée), et double anneau à la têtière pour le même objet. Le leader a un harnais semblable au harnais double de phaëton léger, si ce n'est que les deux côtés de la bride sont semblables et que les traits ont environ six pieds de plus qu'à l'ordinaire. Ils ont un crochet par lequel on les fixe, soit à l'extrémité des brancards ou aux boucles de traits du wheeler, quand les brancards n'ont pas d'anneaux pour recevoir les crochets.

407. — Les harnais pour quatre chevaux consistent en un harnais de coupé pour les wheelers avec doubles crochets et un anneau à la têtière. Les lea-

[1] En anglais, cheval de roue.

[2] Leader, chaval qui conduit.

ders ont le même harnais qu'au tandem, si ce n'est que dans le ménage à quatre, leurs traits sont plus courts, et ils se terminent par des anneaux ou des crochets qui se fixent à des palonniers suspendus à un crochet à l'extrémité du timon.

Les fouets varient en grosseur et en longueur, depuis le petit fouet léger et solide à la fois du poney-phaëton jusqu'au fouet pour mener à quatre, dont la mèche doit arriver à la tête des leaders.

Chevaux de carrosse. — 408. — Dans les grandes capitales de l'Occident, les anciennes races de carrossiers du Holstein au nez busqué, les hart Draven (Danois) si vites au trot, les trotteurs de la race d'Orloff, même les trotteurs américains ont presque complétement disparu des attelages somptueux, pour faire place à un type presque unique élevé principalement en Angleterre et en Normandie. C'est un hunter au-dessus de la taille en usage parmi les chasseurs, rarement absolument de pur sang, mais de race très-perfectionnée, dressé pour la représentation plutôt que pour le service. C'est souvent un *Stepper* relevant les genoux comme le cheval de parade espagnol et exercé à cet effet comme poulain dans des blés ou de hautes herbes.

Ce sont des animaux fort chers, dont la paire atteint facilement le prix de 10,000 fr. Il est sage, à ceux qui se permettent ce luxe, de réserver leurs Steppers pour les promenades des parcs ou du bois de Boulogne, ou tout au plus pour le stationnement devant les magasins du boulevard.

Mais si on consacre ces beaux animaux à un service de distances, leur poids, leur vigueur et leurs allures relevées ont bientôt brisé sur le pavé leurs pieds élégants, et il faut recourir, souvent trop tard, aux chevaux de service qui doivent faire le travail de nuit, les excursions à la campagne, etc.

On ne procède pas autrement en Russie, et de fort riches seigneurs se contentent des *risque-tout* fournis par leurs paysans et qu'ils ne craignent pas de surmener. L'on voit souvent pourtant à la Troïka (équipage à trois de front) un magnifique trotteur flanqué de deux furieux, c'est-à-dire deux petits chevaux tartares au galop encapuchonnés jusqu'à terre. Au reste, dans les villes de Russie, Saint-Pétersbourg excepté, j'ai plutôt vu les beaux trotteurs attelés aux équipages des riches marchands qu'à ceux de la noblesse[1].

A Varsovie, les étrangers sont frappés de l'élégance des attelages de race russe perfectionnée, de la bonne tenue des équipages et de leur air européen. Mais au delà, on retrouve le système asiatique

[1] Le trotteur dans un équipage à deux ou à trois porte toujours au-dessus du garot un arc en bois flexible en forme de lyre, nommé *Douga;* le furieux est placé à gauche dans l'équipage à deux.

inventé sans doute par les Scythes et les Huns qui faisaient des guerres d'invasion en traînant sur des chariots une population entière avec ses meubles.

Pendant six mois, le traîneau fournit un moyen rapide de communication; puis, quand à la fonte des neiges on met la caisse sur des roues, il faut se conformer à la nature des routes généralement établies au moyen de rondins jetés au travers des marais et fondrières. De là, nécessité de voyager à ciel ouvert si on ne veut percer l'impériale des voitures de la pointe de son casque. Et puis, quels ressorts mettre à un véhicule qui doit bondir sur une voie de bois répandue comme à la décharge d'une charrette?

Aussi la voiture de poste, le Téléga, n'est nullement suspendue et transmet aux reins du voyageur une secousse de tremplin. Les robustes feld-yegaers de l'empereur de Russie courent jour et nuit sans interruption pendant plus d'un mois, et s'ils vont en Sibérie ou au Kamschatka, ils passent sur un traîneau d'abord attelé de chevaux, plus au nord par des rennes, et enfin par des chiens. Au commencement de l'hiver, le traîneau est plus doux que la voiture; mais bientôt les routes se sillonnent en travers, et de dix mètres en dix mètres, on reçoit, *à posteriori*, un renfoncement qui réveillerait un chloroformé.

En ville, le drowski et les preliotski ne sont guère plus commodes que le Téléga, mais on n'y reste pas longtemps et je n'ai guère été assis à l'aise que dans un *Wassok*, lors des premiers traînages en novembre, et dans le *Tarantass*, sorte de voiture de famille.

La caisse de ce Tarantass est posée sur de longues perches de la grosseur du bras. On est étonné de la douceur comparative de ce véhicule, mais il faut aller assez lentement sous peine de rupture fréquente; il est vrai que dans ces routes percées à travers bois les réparations sont faciles.

Le mode d'attelage diffère autant que la construction des voitures. Il y a le pittoresque attelage à 2 ou 3 de front; puis, l'hiver, quand la chaussée se réduit à la largeur du traîneau flanquée de sortes de murailles de neige ou de fondrières, on marche en tandem souvent avec quatre chevaux. Un cocher debout, muni de gants fourrés, mène ses animaux au cri et les stimule avec un knout dont la lanière atteint à une dizaine de mètres. La nuit, les loups qui, sur le revers du fossé, suivent quelquefois le traîneau, reçoivent un avertissement à cette distance et font alors chorus avec les hurlements du cocher.

Dans les villes, les équipages à quatre sont menés à la Daumont. Ce qui frappe le plus dans ce mode d'attelage en Russie, c'est la grande distance laissée entre les chevaux de timon et les chevaux de volée. De plus, le postillon monte sur le cheval de droite, et celui de gauche devient sous-verge au lieu de servir de porteur. Ces cochers en postillons, richement vêtus, se servent de rênes de maroquin rouge.

On marche grand train, mais avec plus d'ordre qu'ailleurs. Chacun prend soigneusement sa droite, et les accidents sont rares. J'ai du moins pu le constater en 1855, quand les lois sur la matière étaient fort sévères. Je ne sais si elles existent encore en Russie depuis les réformes sociales. Jadis, quand à Saint-Pétersbourg un homme était écrasé, le cocher, cause de l'accident, recevait la bastonnade et les chevaux étaient confisqués pour le service des pompes à incendie. Si on pouvait établir partout cette règle, *on sauverait la vie ou les membres à des milliers d'individus*.

Revenons aux grandes villes de l'Europe occidentale, nous reconnaîtrons qu'en résumé, quand on veut avoir un attelage de premier choix, il faut s'adresser aux marchands des grands centres, qui appareillent des chevaux anglais, souvent nés en Normandie et dressés à l'étranger. Les Français produisent le poulain aussi bien que qui que ce soit, mais négligent l'éducation dans le pré.

Dans les écuries de feu Napoléon III, il y avait autant de bêtes normandes que d'anglaises, mais les premières donnaient une peine extraordinaire et il fallait en réformer comme trop ombrageuses.

En dehors des équipages de gala, je ne connais

rien de meilleur style que les étalons percherons attelés à la Daumont, avec postillon tenue de Lonjumeau. Malheureusement, les chevaux entiers sont gênants chez un particulier, et la jument percheronne a peu de brillant à l'attelage, tout en possédant force et santé.

Méthode pour garnir et atteler. — 409. — La première chose à faire après que le cheval a été pansé, c'est de le retourner dans sa stalle en passant le collier par-dessus sa tête, le gros bout en dessus. Cette inversion est indispensable parce que le haut de la tête en est la partie la plus large, et même après cette manœuvre, chez certains chevaux communs on a de la peine à passer par-dessus les ganaches. Avant de mettre le collier en place, il faut mettre et boucler les attelles, car si l'on attendait jusqu'à ce que le collier fût de nouveau retourné, on serait obligé de les tenir pendant que l'on réunirait les courroies, tandis que de la manière indiquée elles tiennent par leur propre poids. Puis on renverse le tout, l'on met la sellette, et avant de boucler la sous-ventrière, on fait passer la croupière par-dessus la queue en réunissant avec soin les crins dans la main gauche pendant que la main droite ajuste. Il faut toujours bien examiner si l'on n'a pas laissé prendre des crins sous le culeron, car ils excitent la peau et peuvent occasionner une quinte de ruades.

Quand la croupière est ajustée, l'on tire la sellette en avant et l'on serre bien la sous-ventrière. Puis on met la bride, et l'on attache la gourmette avec soin. En harnais simple, les rênes se glissent au travers des crochets et se bouclent des deux côtés ; en harnais double, cela ne se fait que pour la rêne du dehors ; l'autre se plie et s'attache au crochet de mantelet.

410. — L'on attelle de façon fort différente suivant que le cheval doit tirer sur des brancards ou sur un timon. Si l'on emploie le brancard, on les soulève et on les fait tenir dans cette position, tandis qu'un autre individu fait reculer le cheval jusqu'à ce qu'il soit bien dessous ; alors on les laisse descendre et l'on glisse les boucleteaux par-dessus ou par-dessous les extrémités des brancards, suivant qu'ils sont faits avec des crochets ou avec des ganses en cuir. Il faut prendre garde qu'ils ne dépassent pas les chevilles sur les brancards, puis on attache les traits à la volée, l'on boucle l'avaloire et l'on serre fortement la fausse sous-ventrière, de façon à bien maintenir les brancards. Dans les voitures à quatre roues il ne faut pas autant la serrer, afin de laisser un jeu libre à l'avaloire. Puis l'on dénoue les rênes tordues autour du crochet de mantelet, et le cheval est attelé. Pour atteler à deux chevaux, la première chose à faire est de présenter le cheval en tournant à côté du timon, puis de passer la chaînette dans

l'anneau coulant des attelles que l'on fait tenir par le groom, ou bien on l'accroche au dernier trou pendant que l'on met les traits, et puis on la fixe à sa vraie longueur, l'on boucle chaque croisière au mors du cheval voisin, l'on décroche les guides du crochet de mantelet, on les boucle aux entre-deux, et les chevaux sont prêts. Les chevaux de volée d'un tandem ou d'un attelage à quatre s'attellent un peu long et leurs guides se passent par les anneaux posés sur la tête des chevaux de timon et par la partie supérieure du crochet de mantelet.

411. — *L'on dételle* absolument par la méthode inverse, c'est-à-dire en défaisant d'abord ce que l'on avait attaché en dernier lieu. Les fautes les plus graves sont, dans le harnais double, de ne pas attacher tout d'abord les chaînettes ou bien de les déboucler trop tôt, ce qui permet au cheval de reculer sur la volée et de faire beaucoup de dommage par ses ruades.

Dressage au harnais. — 412. — *Pour l'attelage à deux*, il suffit d'avoir un double-break et un cheval dressé, et en bien peu de temps un jeune cheval deviendra maniable s'il a un camarade bien régulier et qu'il soit mené avec soin. Il faudra bien quelque temps si on le destine à une dame timide ; mais pour circuler dans la campagne avec des gens qui ne s'effraient pas de quelques caprices, on peut se servir d'un cheval au bout de huit ou dix jours. La première chose à faire est de mettre le harnais et de le laisser une heure ou deux sur le cheval pendant deux ou trois jours avant d'atteler. Préalablement le cheval doit être tout à fait dressé pour la selle, car sans cela il ignorerait l'usage du mors et serait par conséquent ingouvernable. Autrefois l'on avait l'habitude de débourrer les chevaux de carrosse à la charrue en les plaçant au milieu d'un attelage et les laissant ruer et sauter jusqu'à ce qu'ils fussent las; mais c'est un mauvais système et bien des chevaux se sont abîmé les membres et sont devenus rétifs par suite de cette méthode. Les efforts d'un cheval énergique sont une cause fréquente de jardons, de courbes et d'éparvins, et un cheval paresseux ou de mauvais caractère prendra l'habitude de s'acculer. Le sang plein de chaleur transmis par les races orientales porte les poulains à bondir et à se débattre contre toute contrainte, tout autrement que le triste et phlegmatique cheval de charrette; c'est ce qui a fait abandonner le système de la charrue pour le break, où le poulain peut gagner en avant dans tous ses bonds et où son sang n'est pas inutilement surexcité par la résistance. Après l'avoir accoutumé au harnais, il faut l'atteler à côté du cheval de break, animal de grande taille très-fort et très-sage. C'est celui que l'on attelle le premier et en plaçant le break dans un endroit un peu ouvert où il puisse se mouvoir en terrain horizontal ou au moins en montant une pente très-légère. Le break doit être très-fortement construit et la partie située entre la volée et le premier essieu doit être garnie de barres de fer, de sorte que si le cheval rue par-dessus la volée, ses jambes soient retirées tout de suite. La volée doit être rembourrée pour empêcher que le cheval ne se fasse mal, par suite de sa violence, s'il se met à sauter et à ruer un peu énergiquement. Le collier doit s'ajuster avec beaucoup de soin et on doit l'huiler, de façon à le rendre doux à la peau. Il faut aussi mettre au jeune cheval un licol ordinaire dont on attache l'extrémité au crochet de mantelet, pour que le breaksman puisse s'en saisir et tirer le cheval à lui sans agir sur la bouche. Quand tout est prêt et que le cocher est sur son siége, le cheval doit être mis en mouvement en le touchant légèrement du fouet, et il emmène tranquillement le break, le breaksman suivant à côté et encourageant le poulain. Généralement celui-ci se met fort tranquillement en mouvement, ou bien il fait une ou deux courbettes, mais au commencement il n'a pas l'air de sentir ses liens; mais enfin, après un peu de temps, souvent il bondira plus ou moins, ou, s'il a des dispositions vicieuses, il commencera à ruer. Le break doit être mené régulièrement et doit rouler pendant une heure et même un peu plus, mais pas assez pour que les épaules puissent s'endolorir. Tous les jours l'on répète cette leçon jusqu'à ce que le cheval ait appris à tourner et à retenir, et il est surprenant combien promptement un cheval d'un bon caractère se met à cette nouvelle besogne. Dans tous les cas, il faut mettre des genouillères pour empêcher les tares en cas d'accident.

413. — *Pour pouvoir être attelé seul*, tout jeune cheval devrait d'abord être mis à la voiture avec un autre et travailler ainsi au moins cinq ou six fois. Ce n'est pas ordinairement au commencement que les vices se manifestent, et souvent cela n'arrive qu'à la quatrième ou cinquième leçon, quand le cocher commence à essayer de voir ce que le poulain a dans le ventre en lui donnant une légère poussée avec un ou deux coups de fouet. Jusqu'à ce que l'on ait tenté cette épreuve, personne ne peut dire ce que le poulain fera quand il sera provoqué, circonstance qui ne peut manquer de se présenter tôt ou tard. Enfin, quand on a tenté cette épreuve et que le poulain est disposé à tourner à droite et à gauche, à arrêter, à reculer, à donner dans l'avaloire en descendant, on peut en sûreté l'atteler seul, mais encore faut-il beaucoup de soin. Il y a des chevaux qui sont toujours tranquilles à l'attelage double et qui ne veulent pas marcher seuls ; j'ai eu plusieurs

échantillons de ce modèle. J'ai possédé un rueur invétéré au tilbury qui, à la voiture, marchait aussi tranquillement que possible, et j'ai eu des chevaux s'acculant de la façon la plus fâcheuse qui n'ont montré cette disposition que quelque temps après leur dressage. Quand on attelle un cheval seul pour la première fois, ce devrait être à un break fait exprès, avec des brancards longs et forts et assez hauts pour qu'il ne puisse ruer par-dessus, bien qu'il y ait des chevaux exceptionnels capables de ruer par-dessus tout, sans qu'aucun système de platelonge puisse les en empêcher. L'on doit se munir de guides de sûreté que l'on fixe à la partie inférieure du mors et qui passent par un anneau de mantelet et en dehors du garde-crotte jusqu'à la main du cocher qui les tient en réserve, pour le cas où le cheval chercherait à se dérober ; à l'ordinaire, les guides doivent se mettre au point de la branche du mors, où elles gênent le moins le cheval, et il ne doit jamais être question d'enrênement. Avec ces précautions, l'aide d'un breaksmann et une forte dose de patience, l'on peut dresser presque tous les chevaux. Quand un cheval fait beaucoup de difficultés à se plier au dressage au tilbury, quand il montre de la tendance à s'acculer ou à s'emporter, l'on peut se servir d'un fort brancard avec une barre de fer en saillie et un prolongement à la volée pour fixer une barre qui en fait une seconde; de cette façon l'on peut atteler le cheval de break en dehors des brancards. Alors le poulain est obligé de marcher ou de s'arrêter par l'impulsion du cheval fort et bien dressé. Pour cette méthode, l'on doit se servir des guides comme dans l'attelage au carrosse, et c'est une excellente manière de dresser les animaux réfractaires; je l'ai vu même réussir pour un rueur obstiné, à l'égard duquel tous les autres moyens avaient échoué. Il est vrai que le succès ne fut que temporaire et que le vice reparut bientôt avec la même intensité quelque temps après[1].

L'art de mener. — 414. — *Le menage d'un seul cheval* est une chose fort simple pour laquelle il ne faut qu'une bonne main et du coup d'œil. L'on tient

[1] BREAK DU Dr BUNTING.

Vers 1864, ce système a été adopté par une certaine quantité d'attelages dans la ville de Londres. Cet appareil ressemble au moteur d'une machine à battre le blé, avec des roues réunies par des brancards à l'extrémité de chaque essieu. L'un des brancards est solidement fixé à l'axe, et l'autre mobile. On attache le cheval à la perche immobile, et quand on a replié l'autre sur lui, aucun effort ne peut le dégager. L'addition d'une forte platelonge et courroie de brancard paralyse l'animal le plus violent, et quand il est restreint entre des attaches aussi puissantes et des perches de bon frêne ou de bois d'Amérique (bois de lance) on peut mettre au défi le rueur le plus déterminé.

Il pourra bien soulever les roues, mais elles retomberont d'aplomb et on le mènera, en suivant à pied, avec de longues rênes.

C'est un système parfait pour dresser toute une écurie de chevaux neufs destinés à devenir des locatis, sans courir les risques de les produire dans les rues d'une capitale; on peut en exercer cinq ou six à la fois, comme

ses rênes autrement qu'en équitation : la rêne intérieure passe sur l'index et celle du dehors entre ce doigt et le médius ; elles passent ensuite à travers toute la main et tombent sur les genoux ; le pouce tient ferme la rène intérieure contre l'index, et je me suis toujours bien trouvé de faire sortir les deux guides de la main entre le petit doigt et l'annulaire, de façon que sans beaucoup serrer le pouce elles ne glissent pas au travers des doigts quand le cheval fait une faute. Ceci m'a sauvé de plus d'un accident. Car, quand on est fatigué d'avoir longtemps conduit et que l'on ne fait plus attention, un cheval qui trébuche ne peut pas être relevé à temps, parce que le pouce et l'index laissent glisser quelques pouces de guides avant de les retenir solidement. Mais quand il y a deux doigts de plus et un angle dans la direction de la rêne, il est étonnant de voir combien l'on tient plus ferme et cela avec beaucoup moins de fatigue pour la main. L'enrênement est maintenant totalement hors d'usage dans l'attelage seul, où on n'en a pas plus besoin qu'en équitation, car le con-

dans la machine à battre, on peut même utiliser leur travail sur les engins à broyer l'avoine et à hacher la paille.

La seule objection à faire à cette méthode, c'est que, comme le dressage de Rarey, elle n'opère en rien sur la bouche. Les chevaux apprennent à tirer, mais ne sont pas en main, et ne tirent même pas ensemble si on veut former un attelage. Le système Bunting ne peut donc remplacer totalement la vieille méthode, et ne peut servir que dans de grands établissements de louage exploitant le dressage tel quel.

ducteur a encore plus d'action sur la bouche que le cavalier. Il est certain que l'enrênement vaut mieux qu'un conducteur sans soin; mais, avec une attention ordinaire, l'on parvient à sauver son cheval par un effet de rênes qui ne le soutient pas, *mais le force à se soutenir lui-même*. La contrainte de la tête occasionnée par l'enrênement à panurge le gêne pour cela; c'est pourquoi, malgré l'avantage qu'il y a pour le menage à tenir la tête haute, cette position a le grand inconvénient d'ôter au cheval la facilité de se remettre sur ses pieds par un effort soudain. Il est vrai que plusieurs vieux chevaux qui sont habitués à s'appuyer sur le crochet de mantelet ne marchent guère avec sûreté sans cet enrênement; mais avec la plupart de ceux qui n'y sont pas accoutumés l'on peut parfaitement se dispenser d'en mettre. J'en ai eu un petit nombre auxquels l'on ne pouvait se fier, sans enrênement, même des chevaux que j'avais fait dresser exprès pour moi; mais cela provenait d'action défectueuse et de cette forme droite de l'encolure qui mène presque certainement à prendre un point d'appui très-lourd sur le mors. Il est fort rare de voir par terre un cheval de cab, aujourd'hui que l'on ne se sert plus généralement de l'enrênement, et cependant l'on en exige tout autant de travail qu'autrefois, et souvent avec une seule bonne jambe sur les quatre. Mais, avec la tête en liberté et seulement un mors de filet brisé, il est rare qu'ils fassent une faute, et, si cela leur arrive, ils sont presque sûrs de s'en tirer.

Une rêne trop tendue est aussi défectueuse que si elle était trop lâche, et un cheval enrêné à outrance sera si contraint dans ses mouvements qu'il fera faute sur faute. La tête devrait avoir un degré raisonnable de liberté, la bouche sentant à peine l'action de la main, de sorte qu'un cheval bien embouché goûte le mors et joue avec, ce qui est la perfection du dressage. J'entends par là cette tendance à céder à l'action du mors et à éviter sa pression qu'une bouche fine montre toujours, et cependant, chez les chevaux courageux, il y a un désir constant de percer en avant aussitôt que la main se relâche un peu. En montant une pente rapide, la tête doit avoir toute sa liberté ; en descendant, la main doit raccourcir les guides, le conducteur doit tendre le jarret, étendre les pieds, s'attendre à une faute et se tenir prêt à la réparer, non en tirant violemment sur la tête, mais en ramenant, sans la renverser, l'encolure du cheval.

L'art d'éviter les autres véhicules que l'on passe ou rencontre est trop simple pour mériter une description minutieuse[1].

[1] Je recommande néanmoins, en cas de voyage, de s'informer des coutumes du pays pour éviter les rencontres. Ainsi, en France chacun prend sa droite ; en Angleterre on prend sa gauche.

415. — *Pour mener une paire de chevaux*, le grand art consiste à les mettre ensemble de façon à ce que l'un ne tire pas moins que l'autre et à les faire marcher en cadence. Pour bien faire, il faut que les chevaux aient même action et même caractère ; il vaut mieux deux fainéants qu'un cheval bien franc avec un fainéant, parce que, dans ce dernier cas, les coups de fouet donnés au lambin ne font qu'augmenter l'ardeur du bon cheval et il devient impossible de les faire tirer également. Dans quelques cas où deux chevaux se trouvent parfaitement appareillés, les rênes d'assemblage (entre-deux ou croisières) doivent être de même longueur, mais cela n'arrive guère, et quand les deux chevaux ne prennent pas autant de peine l'un que l'autre, l'on doit relever la croisière du cheval le plus franc et rabaisser celle du plus paresseux. Pour surveiller le travail des chevaux, l'on doit toujours se guider sur les chaînettes : si elles sont lâches et si le bout du timon ne vacille pas, qu'aucun des chevaux ne le pousse, le conducteur peut être assuré que chacun des chevaux fait sa part d'ouvrage ; si, cependant, l'un des animaux pousse le timon, c'est un coquin qui fait faire à son camarade plus que sa portion, en maintenant le timon par la presion de son épaule plutôt qu'en tirant sur les traits. Si encore un des chevaux s'écarte du timon et raidit la chaînette, il fait

plus de travail qu'il ne devrait et il faut raccourcir sa croisière. Quelquefois les deux chevaux poussent le timon ou tous les deux s'en écartent; ce sont des habitudes également disgracieuses que l'on peut généralement guérir en lâchant la croisière de chacun s'ils épaulent, et la raccourcissant s'ils ont le défaut opposé. A l'attelage double on tient les guides de la même façon que pour un seul cheval. L'enrênement devient plus utile que pour un animal sur lequel on a une action immédiate; cependant, avec des chevaux raisonnablement actifs et assez bien dressés, il est assez inutile d'enrêner. C'est surtout à ce système qu'on a recours quand les chevaux doivent rester longtemps arrêtés, et alors c'est par ostentation, parce que les chevaux enrênés ont une attitude belle et fière et paraissent mieux appareillés que quand ils se tiennent en repos à leur guise. Pour le menage d'une paire de chevaux il faut toujours se souvenir qu'il y a deux manières de parcourir une ligne courbe, l'une en tirant la rène du dedans, l'autre en frappant le cheval extérieur. En général, il faut combiner les deux manières en graduant l'emploi du fouet selon la sensibilité de la peau du cheval. Il y a toujours lieu d'employer le fouet dans l'attelage double, non pour faire tirer des chevaux dressés, mais pour les faire tirer également, et il y a bien peu d'attelages pour lesquels il ne faille pas de temps en temps un rappel à l'ordre. Il convient de changer continuellement les chevaux de côté pour empêcher les mauvaises habitudes que ceux mis toujours du même côté ne manquent pas de contracter. Le cocher doit donc les changer de temps en temps, de façon que celui qui d'abord tirait sur la chaînette vienne ensuite, par un changement de côté, à plutôt appuyer du côté du timon.

416. — Les connaisseurs ont recours *à divers expédients* pour remédier aux vices des chevaux d'attelage. La platelonge pour le cheval seul est simplement une courroie qui passe par-dessus la croupe et vient ensuite se boucler au brancard; dans l'attelage à deux on emploie un système assez analogue, mais avec peu de succès en comparaison. Il y a encore les rênes de côté dites italiennes, les martingales et bien d'autres expédients; mais comme chacun de ceux qui sont appelés à en faire usage a ses idées particulières, il devient inutile de les décrire.

FIN.

TABLES GÉNÉALOGIQUES

DES

CHEVAUX DE PUR SANG

TABLES GÉNÉALOGIQUES DES CHEVAUX DE PUR SANG.

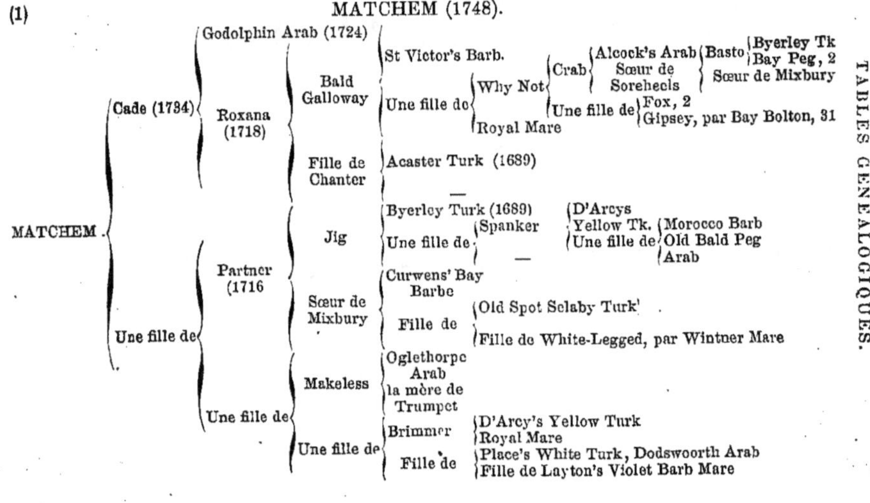

(2) HEROD (1758).

- **HEROD**
  - **Tartar (1743)**
    - **Partner, 1** (1716)
    - **Meliora** (1729)
      - Fox (1714)
        - Clumsy — Hautboy, par White d'Arcy Turk, par Royal Mare
        - Bay Peg
          - Leedes Arab
          - Y. Bald Peg
            - Leedes Arab
            - Old Morocco Mare, 1
      - Milkmaid
        - Snail
        - Shied's Galloway
  - **Cypron (1750)**
    - Blaze (1733)
      - Childers (1715)
        - Darley Arab
        - Betty Leedes
          - Careless
            - Spanker, 1
            - Une jument barbe
          - Sœur de Leedes
            - Leedes Arab
            - Une fille de
              - Spanker, 1
              - Mère Spanker, 1
      - Confederate Filly
        - Gray Grantham, par Brownlow Turk
        - Une fille de Rutland bk. Barb, par Bright's roan
    - Selima
      - Bethel's Arab
      - Une fille de
        - Graham's Champion
          - Harper Arab
          - Une fille de Hautboy (v. pl. haut.)
        - Une fille de
          - Darley Arabian
          - Une fille de Merlin

---

(3) RANTHOS (1763) — *Brother to Maiden.*

- **RANTHOS**
  - **Matchem, 1**
  - **Une fille de**
    - **Squirt, 4**
    - **Une fille de**
      - Mogul (*frère de Babraham, 35*)
      - Une fille de
        - Bay Bolton, 31
        - Une fille de Pullens's Chestnut Arab.

(4)

ECLIPSE (1764).

- ECLIPSE . .
  - Marske (1750)
    - Squirt (1732)
      - Bartlett's Childers (*brother to Childer*, 2)
      - Une fille de
        - Snake, par Lister Turk, d'une fille de Hautboy, 2
        - Une fille de Hautboy, 2
    - Une fille de
      - Hutton's Blacklegs (1725)
        - Hutton Bay Turk
        - Une fille de
          - Coneyskins, par Lister Turk
          - Une fille d'Hautboy, 2
      - Une fille de
        - Fox Cub
          - Clumsy. 2
          - Fille de Leede's Arab
        - Une fille de
          - Coneyskins, par Lister Turk
          - Une fille de Hutton's Grey Barb
  - Spilletta (1749)
    - Regulus (1739)
      - Godolphin
      - Grey Robinson
        - Bald Galloway, 1
        - Une fille de
          - Snake (*voir ci-dessus*)
          - Old Wilkes, par Hautboy
    - Mother Western
      - Son fils
        - Snake (*voir ci-dessus*)
        - —
      - Une fille de
        - Old Montague
        - Une fille de
          - Hautboy, 2
          - Une fille de
            - Brimmer, 1
            - —

---

(5)

MARK ANTHONY (1767).

- MARK ANTHONY
  - Spectator
    - Crab, 1
    - Fille de
      - Partner, 1
      - Fille de
        - Bay Bolton, 31.
        - Fille de
          - Darley's Arab
          - Fille de
            - Byerley Turk
            - Fille de
              - Place's White Turk
              - Fille de
                - Taffolet
                - Une jument barbe
  - Rachel, 32

(6) CONDUCTOR (1767).

CONDUCTOR	Matchem, 1		
	Une fille	Snap, 36	
		Une fille de	Cullen Arab
			Lady Thigh, 33

---

(7) BOUDROW (1777).

BOUDROW	Une fille de Eclipse, 4	Sweeper	Sloe	Crab, 1				
				Une fille de	Childers, 2			
					Mermaid	Lutton Turk		
						Basto Mare, 1		
			Une fille de	Mogul, 3				
				Une fille de	Partner, 1			
					Une fille de	Coneskins, 4		
						—		
		Old Tartar Mare (1749)	Tartar, 2					
			Une fille de	Mogul *(frère de Babraham)*				
				Une fille de	Sweepstakes, 47			
					Une fille de	Bay Balton, 31		
						Une fe de	Curwen's Bay Barb	
							Une fe de	Old Spot
								Vintner Mare

---

(8) MERCURY (1778) ET VOLUNTEER (1780)

MERCURY *(Frère de Volunteer)*	Eclipse, 7
	Old Tartar Mare, 7

(9) DIOMED (1777).

- **DIOMED** . .
  - Florizel
    - Herod, 2
    - Une fille de
      - Cygnet
        - Godolphin
        - Une fille de
          - Crab, 1
          - Une fille de
            - Childers, 2
            - Miss Belvoir, par Grantham
  - Une fille de
    - Spectator, 5
    - Une fille de
      - Blank, 32
      - Une fille de
        - Childers, 2
        - Miss Belvoir, par Grantham

---

(10) HERMES (1773).

- **HERMES** . .
  - Chrysolite
    - Blank, 32
    - Blossom
      - Crab, 1
      - Une fille de
        - Childers, 2
        - Miss Belvoir, par Grantham
  - Juno
    - Spectator, 5
    - Une fille de
      - Blank, 32
      - Une fille de
        - Childers, 2
        - Miss Belvoir, par Grantham

---

(11) ANVIL (1779).

- **ANVIL**. . . .
  - Herod, 2
  - Une fille de
    - Feather
      - Godolphin
      - Une fille de
        - Childers, 2
        - Miss Belvoir, par Grantham
    - Une fille de
      - Lath (*frère de Cade*, 1)
      - Sœur de Snip, 36

(12) PHENOMENON (1780).

PHENOMENON.	Herod, 2				
	Frenzy (1774)	Eclipse, 4			
		Une fille de	Engineer	Sampson	Blaze, 2
					Hip Mare
				Une fille de	Y. Greyhound
					Curwen Bay Barb Mare
			—		

(13) DELPINI (1781).

DELPINI . .	Highflyer	Herod, 2		
		Rachel, 32		
	Une fille de	Blank, 32		
		Une fille de	Blaze, 2	
			Une fille de	Greyhound
				Curwen Bay Barb Mare

(14) CHANTER (1782).

CHANTER .	Eclipse, 4	
	Une fille de	Herod, 2
		Sœur de Rachel, 32

(15) WHISKEY (1789).

WHISKEY .	Saltram (1780)	Eclipse, 4		
		Virago	Snap, 36	
			Une fille de	Régulus, 4
				Sœur de Black and all Black, 39
	Calash	Herod, 2		
		Teresa	Matchem, 1	
			Une fille de	Régulus, 4
				Sœur de Ancaster Starling

(16) BOB BOOTY (1804).

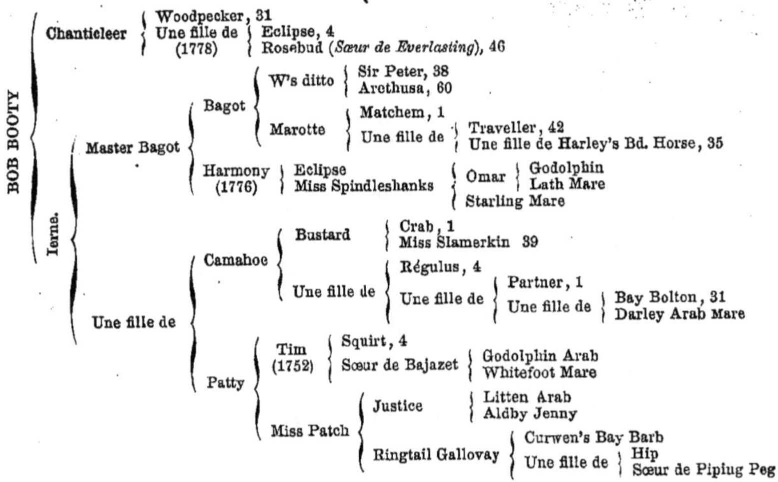

(16 A) THE SADDLER — Waverley (1817).

- **THE SADDLER** (1831).
  - Waverley
    - Whalebone, 73
    - Margaretta
      - Sir Peter, 38
      - Une fille de
        - Highflyer, 13
        - Nutcracker, par Matchem
  - Castrellina
    - Castrel, 68
    - Une fille de
      - Vaxy, 27
      - Bigarre
        - Peruvian, 68
        - Violante, 73

(16 B) SAFEGUARD,

Wichtcraft, Fair Ellen (*Mère de Lilias, par Interpreter*).

- **SAFEGUARD** (1841)
  - Defence, 27
  - Selim Mare, 1822 (*mère de Antler par Venison*).
    - Selim, 27
    - Euryone
      - Witchcraft
        - Wandyke Jun.
        - Miss Witch
          - Sorcerer, 28
          - Rosette
      - Fair Ellen
        - Wellesley Grey Arab
        - Maria
          - Highflyer, 13
          - Nutcracker

(17)

PLENIPOTENTIARY (1831)

EMILIUS, ORVILLE, PERICLES, BENINBROUGH, STAMFORD, EVANDER, etc.

PLENIPOTENTIARY	Emilius (1820)	Orville (1799)	Beninbrough (1761)	King Fergus (1775)	Eclipse	Marske, 4 Spilletta, 4
					Polly	Blk. all Blk., 39 Fanny, 39
				Une fille de	Herod	Tartar, 2 Cypron, 2
					Pyrrha	Matchem, 1 Duchess, 43
			Evelina (1791)	Highflyer (1774)	Herod	Tartar, 2 Cypron, 1
					Rachel	Blank, 32 Regulus M, 32
				Tergamant (1772)	Tantrum	Cripple, 47 H. Ct. Chld. M., 53
					Une fille de	Sampson, 57 Regulus M., 57
		Emily (1810)	Stamford (1819)	Haphazard (1797)	Sir Peter	Higflyer, 13 Papillon, 38
					Miss Hervey	Eclipse, 4 Clio, 45
				Bess (1806)	Waxy	Pot-8-os, 40 Maria, 36
					Vixen	Pot-8-os, 40 Cypher, 59
			Une fille de	Whiskey (1789)	Saltram	Eclipse, 4 Virago, 15
					Calash	Hérode, 2 Térésa, 15
				Grey Dori n (1781)	Dorimant	Otho, 53 Babraham M., 53
					Dizzy	Blank, 32 Ancas. Dizzy, 53
	Harriet (1819)	Pericles (1809)	Evander (1791)	Delpini (1781)	Highflyer	Herod, 2 Rachel, 32
					Une fille de	Blank, 32 Blaze Mare, 13
				Caroline (1793)	Phenomenon	Herod, 2 Frenzy, 12
					Faith	Pacolet, 50 Atalanta, 50
			Une fille de (1796)	Precipitate	Mercury	Eclipse, 4 Tartar Mare, 7
					Une fille de	Herod, 2 Maiden, 3
				Sœur de Osprey	Highflyer	Herod, 2 Rachel, 32
					Une fille de	Snap, 36 Barb Mare
		Une fille de	Selim (1802)	Buzzard (1787)	Woodpecker	Herod, 2 M. Ramsden, 31
					Misfortune	Dux, 43 Curiosity, 43
				Une fille de (1790)	Alexander	Eclipse, 4 Grs. Princess, 55
					Une fille de	Highflyer, 13 Alfred Mare, 55
			Pipylina (1803)	Sir Peter (1784)	Highflyer	Herod, 2 Rachel, 32
					Papillon	Snap, 36 M. Cleveland, 38
				Rally (1790)	Trumpator	Conductor, 6 Brunette, 52
					Fancy	Florizel, 9 Sœur de Juno, 10

HARKAWAY (1834)	Economist (1825)	Whisker (1812)	Vaxy (1790)	Pot-8-os (1773)	Eclipse, 4 Sportsmistress, 40
				Maria	Herod, 2 Lisette, 36
			Penelope	Trumpator	Conductor, 6 Brunette, 42
				Prunella	Highflyer, 13 Promise, 49
		Floranthe	Octavian (1807)	Stripling	Phenomenon, 12 Laura, 25
				Une fille de	Oberon Sœur de Sharper
			Caprice	Anvil	Herod, 2 Feather Mare, 11
				Madcap	Eclipse, 4 Delpini (mère de), 13
	Une fille de	Naboclish (1811) *Grand-vainqueur en Irlande*	Reigantino (1803)	Beninbrough	King Fergus, 17 Herod Mare, 17
				Une fille de	Highflyer, 13 Fencer (mère de)
			Butterfly	Master Bagot	Bagot, 16 Harmony, 16
				Une fille de	Bagot, 16 Mother Brown
		Miss Tooley	Teddy the Grinder	Asparagus	Pot-8-os, 40 Justice Mare, 16
				Stargazer	Highflyer, 13 Miss West
			Lady Jane	Sir Peter	Highflyer, 13 Papillon, 38
				Paulina	Florizel, 9 Captive par Matchem

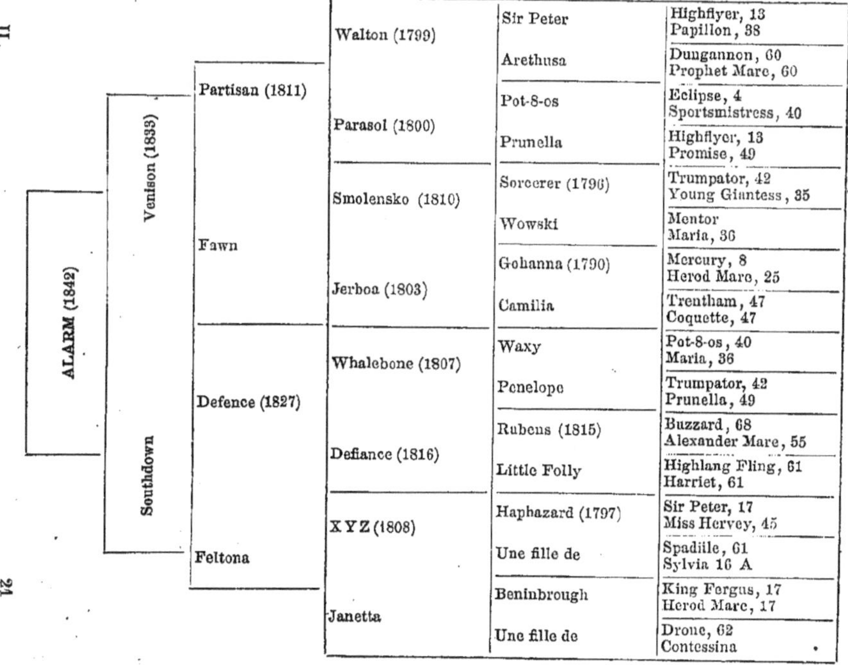

ALARM (1842)	Venison (1833)	Partisan (1811)	Walton (1799)	Sir Peter	Highflyer, 13 Papillon, 38
				Arethusa	Dungannon, 60 Prophet Mare, 60
			Parasol (1800)	Pot-8-os	Eclipse, 4 Sportsmistress, 40
				Prunella	Highflyer, 13 Promise, 49
		Fawn	Smolensko (1810)	Sorcerer (1796)	Trumpator, 42 Young Giantess, 35
				Wowski	Mentor Maria, 36
			Jerboa (1803)	Gohanna (1790)	Mercury, 8 Herod Mare, 25
				Camilia	Trentham, 47 Coquette, 47
	Southdown	Defence (1827)	Whalebone (1807)	Waxy	Pot-8-os, 40 Maria, 36
				Penelope	Trumpator, 42 Prunella, 49
			Defiance (1816)	Rubens (1815)	Buzzard, 68 Alexander Mare, 55
				Little Folly	Highland Fling, 61 Harriet, 61
		Feltona	XYZ (1808)	Haphazard (1797)	Sir Peter, 17 Miss Hervey, 45
				Une fille de	Spadille, 61 Sylvia 16 A
			Janetta	Beninbrough	King Fergus, 17 Herod Mare, 17
				Une fille de	Drone, 62 Contessina

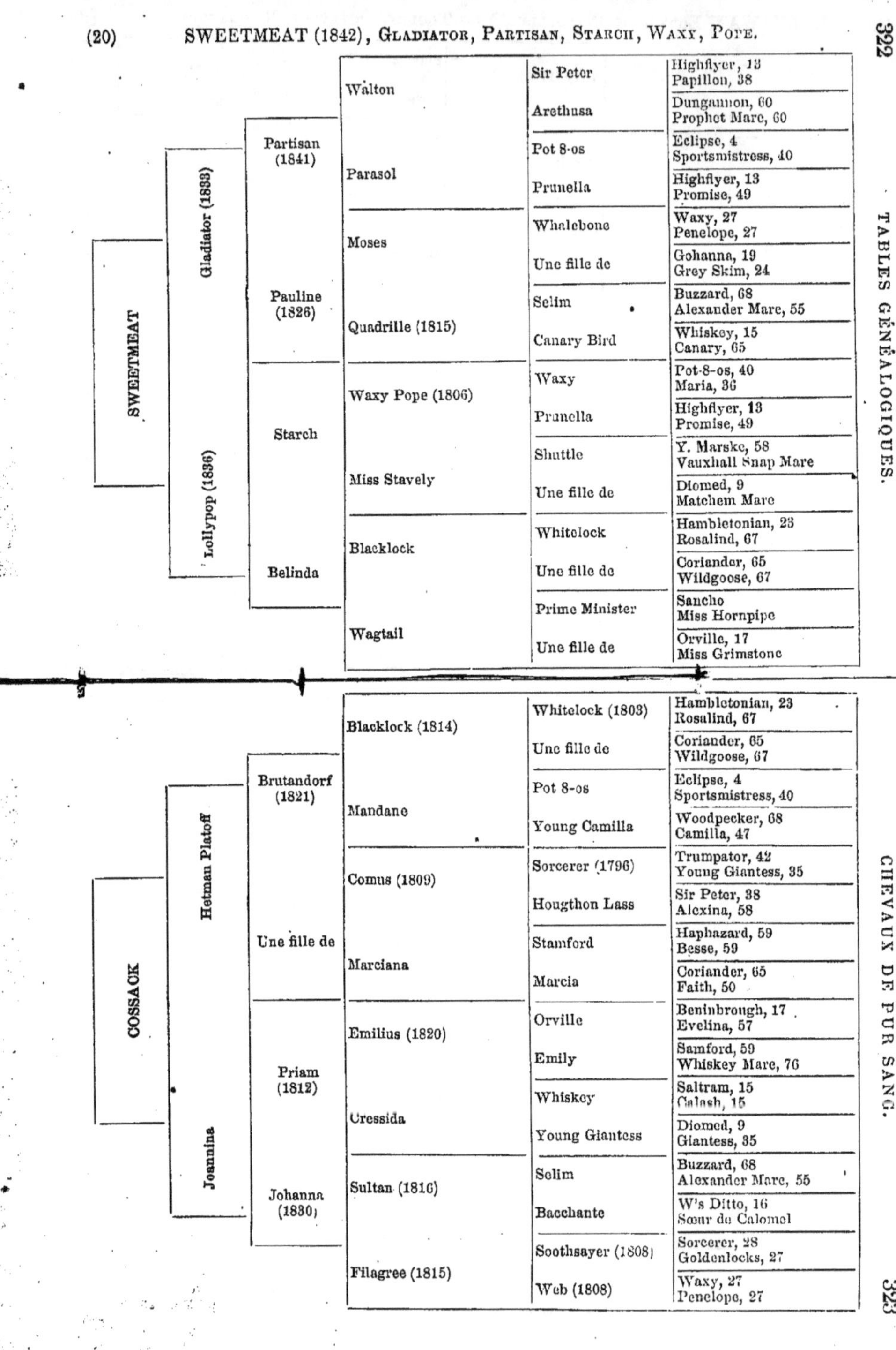

SWEETMEAT	Gladiator (1833)	Partisan (1841)	Walton	Sir Peter	Highflyer, 13 Papillon, 38
				Arethusa	Dungannon, 60 Prophet Mare, 60
			Parasol	Pot 8-os	Eclipse, 4 Sportsmistress, 40
				Prunella	Highflyer, 13 Promise, 49
		Pauline (1826)	Moses	Whalebone	Waxy, 27 Penelope, 27
				Une fille de	Gohanna, 19 Grey Skim, 24
			Quadrille (1815)	Selim	Buzzard, 68 Alexander Mare, 55
				Canary Bird	Whiskey, 15 Canary, 65
	Lollypop (1836)	Starch	Waxy Pope (1806)	Waxy	Pot-8-os, 40 Maria, 36
				Prunella	Highflyer, 13 Promise, 49
			Miss Stavely	Shuttle	Y. Marske, 58 Vauxhall Snap Mare
				Une fille de	Diomed, 9 Matchem Mare
		Belinda	Blacklock	Whitelock	Hambletonian, 23 Rosalind, 67
				Une fille de	Coriander, 65 Wildgoose, 67
			Wagtail	Prime Minister	Sancho Miss Hornpipe
				Une fille de	Orville, 17 Miss Grimstone

COSSACK	Hetman Platoff	Brutandorf (1821)	Blacklock (1814)	Whitelock (1803)	Hambletonian, 23 Rosalind, 67
				Une fille de	Coriander, 65 Wildgoose, 67
			Mandane	Pot 8-os	Eclipse, 4 Sportsmistress, 40
				Young Camilla	Woodpecker, 68 Camilla, 47
		Une fille de	Comus (1809)	Sorcerer (1796)	Trumpator, 42 Young Giantess, 35
				Hougthon Lass	Sir Peter, 38 Alexina, 58
			Marciana	Stamford	Haphazard, 59 Besse, 59
				Marcia	Coriander, 65 Faith, 50
	Joannina	Priam (1812)	Emilius (1820)	Orville	Beninbrough, 17 Evelina, 57
				Emily	Samford, 59 Whiskey Mare, 76
			Cressida	Whiskey	Saltram, 15 Calash, 15
				Young Giantess	Diomed, 9 Giantess, 35
		Johanna (1830)	Sultan (1816)	Selim	Buzzard, 68 Alexander Mare, 55
				Bacchante	W's Ditto, 16 Sœur de Calomel
			Filagree (1815)	Soothsayer (1808)	Sorcerer, 28 Goldenlocks, 27
				Web (1808)	Waxy, 27 Penelope, 27

(22) VAN TROMP (1844),

LANERCOST, LIVERPOOL, TRAMP, CATTON, SANDBECK, BARDELLE ET FLYING DUTCHMAN.

VAN TROMP	Lanercost (1835)	Liverpool (1820)	Tramp (1810)	Dick Andrews (1797)	Joe Andrews (1778)	Eclipse, 4 Amaranda
					Une fille de	Highflyer, 13 Cardinal Puff M.
				Une fille de	Gohanna	Mercury, 8 Herod Mare, 25
					Fraxinella	Trentham, 47 Woodpecker Mare
			Une fille de (1804)	Whiskey (1789)	Saltram	Eclipse, 4 Virago, 15
					Calash	Herod, 2 Teresa, 15
				Mandane (1800)	Pot-8-os	Eclipse, 4 Sportsmistress, 40
					Y. Camilla	Woodpecker, 68 Camilla, 47
		Otis (1818)	Bustard (1801)	Buzzard (1787)	Woodpecker	Herod, 2 Miss Ramsden, 31
					Misfortune	Dux, 43 Curiosity, 43
				Gipsey (1789)	Trumpator	Conductor, 6 Brunette, 42
					Une fille de	Herod, 2 Snap Mare, 36
			l'Orient (1805)	Election (1804)	Gohanna	Mercury, 8 Herod Mare, 25
					Chestnut Skim	Woodpecker, 68 Silver (mère de), 24
				Sœur de Sky-sweeper	Higflyer	Herod, 2 Rachel, 32
					Une fille de	Eclipse, 4 Rosebud, 16
	Barbelle (*Mère de Flying Dutchman, par Bey Middleton*)	Sandbeck (1818)	Catton (1809)	Golumpus (1802)	Gohanna (1790)	Mercury, 8 Herod Mare, 25
					Catherine	Woodpecker, 68 Camilla, 47
				Lucy Gray (1804)	Timothy	Delpini, 13 Matchem Mare
					Lucy	Florizel, 9 Frenzy, 12
			Orvillina (1804) (*sœur d'Orville*)	Beninbrough	King Fergus	Eclipse, 4 Polly, 39
					Une fille de	Herod, 2 Pyrrha, 17
				Evelina (1791)	Higflyer	Herod, 2 Rachel, 32
					Termagant	Tantrum, 57 Sampson Mare, 57
		Darioletta (1822)	Amadis (1807)	Don Quixote (1793)	Chanter	Eclipse, 4 Herod Mare, 25
					Une fille de	Highflyer, 13 Cardinal Puff M.
				Fanny	Sir Peter	Highflyer, 13 Papillon, 38
					Une fille de	Diomed, 9 Desdemona, 41
			Selima (1810)	Selim (1802)	Buzzard	Woodpecker, 68 Misfortune, 43
					Une fille de	Alexander, 55 Highflyer M., 55
				Une fille de	Pot-8-os	Eclipse, 4 Sportsmistress
					Editha (1781)	Herod, 2 Elfrida, 37

(23) VOLTIGEUR (1847), VOLTAIRE, MARTHA LYNN, FILHO DA PUTA, ETC.

VOLTIGEUR.	Voltaire (1826)	Blacklock (1814)	Whitelock (1803)	Hambletonian	King Fergus	Eclipse, 4 Polly, 39
					Une fille de	Highflyer, 13 Matchem Mare
				Rosalind	Volunteer	Eclipse, 4 Old Tartare Mare, 7.
					Eyebright (sr de Conductor)	Matchem, 4 Snap Mare, 6
			Une fille de	Coriander	Pot-8-os	Eclipse, 4 Sportsmistress, 40
					Lavender	Herod, 2 Snap Mare, 44
				Wildgoose	Highflyer	Herod, 2 Rachel, 32
					Coheiress	Pot-8-os, 40 Manilla, 62
		Une fille de	Phantom (1810)	Walton	Sir Peter	Highflyer, 32 Papillon, 38
					Arethusa	Dungannon, 60 Prophet Mare, 60
				Julia	Whiskey	Saltram, 15 Calash, 15
					Y. Giantess	Diomed, 9 Giantess, 35
			Une fille de	Overton	King Fergus	Eclipse, 4 Sportsmistress, 40
					Une fille de	Herod, 2 Snip Mare, 36
				Gratitude's (mère)	Walnut	W's Ditto, 16 Maiden, 3
					Une fille de	Ruler, 74 Piracantha
	Martha Lynn (1837)	Mulatto (1823)	Catton (1809)	Golumpus	Gohanna	Mercury, 8 Herod Mare, 25
					Catherine	Woodpecker, 98 Camilla, 47
				Lucy Grey	Timothy	Delpini, 13 Matchem Mare
					Lucy	Florizel, 9 Frenzy, 12
			Desdemona (1811)	Orville	Beninbroug	King Fergus, 39 Herod Mare, 25
					Evelina	Highflyer, 13 Termagant, 57
				Fanny	Sir Peter	Highflyer, 13 Papillon, 38
					Une fille de	Diomed, 9 Desdemona, 41
		Leda	Filho da Puta (1812)	Haphazard	Sir Peter	Highflyer, 13 Papillon, 38
					Miss Hervey	Eclipse, 4 Clio, 45
				Mrs. Barnett	Waxy	Pot-8-os, 40 Maria, 36
					Une fille de	Woodpecker, 68 Heinel, 73
			Treasure	Camillus	Hambletonian	King Fergus, 67 Highflyer Mare, 67
					Faith	Pacolet, 50 Atalanta, 50
				Une fille de	Hyacinthus	Spadille, 61 Rosalind, 67
					Flora	King Fergus, 39 Atalanta, 50

TEDDINGTON (1848),
Orlando, Touchstone, Camel, Vulture, Rockingham, Langar et Election.

TEDDINGTON	Orlando (1841)	Touchstone (1831)	Camel (1822)	Whalebone (1807)	Waxy (1790)	Pot-8-os, 40 Maria, 36
					Penelope	Trumpator, 42 Prunella, 49
				Une fille de	Selim	Buzzard, 68 Alexander M., 55
					Maiden	Sir Peter, 38 Phenomenon, M., 12
			Banter	Master Henry (1815)	Orvllle (1809)	Beninbrough, 18 Evelina, 57
					Miss Sophia (1805)	Stamford, 17 Sophia, 54
				Boadicea (1807)	Alexander (1752)	Eclipse, 4 Grec. Princess, 55
					Brunette	Amaranthus Mayfly
		Vulture	Langar (1817)	Selim	Buzzard	Woodpecker, 68 Misfortune, 43
					Une fille de	Alexander, 55 Highflyer Mare, 55
				Une fille de	Walton	Sir Peter, 38 Arethusa, 60
					Y. Giantess	Diomed, 9 Giantess, 35
			Kite	Bustard	Castrel	Buzzard, 68 Alexander, 55
					Mishap	Shuttle, 20 Sr de Haphazard, 59
				Olympia	Sir Oliver	Sir Peter, 38 Fanny
					Scotilla	Anvil, 11 Scota, 74
	Miss Twickenham	Rockingham (1831)	Humphrey Clinker (1822)	Comus	Sorcerer	Trumpator, 42 Y. Giantess, 95
					Hougthon Lass	Sir Peter, 38 Alexina, 58
				Clinkerina	Sir Peter	Highflyer, 13 Papillon, 36
					Hyale	Phenomenon, 12 Rally, 17
			Medora (1813)	Swordsman (1797)	Prizefighter	Florizel, 9 Promise, 49
					Zara	Eclipse, 4 Squirrel Mare, 42
				Une fille de	Trumpator	Conductor, 6 Brunette, 42
					Peppermint (*s^r de Prunella*)	Highflyer, 13 Promise, 49
		Electress (1819)	Election (1804)	Gohanna	Mercury	Eclipse, 4 Tartar Mare, 7
					Une fille de	Herod, 2 Maiden, 3
				Chestnut Skim (*sœur de Grey Skim*)	Woodpecker	Herod, 2 Miss Ramsden, 31
					Une fille de	Herod, 2 Young Hag, 41
			Une fille de (1805)	Stamford	Haphazard	Sir Peter, 38 Miss Hervey, 45
					Bess	Waxy, 27 Vixen, 59
				Miss Judy (1784)	Alfred	Matchem, 1 Snap Mare, 6
					Manilla (1777)	Goldfinder, 62 Old England, 32

(25) KINGSTON (1849), VENISON, SLANE, PARTISAN, SMOLENSKO, GOHANNA, WALTON.

KINGSTON	Venison (1833)	Partisan (1811)	Walton (1799)	Sir Peter	Highflyer, 13 Papillon, 38
				Arethusa	Dugannon, 65 Prophet Mare, 60
			Parasol	Pot-8-os	Eclipse, 4 Sportsmistress, 40
				Prunella	Highflyer, 13 Promise, 49
		Fawn	Smolensko (1800)	Sorcerer (1796)	Trumpator, 42 Y. Giantess, 35
				Wowski	Mentor Maria, 36
			Jerboa (1803)	Gohanna (1790)	Mercury, 8 Herod Mare, 25.
				Camilla (1778)	Trentham, 47 Coquette, 47
	Queen Anne	Slane (1833)	Royal Oak (1823)	Catton (1809)	Golumpus, 22 Lucy Gray, 22
				Une fille de	Smolensko, 25 Beninbrough, M., 17
			Une fille de	Orville	Beninbrough, 17 Evelina, 57
				Epsom Lass	Sir Peter, 38 Alexina, 58
		Garcia (1823) (*Sœur d'Octaviana*)	Octavian (1807)	Stripling	Phenomenon, 12 Laura, 70
				Une fille de	Oberon, 70 Sœur de Sharper, 70
			Une fille de	Shuttle	Y. Marske, 58 Vauxhall Snap M.
				Catherine	Delpini, 13 Flora

(26) WEATHERGAGE, Weatherbit, Sheet Anchor, Zinganee, Morisco, Miss Letty.

WEATHERGAGE	Weatherbit	**Sheet Anchor (1832)**	Lottery (1820)	Tramp (1810)	Dick Andrews, 22 Highflyer Mare, 58
				Mandane (1800)	Pot-8-os, 40 Y. Camilla, 47
			Morgiana	Muley (1810)	Orville, 17 Eleanor, 74
				Miss Stephenson (1810)	Sorcerer, 28 Sœur de Petworth
		Miss Letty (1834)	Priam (1827)	Emilius (1820)	Orville, 17 Emily, 17
				Cresida (1807) (*Sœur d'Eleanor*)	Whiskey, 15 Y. Giantess, 35
			Miss Fanny (mère de)	Orville (1799)	Beninbrough, 17 Evelina, 17
				Une fille de (1800)	Buzzard, 68 Hornpipe
	Taurina	**Taurus (1826)**	Morisco (1819)	Muley (1810)	Orville, 17 Eleanor, 74
				Aquilina (1807)	Eagle Sœur de Petworth
			Katherine (1821)	Soothsayer (1808)	Sorcerer, 28 Golden Locks, 27
				Quadrille (1815)	Selim, 27 Canary Bird, 20
		Esmerilda	Zinganee (1825)	Tramp (1810)	Dick Andrews, 22 Highflyer Mare, 56
				Folly (1808)	Young Drone Regina
			Pastille (1819)	Rubens (1805)	Buzzard, 68 Alexandre Mare, 55
				Parasol (1800)	Pot-8-os, 40 Prunella, 49

(27) ANDOVER (1851),

Bay Middleton, Sultan, Cobweb, Defence, Selim, Bacchante, Phantom, etc.

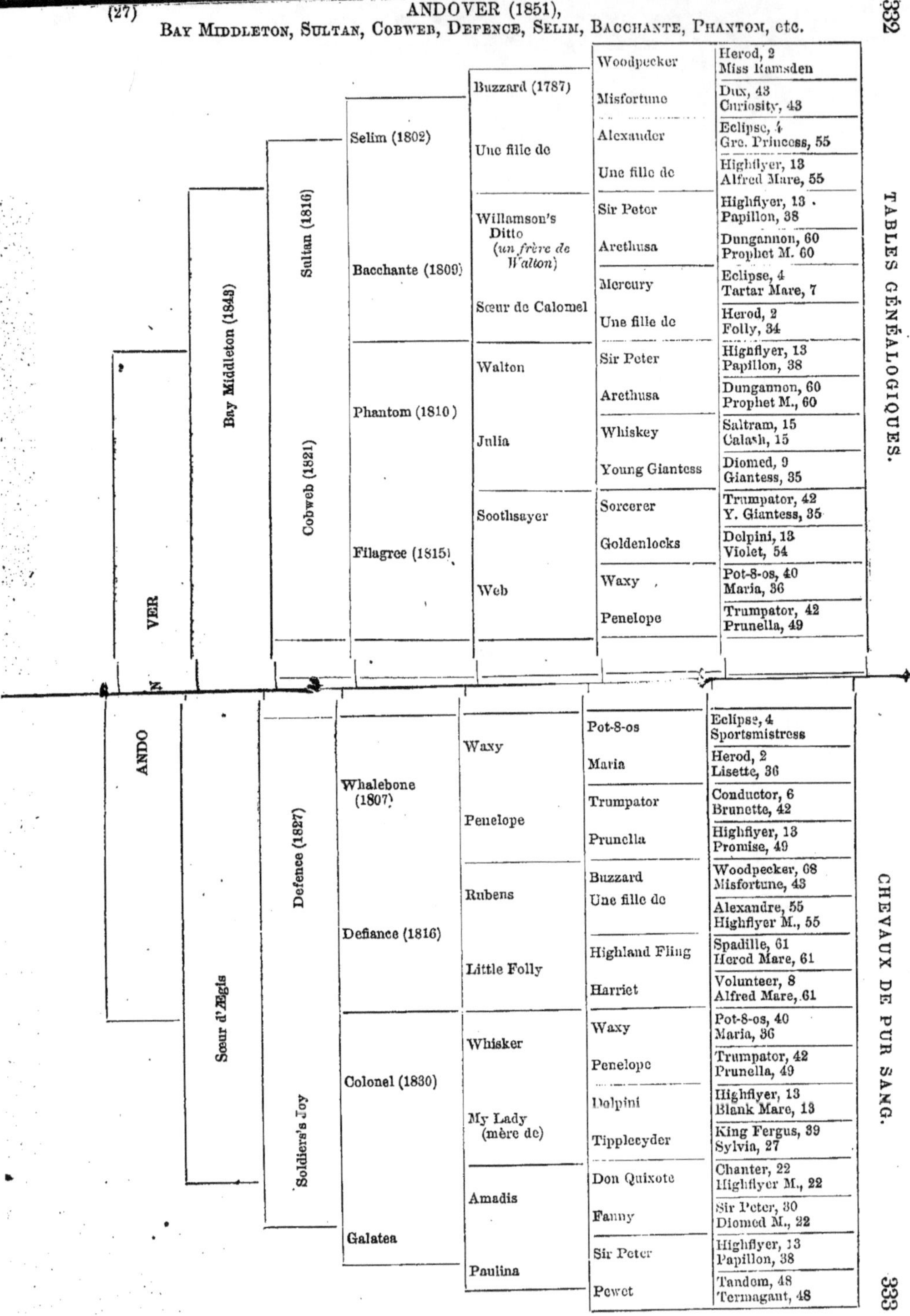

COTHERSTONE, MELBOURNE, HUMPHREY, CERVANTES, WHISKER, etc.

TRALIAN	Melbourne (1831)	Humphrey Clinker (1822)	Comus (1809)	Sorcerer (1796)	Trumpator	Conductor, 6 Brunette, 42
					Y. Giantess	Diomed, 9 Giantess, 35
				Houghton Lass (1801)	Sir Peter	Highflyer, 13 Papillon, 38
					Alexina	King Fergus, 39 Lardella, 58
			Clinkerina	Sir Peter (1784)	Highflyer	Herod, 2 Rachel, 32
					Papillon	Snap, 38 Miss Cleveland, 38
				Hyale	Phenomenon	Herod, 2 Frenzy, 12
					Rally	Trumpator, 12 Fancy, 12
		Une fille de	Cervantes (1806)	Don Quixote (1793)	Chanter	Eclipse, 4 Herod Mare, 14
					Une fille de	Highflyer, 13 Cardinal Puff M.
				Evelina (1791)	Highflyer	Herod, 2 Rachel, 32
					Termagant	Tantrum, 57 Sampson Mare, 57
			Une fille de	Golumpus (1802)	Gohanna (1790) (père de *Precipitate*)	Mercury, 8 Herod Mare, 25
					Catherine	Woodpecker, 68 Camilla, 47
				Une fille de	Paynator	Trumpator, 42 Mk. Anthony M., 5
					Sœur de Zodiac	St. George Abigail

(21) COSSACK (1814), HETMAN PLATOFF, BRUTANDORF, BLACKLOCK.

WEST AUS	Mowerina (*sœur de Cotherstone*)	Touchstone (1831)	Camel (1822)	Whalebone (1807)	Waxy	Pot-8-os, 40 Maria, 36
					Penelope	Trumpator, 42 Prunella, 39
				Une fille de	Selim	Buzzard, 68 Alexander M., 55
					Maiden	Sir Peter, 38 Phenomenon M., 12
			Banter	Master Henry (1815)	Orville	Beninbrough, 17 Evelina, 57
					Miss Sophia	Stamford, 17 Sophia, 59
				Boadicea (1807)	Alexander	Eclipse, 4 Grec. Princess, 55
					Brunett	Amaranthus, 73 Mayfly, 73
		Emma	Whisker (1822)	Waxy	Pot-8-os	Eclipse, 4 Sportsmistress, 40
					Maria	Herod, 2 Lisette, 36
				Penelope	Trumpator	Conductor, 6 Brunette, 42
					Prunella	Highflyer, 13 Promise, 9
			Gibside Fairy (1811	Hermes (1790)	Mercury	Eclipse, 4 Tartar Mare, 8
					Rosina	Woodpecker, 68 Petworth
				Vicissitude (1800)	Pipator	Trumpator, 43 Brunette, 42
					Beatrice	Sir Peter, 38 Pyrrha, 17

(29) STOCKWELL (1849), RATAPLAN, THE BARON, BIRDCATCHER, SIR HERCULES, GLENCOE, etc.

STOCKWELL (*sœur de Rataplan*)	The Baron (1842)	Irish Birdcatcher (*fr. de Faugh-a-Ballagh*)	Sir Hercules (1829)	Whalebone (1817) — Waxy, 27 Penelope, 27
				Peri — Wanderer Talestris
			Guiccioli	Bob Booty — Chanticleer, 16 Ierne, 16
				Flight — Escape, 63 Y. Heroine, 63
		Echidna	Economist (1825)	Whisker — Waxy, 27 Penelope, 27
				Floranthe — Octavian, 18 Caprice, 18
			Miss Pratt	Blacklock — Whitelock, 23 Coriander Mare, 23
				Gadabout — Orville, 17 Ministrel
	Pacahontas	Glencoe (1831)	Sultan (1816)	Selim — Buzzard, 68 Alexander Mare, 55
				Bacchante — W.'s Ditto, 16 Sœur de Calomel, 27
			Trampoline	Tramp — Dick Adrews, 22 Highflyer Mare, 56
				Web (*sœur de Whalebone*) — Waxy, 27 Penelope, 27
		Marpessa	Muley (1810)	Orville — Beninbrough, 17 Evelina, 57
				Eleanor — Whiskey, 15 Y. Giantess, 35
			Clare	Marmion — Whiskey, 15 Y. Noisette
				Harpalice — Gohanna, 25 Amazon

(30) WILD DAYRELL (1852), Ion, Cain, Malek, Paulowitz, etc.

WILD DAYRELL	Ion (1835)	Cain (1822)	Paulowitz (1813)	Sir Paul (1803)	Sir Peter, 38 Pewet, 48
				Evelina	Highflyer, 13 Termagant, 57
			Une fille de (1810)	Paynator (1791)	Trumpator, 52 Mark Anthony, M. 68
				Une fille de	Delpini, 13 Y. Marske M., 58
		Margaret (1824)	Pyramus (1810)	Meteor	Velocipede, 67 Dido, 68
				Passionflower (1806)	Sir Peter, 38 Sr de John Bull, 78
			Euphrasia (1815)	Rubens	Buzzard, 68 Alexander Mare, 55
				Witch of Endor	Sorcerer, 28 Delpini Mare, 55
	Ellen Middleton	Bay Middleton (1835)	Sultan (1816)	Selim	Buzzard, 68 Alexander Mare, 13
				Bacchante	W.'s Ditto, 16 Sœur de Calomel, 27
			Cobweb (1821)	Phantom	Walton, 27 Web, 27
				Filagree	Sootsayer, 27 Julia, 27
		Myrrha	Malek (*frère de Velocipede*) (1824)	Blacklock	Whitelock, 23 Coriander M., 23
				Une fille de (1816)	Juniper, 67 Canidia, 67
			Bessy	Young Gouty	Gouty, 66 Dungannon M., 65
				Grandiflora	Sir Harry Dimsdale Pipator Mare

(31) MISS RAMSDEN (*Mère de Woodpecker et d'Herod*).

MISS RAMSDEN (1760)
- Cade, 1
- Une fille de
  - Lonsdale Bay Arab
  - Fille de
    - Bay Bolton
      - Grey Hautboy, par Hautboy, 2
      - Fille de
        - Makeless, 1
        - Fille de
          - Brimmer, 1
          - Fille de
            - Diamond
            - la mère de Merlin.
    - Fille de
      - Darley Arab
      - Fille de
        - Byerley Turk
        - Fille de
          - Place's White Turk
          - Fille de
            - Taffolet Barb
            - Natural Barb M.

---

(32) RACHEL (*Sœur de Ruth*).

RACHEL (1763)
- Blank (1740) (*frère O. Eng.*)
  - Godolphin
  - Little Harley M.
    - Bartlett's Childers, 4
    - Flying Whig
      - Woodstock Arab
      - Une fille de
        - St. Victor's Barb
        - Why Not Mare, 1
- Une fille de
  - Regulus, 4
  - Une fille de
    - Soreheels, 1
    - Une fille de
      - Makeless, 1
      - D'Arcy Royal Mare

---

(33) PRINCIPESSA (1762).

PRINCIPESSA
- Blank (1740), 32
- Une fille de
  - Cullen Arab
  - Lady Thigh
    - Partner, 1
    - Une fille de
      - Greyhound
      - la mère de Sophonisba.
        - Curwen's Bay Bard
        - D'Arcy's Arab Mare

(34) FOLLY (1764).

- FOLLY
  - Blank, 37
  - Sœur de Regulus, 4

(35) GIANTESS (1769).

- GIANTESS (*Mère de Y. Giantess, par Diomed*)
  - Matchem, 1
  - Molly Long-legs (1753)
    - Babraham (1740)
      - Godolphin
      - Large Hartley M.
        - Hartley's Blind Horse
          - Holderness Turk
          - Black M.
            - Makeless
            - D'Arcy Royal M.
        - Flying Whig, 32
    - Une fille de
      - Cole's Foxhunter
        - Brick (*fils de Darley Arab*)
        - Rutland Brown Betty
      - Sœur de Cato
        - Partner, 1
        - Sœur de Roxana

(36) LISETTE (1772).

- LISETTE (*m. de Maria par Herod et sœur de Signora*)
  - Snap (1750)
    - Snip (1736)
      - Childers, 2
      - Sœur de Sorebeels, 1
    - Une fille de
      - Fox, 2
      - Gipsey
        - Bay Bolton, 31
        - Une fille de
          - Newcastle Turk
          - Une fille de Byerley Turk
  - Miss Windsor (1754)
    - Godolphin
    - Sœur de Volunteer
      - Y. Belgrade
        - Belgrade Turk
        - Une fille de
          - Bay Bolton, 31
          - Scarborough Mare
      - Uue fille de
        - Bartlett's Childers, 4
        - Fille de Devonshire Chestnut Arab

(37) ELFRIDA (1768).

ELFRIDA	Snap, 36			
	Miss Belsea	Regulus, 4		
		Une fille de	Barlett's Childers, 4	
			Une fille de	Honeywood's Arab
				Mère des deux True Blues

(38) PAPILLON (1769).

PAPILLON (*mère de Sir Peter, par Highflyer*)	Snap, 36				
	Miss Cleveland (1758)	Regulus, 4			
		Midge	Fils de Bay Bolton, 31		
			Une fille de	Bartlett's Childers, 4	
				Fille de	Honeyvood's Arab
					Mère des deux True Blues

(39) POLLY (1756).

POLLY (*m. de King Fergus, par Eclipse*)	Black et all Black	Crab, 1		
		Miss Slamerkin	True Blue	
			Une fille de	Lord Oxford's Dun Arab
				Black-legged Royal Mare
	Fanny	Tartar, 2		
		Une fille de	Starling	Bay Bolton, 31
				Petite-fille de Brownlow Turk
			Une fille de	Roundhead
				Grantham Mare

(40) SPORTSMISTRESS (1765).

SPORTSMISTRESS *(mère de Pot-8-os, par Eclipse)*

- **Sportsmann** (1753)
  - Cade, 1
  - Silvertail (1738)
    - Heneage's Whitenose (1722)
      - Hall's Arabian
      - *Mère de Jig*
    - Une fille de
      - Rattle
      - Une fille de
        - Darley Arab
        - Une fille de
          - Gresley's Bay Arab
          - Wixen
            - Helmsey Turk
            - Dodworth's (mère)
- **Goldenlocks**
  - Oronooko (1745)
    - Crab, 1
    - Miss Slamerkin, 39
  - Une fille de
    - Crab, 1
    - Une fille de
      - Partner, 1
      - Thwaits's Dun Mare

(41) DESDEMONA (1770).

DESDEMONA

- Marske (1750), 4
- Young Hag (1762)
  - Skim
    - Starling, 39
    - Une fille de Bartlett's Childers, 4
  - Hag
    - Crab, 1
    - Ebony
      - Childers, 2
      - Old Ebony, par Basto, 1

(42) BRUNETTE (1771).

BRUNETTE *(m. de Trumpator, par Conductor)*

- **Squirrel** (1754)
  - Old Traveller
    - Partner, 1
    - Une fille de
      - Almanzor
        - Darley Arab
        - Hautboy Mare, 2
      - Une fille de
        - Grey Hautboy
        - Makeless Mare, 1
  - Une fille de
    - Bloody Buttocks
    - Une fille de
      - Greyhound
      - Makelesl Mare, 1
- **Dove** (1764)
  - Matchless
    - Godolphin
    - South's (mère), 47
  - Fille de
    - Ancaster Starling
      - Starling, 36
      - —
        - Bandy
          - Cade, 1
          - Fille de
            - Partner, 1
            - Greyhound M.
    - Une fille de
      - Grasshopper
      - —
        - Alipes

(43) MISFORTUNE (*Mère de Buzzard, par Woodpecker*).

- **MISFORTUNE** (1775)
  - Dux
    - Matchem, 1
    - Duchess
      - Whitenose
        - Godolphin
        - Sœur de Blaze, 2
      - Miss Slamerkin, 39
  - Curiosity (*sœur d'Elfrida*, 37.)

(44) LAVENDER (1778).

- **LAVENDER**
  - Herod, 2
  - Une fille de
    - Snap, 36
    - Une fille de
      - Cade, 1
      - Bloody Buttocks Mare

(45) MISS HERVEY (1775).

- **MISS HERVEY**
  - Eclipse, 4
  - Clio
    - Y. Cade (frère de Matchem),
    - Une fille de
      - Starling, 39
      - Une fille de
        - Bartlett's Childers, 4
        - Une fille de
          - Bay Bolton, 31
          - Une fille de
            - Byerley Turk
            - Bustler Mare

(46) EVERLASTING (1775).

- **EVERLASTING**
  - Eclipse, 4
  - Hyena (*sœur d'Elfrida*, 37)

(47) CAMILLA (1778).

CAMILLA (*mère de Y. Camilla, par Woodpecker*)

- **Trentham** (1776)
  - **Sweepstakes**
    - Gower Stallion (*fils de Godolphin*)
    - Une fille de
      - Partner, 1
      - Sœur de Matchem (mère), 1
  - **Miss South** (1758)
    - South
      - Regulus, 4
      - Une fille de
        - Soreheels, 1
        - Une fille de
          - Makeless
          - D'Arcy Royal Mare
    - Une fille de
      - Cartouch
        - Bald Galloway, 1
        - Fille de
          - Cripple (*fils de Godolphin*)
          - la mère de Matchem 1
      - Ebony, 41
- **Coquette** (1764)
  - Compton Bard
  - Sœur de Regulus

(48) PEWET (1786).

PEWET

- **Tandem** (1773)
  - Syphon
    - Squirt, 4
    - Une fille de
      - Patriot (1729)
        - Bay Bolton, 31
        - Une fille de
          - Jig, 1
          - Old Lady, par Pullen's Arab
      - Une fille de
        - Crab, 1
        - Une fille de
          - Bay Bolton, 31
          - Sœur de Mixbury, 1
  - Une fille de
    - Regulus, 4
    - Une fille de
      - Snip, 36
      - Cottingham Mare
        - Cottingham
          - Hartley's Bd. [Horse, 25
          - —
        - Warloch Galloway
          - Snake, 4
          - Sœur de Carlisle Gelding
- **Termagant** (1772)
  - Eclipse, 4
  - Leopardess
    - Merlin
    - —

(49) PRUNELLA (*Mère de Penelope, par Trumpator; de Parasol, par Pot-8-os, et de Pope, par Waxy*).

PRUNELLA (1788)

- Highflyer
  - Herod, 2
  - Rachel, 32
- Promise
  - Snap, 36
  - Julia
    - Blank, 32
    - Spectator (mère de), 5

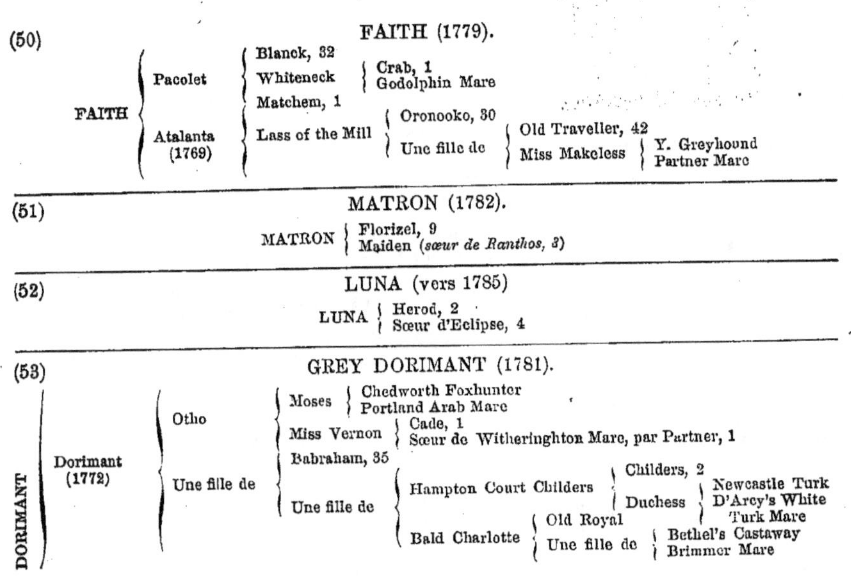

(50) FAITH (1779).

- FAITH
  - Pacolet
    - Blanck, 32
    - Whiteneck
      - Crab, 1
      - Godolphin Mare
  - Atalanta (1769)
    - Matchem, 1
    - Lass of the Mill
      - Oronooko, 30
      - Une fille de
        - Old Traveller, 42
        - Miss Makeless
          - Y. Greyhound
          - Partner Mare

(51) MATRON (1782).

- MATRON
  - Florizel, 9
  - Maiden (*sœur de Ranthos, 3*)

(52) LUNA (vers 1785)

- LUNA
  - Herod, 2
  - Sœur d'Eclipse, 4

(53) GREY DORIMANT (1781).

- DORIMANT
  - Dorimant (1772)
    - Otho
      - Moses
        - Chedworth Foxhunter
        - Portland Arab Mare
      - Miss Vernon
        - Cade, 1
        - Sœur de Witheringhton Mare, par Partner, 1
    - Une fille de
      - Babraham, 35
      - Une fille de
        - Hampton Court Childers
          - Childers, 2
          - Duchess
            - Newcastle Turk
            - D'Arcy's White Turk Mare
        - Bald Charlotte
          - Old Royal
          - Une fille de
            - Bethel's Castaway
            - Brimmer Mare

GREY
- Dizzy (1757)
  - Blank, 32
  - Ancaster Dizzy
    - Driver
      - Wymis's Arab
      - Lady Mare
        - Pert
        - Une fille de St. Martin
    - Une fille de
      - Smiling Tom
        - Conyer's Arab
        - Une fille de
          - Chillaby Arab
          - Makeless Mare
      - Une fille de
        - Oysterfoot
        - Une fille de
          - Merlin
          - Une fille de
            - Commoner
            - Copper M.

(54)

VIOLET (vers 1785).

VIOLET
- Shark (1771)
  - Marske, 4
  - Une fille de
    - Snap, 36
    - Une fille de
      - Marlborough (frère de Babraham, 35)
      - Natural Barb Mare
- Une fille de
  - Syphon, 48
  - Quick's Charlotte
    - Blank, 32
    - Une fille de
      - Crab, 1
      - Fille de
        - Dyer's Dimple
        - Une fille de Bethel's Castaway

(55)

ALEXANDER MARE (1790).

ALEXANDER MARE (*mère de Castrel et de Rubens par Buzzard*)
- Alexander (1782)
  - Eclipse, 4
  - Grecian Princess
    - Forester
      - Hartley's Bd. Horse, 35
      - Une fille de
        - Partner, 1
        - Une fille de
          - Greyhound
          - Brocklesby Betty
    - Une fille de
      - The Coalition Colt
      - Une fille de
        - Bustard
          - Crab, 1
          - Miss Slamerkin
        - Fille de Second
          - Childers, 2
          - Sr Soreheels, 1
- Une fille de
  - Highflyer, 49
  - Une fille de
    - Alfred (frère de Conductor)
    - Une fille de
      - Engineer, 12
      - la mère de Bay Malton.

(56) HIGHFLYER MARE (1790).

HIGHFLYER MARE (*m. de Dick Andrews, par Joe Andrews, et Don Quixote, par Chanter*)
- Highflyer, 49
- Une fille de
  - Cardinal Puff
    - Babraham, 35
    - Une fille de
      - Snip, 36
      - Lady Thigh, 33
  - Une fille de
    - Tatler (*frère de Julia*, 49)
    - Fille de
      - Snip, 36
      - Fille de
        - Godolphin
        - Une fille de
          - Whiteneck, 50
          - Pelham Barb Mare

---

(57) EVELINA (1791).

EVELINA
- Highflyer, 49
- Termagant
  - Tantrum (1760)
    - Cripple (*fils de Godolphin*)
    - Une fille de Hampton Court Childers, 53
  - Une fille de
    - Sampson, 12
    - Une fille de
      - Regulus
      - la mère de Marske, 45

---

(58) ALEXINA (1788).

ALEXINA
- King Fergus (1775)
  - Eclipse, 4
  - Polly, 39
- Lardella, 39
  - Y. Marske
    - Marske, 4
    - Clio's (mère), 45
  - Une fille de
    - Cade, 1
    - la mère de Beaufremont.

(59)

MISS SOPHIA (1805).

MISS SOPHIA
- Stamford
  - Haphazard
    - Sir Peter, 38
    - Miss Hervey, 45
  - Bess
    - Waxy
      - Pot-8-os, 40
      - Maria, 36
    - Vixen
      - Pot-8-os, 40
      - Cypher
        - Squirrel, 32
        - Regulus Mare, 4
- Sophia
  - Buzzard
    - Woodpecker, 31
    - Misfortune, 43
  - Huncamunca
    - Highflyer, 49
    - Cypher (voir ci-dessus)

(60)

ARETHUSA (1792).

ARETHUSA
- Dungannon (1780)
  - Eclipse, 4
  - Une fille de
    - Herod, 2
    - Une fille de
      - Blanck, 32
      - Helen
        - Spectator, 5
        - Daphne
          - Godolphin
          - Fox Mare
- Une fille de
  - Prophet
    - Regulus, 4
    - Jenny Spinner
      - Partner, 1
      - Greyhound Mare
  - Virago, 15

(61)

LITTLE FOLLY (1806).

LITTLE FOLLY
- Highland Fling (1806)
  - Spadille
    - Highflyer, 49
    - Flora
      - Sguirrel, 42
      - Angelica (*sœur de Miss Belsea*, 37)
  - Cœlia
    - Herod, 2
    - Proserpine (*sœur d'Eclipse*)
- Harriet
  - Volunteer, 8
  - Une fille d'Alfred (*frère de Conductor*, 6)

(62) RIVAL (1800).

- **RIVAL**
  - Sir Peter, 38
  - Hornet (1790)
    - Drone
      - Herod, 2
      - Lilly
        - Blank, 32
        - Peggy
          - Cade, 1
          - Lady Thigh, 33
    - Manilla
      - Goldfinder
        - Snap, 36
        - Une fille de
          - Blank, 32
          - Regulus Mare
      - Old England Mare, 32

---

(63) FLIGHT (à peu près 1810).

- **FLIGHT** (*mère de Guiccioli*)
  - Escape (1802)
    - Commodore (1793)
      - Tug
      - Smallhopes
        - Scaramouch
        - Une fille de
          - Blank, 32
          - Fille de Traveller, 42
    - Buffer's (mère)
      - Highflyer, 13
      - Shift
        - Sweetbriar
        - —
  - Y. Heroine
    - Old Bagot, 16
    - Old Heroine
      - Hero (*Fils de Cade*)
      - —

---

(64) CHESTNUT SKIM.

- **CHESTNUT SKIM** (*sœur de Grey Skim*)
  - Woodpecker, 31
  - Silver's (mère)
    - Marske, 4
    - Y. Hag, 41

(65) CANARY (à peu près 1805).

CANARY	Coriander	Pot-8-os, 40			
		Lavender, 44.			
	Miss Green	Highflyer, 13			
		Harriet	Matchem, 1		
			Flora	Regulus, 4	
				Une fille de	Bartlett's Childers, 4
					Bay Bolton Mare

(66) SYLPH (*mère de Luywardine, Newcourt et Lady Lift*), SPECTRE, GOUTY, etc.

SYLPH (1824)	Spectre (1815)	Phantom (1801)	Walton	Sir Peter, 38
				Arethusa, 60
			Julia	Whiskey, 15
				Y. Giantess, 35
		Filikins (1804)	Gouty	Sir Peter, 38
				Yellow Mare, par Tandem, 48
			Une fille de	King Fergus, 39
				Herode Mare
	Fanny Legh (1812)	Castrel (1801)	Buzzard	Woodpecker, 68
				Misfortune, 43
			Une fille de	Alexander, 55
				Highflyer Mare, 55
		Mishap	Shuttle	Y. Marske, 58.
				Vauxall Snap M.
			Sœur de Haphazard	Sir Peter, 38
				Miss Hervey, 45

(67)

QUEEN OF TRUMPS (1832)

VELOCIPEDE, MALEK, JUNIPER, DIAMOND, etc.

QUEEN OF TRUMPS	Velocipede (1825) (*frère de Malek*)	Blacklock (1814)	Whitelock (1803)	Hambletonian (1792)	King Fergus
					Eclipse, 4 Polly, 39
					Une fille de
					Highflyer, 13 Matchem Mare, 39
				Rosalind	Volunteer
					Eclipse, 4 Old Tartar Mare, 7
					Eyebrigt (s. de Conductor)
					Matchem, 1 Snap Mare, 6
			Une fille de	Coriander	Pot-8-os
					Eclipse, 4 Sportsmistress, 40
					Lavender
					Herod, 2 Snap Mare, 44
				Wildgoose	Highflyer
					Herod, 2 Rachel, 32
					Coheiress
					Pot-8-os, 40 Manilla, 62
		Une fille de (1816)	Juniper (1805)	Whiskey	Saltram
					Eclipse, 4 Virago, 15
					Calash
					Herod, 2 Teresa, 15
				Jenny Spinner (1797)	Dragon (1787)
					Woodpecker, 68 Juno, 10
					Sœur de Soldier
					Eclipse, 4 Miss Spindleshanks
			Canidia	Sorcerer	Trumpator
					Conductor, 6 Brunette, 42
					Y. Giantess
					Diomed, 9 Giantess, 35
				Orange Bud	Highflyer
					Herod, 2 Rachel, 32
					Orange Girl
					Matchem, 1 Red Rose
	Princess Royal (1818)	Castrel (1801)	Buzzard (1787)	Wodpecker	Herod
					Tartar, 2 Cypron, 2
					Miss Ramsden
					Old Cade, 1 Fl de L. Lonsd'ls B.A.
				Misfortune	Dux
					Matchem, 1 Duchess, 43
					Curiosity
					Snap, 36 Regulus Mare, 43
			Une fille de	Alexander	Eclipse
					Marske, 4 Spilletta, 4
					Gre. Princess
					Forester, 55 Coalition Colt M., 55
				Une fille de	Highflyer
					Herod, 2 Rachel, 32
					Une fille de
					Alfred, 55 Engineer Mare, 55
		Queen of Diamonds (1801)	Diamond (1792)	Highflyer	Herod
					Tartar, 2 Cypron, 2
					Rachel
					Blank, 32 Regulus Mare, 32
				Une fille de	Matchem
					Cade, 1 Partner Mare, 1
					Barbara
					Snap, 36 Cade Mare, 1
			Une fille de	Sir Peter	Highflyer
					Herod, 2 Rachel, 32
					Papillon
					Snap, 36 Miss Cleveland, 38
				Lucy	Florizel
					Herod, 2 Cygnet Mare, 9
					Une fille de
					Eclipse, 4 Engineer Mare, 55

(67 A) VERBENA (*mère d'Ithuriel, par Touchstone*); ITHURIEL, MILO, etc.

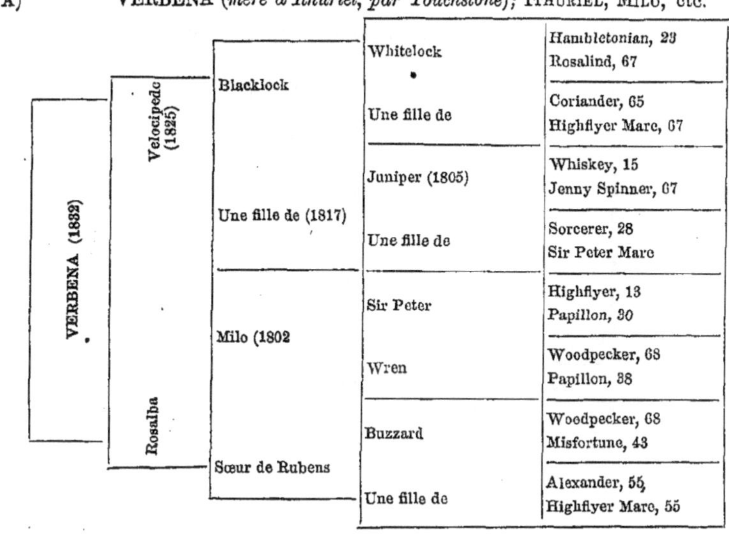

VERBENA (1832)	Velocipede (1825)	Blacklock	Whitelock	Hambletonian, 23
				Rosalind, 67
			Une fille de	Coriander, 65
				Highflyer Mare, 67
		Une fille de (1817)	Juniper (1805)	Whiskey, 15
				Jenny Spinner, 67
			Une fille de	Sorcerer, 28
				Sir Peter Mare
	Rosalba	Milo (1802	Sir Peter	Highflyer, 13
				Papillon, 30
			Wren	Woodpecker, 68
				Papillon, 38
		Sœur de Rubens	Buzzard	Woodpecker, 68
				Misfortune, 43
			Une fille de	Alexander, 55
				Highflyer Mare, 55

(67) B)

HELEN

(mère de St.-Lawrence, par Skylark, fils de Waxy Pope ou Lapwing).

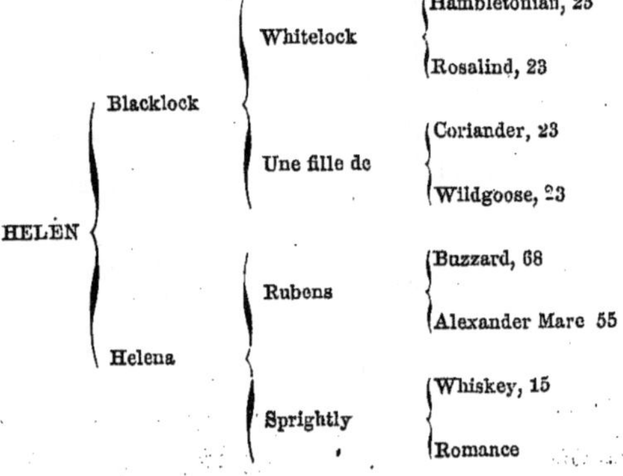

(67 C)

BEESWING

(*mère de Newminster et Nunnykirk, par, Touchstone, et de Old Port, par Sir Hercules*);

DOCTOR SYNTAX, ARDROSSAN, JOHN BULL, NEWMINSTER ET OLD PORT.

BEESWING (1833)	Doctor Syntax (1811)	Paynator (1791)	Trumpator	Conductor, 6
				Brunette, 42
			Une fille de	Mark Anthony, 7
				Signora, 68
		Une fille de	Beninbrough (1791)	King Fergus, 17
				Herod Mare, 17
			Jenny Mole	Carbuncle
				Prince T' Quassaw M.
	Une fille de	Ardrossan (1809)	John Bull (1789)	Fortitude, 73
				Xantippe (*sœur d'Alexandre*, 55)
			Miss Whip (1793)	Volunteer
				Wimbledon
		Lady Eliza (13)	Whitworth (1805)	Agonistes
				Jupiter Mare
			Une fille de	Spadille, 61
				Sylvia, 16 A

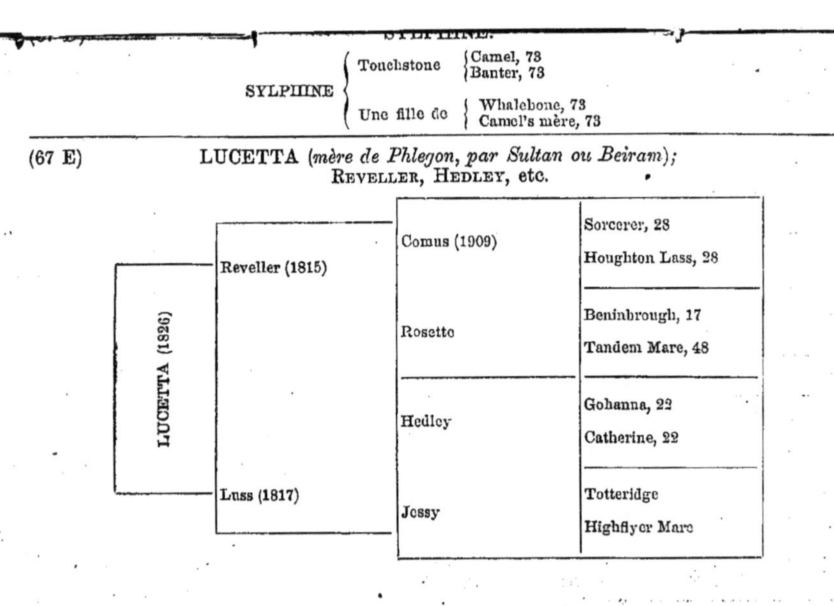

SYLPHINE.

SYLPHINE	Touchstone	Camel, 73
		Banter, 73
	Une fille de	Whalebone, 73
		Camel's mère, 73

(67 E) LUCETTA (*mère de Phlegon, par Sultan ou Beiram*); REVELLER, HEDLEY, etc.

LUCETTA (1826)	Reveller (1815)	Comus (1909)	Sorcerer, 28
			Houghton Lass, 28
		Rosette	Beninbrough, 17
			Tandem Mare, 48
	Luss (1817)	Hedley	Gohanna, 22
			Catherine, 22
		Jessy	Totteridge
			Highflyer Mare

GHUZNEE (1838)

PANTALON, CAIN, PERUVIAN, PAULOWITZ, POULTON, etc.

Mère …lone)	Pantalon (1824)	Castrel (1801)	Buzzard (1778)	Woodpecker (1773)	Herod	Tartar, 2 Cypron, 2
					Miss Ramsden	Cade, 1 Lonsdl. Bay Bb M. 31
				Misfortune	Dux	Matchem, 1 Duchess, 43
					Curiosity	Snap, 36 Regulus Mare, 43
			Une fille de	Alexander	Eclipse	Marske, 4 Spiletta, 4
					Grec. Princess	Forester, 65 Fille Coalition C., 55
				Une fille de	Highflyer	Herod, 1 Rachel, 32
					Une fille de	Alfred, 55 Engineer Mare, 55
		(1815)	Peruvian	Sir Peter	Highflyer	Herod, 2 Rachel, 32
					Papillon	Snap, 36 Miss Cleveland, 38
				Une fille de (1788)	Boudrow	Eclipse, 4 Sweeper Mare, 7
					la mère d'Escape	Squirrel, 42 Babraham Mare, 35
			Musidora (1804)	Meteor	Velocipede	Blacklock, 23 Juniper Mare
					Dido	Whisker, 18 Miss Gosforth
	Languish	Cain (18…	Paulowitz (1813)	Evelina (1791)	Highflyer	Herod, 2 Rachel, 32
					Termagant	Tantrum, 57 Sampson Mare, 57
			Une fille de	Paynator (1791)	Trumpator	Conductor, 6 Brunette, 42
					Une fille de	Mark Anthony, 5 Signora
				Une fille de	Delpini	Highflyer, 13 Blank Mare, 13
					Une fille de	Y. Marske, 50 Gentle Kitty
		Lydia (1822)	Poulton (1805) (*frère de Fyldener et de Sir Oliver*)	Sir Peter	Highflyer	Herod, 2 Rachel, 32
					Papillon	Snap, 36 Miss Cleveland, 38
				Fanny (1790)	Diomed	Florizel, 9 Spectator Mare, 9
					Ambrosia	Woodpecker, 68 Sœur de Rachel, 32
			Variety (1808)	Hyacinthus (1797)	Coriander	Pot-8-os, 40 Lavender, 44
					Rosalind	Phenomenon, 12 Atalanta, 50
				Sœur de Swordsman	Prizefighter	Florizel, 9 Promise, 49
					Zara	Eclipse, 4 Squirrel Mare, 42

(69) CYPRIAN

(mère de Joe Lovel, par Velocipede; de Songtress, par Birdcatcher; de Meteora, par Melbourne; et de Cypriana, par Epirus).

CYPRIAN (1833)	Partisan (1811)	Walton	Sir Peter, 38
			Arethusa, 60
		Parasol	Pot-8-os, 40
			Prunella, 49
	Frailty (1821)	Filho da Puta (1812)	Haphazard, 59
			Mrs. Barnett, 73
		Agatha (1814)	Orville, 17
			Star Mare

(70) CRUCIFIX

(mère de Surplice, Pontifex, Rosary et Cardinal, par Touchstone; de Cowl, par Bay Middleton; de Crozier, par Lanercost; de Constantine, par Cotherstone; et de Chalice, par Orlando).

CRUCIFIX (1837)	Priam, 21			
	Octaviana	Octavian (1807)	Stripling	Phenomenon, 13
				Laura
			Une fille de	Oberon, 18
				Sœur de Sharper, 18
		Une fille de (1807)	Shuttle	Y. Marske, 58
				Vauxhall Snap M.
			Zara (1801)	Delpini, 13
				Flora, 18

(71) EMPRESS (*mère d'Autocrat, par Bay Middleton*).

EMPRESS	Emilius	Orville	Beninbrough, 17
			Evelina, 57
		Emily	Stamford, 17
			Whiskey Mare, 17
	Mangel Wurzel	Merlin (1815)	Castrel, 55
			Miss Newton, par Delpini
		Morel	Sorcerer, 28
			Hornby Lass

(72) ALICE HAWTHORN (*mère d'Oulston, par Melbourne*).

ALICE HAWTHORN (1838)	Muley Moloch (1830)	Muley (1810)	Orville, par Beninbrough, 17
			Eleonor, 74
		Nancy	Dich Andrews, 22
			Spitfire
	Rebecca	Lottery	Tramp, 22
			Mandane, 21
		Une fille de	Cervantes, 28
			Anticipation

(73) **PHRYNE** (*mère de Elthiron, Windhound, Miserrima, Hobbie Noble, the Reiver et Rambling Katie, par Pantalon*); DECOY, FLATCATCHER, CAMEL, FILHO DA PUTA, TOUCHSTONE, LAUNCELOT ET MASTER HENRY.

PHRYNE (*Sœur de Flatcatcher*)	**Touchstone (1831)** (*frère de Launcelot*)	**Camel (1822)**	Whalebone (1807)	Waxy (1790)	Pot-8-os: Eclipse, 4 Sportsmistress
					Maria: Herod, 2 Lisette, 36
				Penelope	Trumpator: Conductor, 6 Brunette 42
					Prunella: Highflyer, 13 Promise, 49
			Une fille de	Selim (1802)	Buzzard: Woodpecker, 68 Misfortune, 43
					Une fille de: Alexander, 55 Highflyer M., 55
				Maiden	Sir Peter: Highflyer, 13 Papillon, 38
					Une fille de: Phenomenon, 12 Matron, 51
		Banter (1826)	Master Henry (1815)	Orville (1799)	Beninbrough: King Fergus, 39 Polly, 39
					Evelina: Highflyer, 13 Termagant, 57
				Miss Sophia	Stamford: Haphazard, 59 Bess, 59
					Sophia: Buzzard, 68 Huncamunca 59
			Boadicea (1807)	Alexander (1782)	Eclipse: Marske, 4 Spilletta, 4
					Gr. Princess: Forester, 55 Coalition Colt M.
				Brunette	Amaranthus: Old England, 32 Lit. Hartley M.. 52
					May-fly: Matchem, 1 Anc. Star. M., 42
	Decoy	**Filho da Puta (1812)**	Haphazard (1797)	Sir Peter (1784)	Highflyer: Herod, 2 Rachel, 32
					Papillon: Snap, 36 Miss Cleveland, 38
				Miss Hervey	Eclipse: Marske, 4 Spiletta, 4
					Clio: Y. Cade, 45 Starling Mare, 4
			Mrs. Barnett	Waxy (1790)	Pot-8-os: Eclipse, 4 Sporstmistress, 40
					Maria: Herod, 2 Lisette, 36
				Une fille de	Woodpecker: Herod, 2 Miss Ramsden, 31
					Heinel: Squirrel, 42 Principessa, 33
		Finesse (1815)	Peruvian (1806)	Sir Peter (1784)	Highflyer: Herod, 2 Rachel, 32
					Papillon: Snap, 36 Miss Cleveland, 38
				Une fille de (1788)	Boudrow: Eclipse, 4 Sweeper Mare, 7
					Mère Escape's: Squirrel, 42 Babraham Mare
			Violante (1802)	John Bull (1789)	Fortitude: Herod, 2 Snap Mare
					Xantipe: Eclipse, 4 Grc. Princess, 55
				Sœur de Skyscraper	Highflyer: Herod, 2 Rachel, 32
					Everlasting: Eclipse, 4 Hyena, 46

VIRAGO	Pyrrhus I (1849)	Epirus (*Frère de Elis*) (1834)	Langar (1817)	Selim (1803)	Buzzard	Woodpecker, 68 Misfortune, 43
					Une fille de	Alexander, 55 Highflyer Mare, 55
				Une fille de	Walton	Sir Peter, 38 Arethusa, 60
					Y. Giantess	Diomed, 9 Giantess, 35
			Olympia	Sir Oliver (1800)	Sir Peter	Highflyer, 13 Papillon, 38
					Fanny	Diomed, 9 Ambrosia, 68
				Scotilla	Anvil	Herod, 2 Feather Mare
					Scota	Eclipse, 4 Herod Mare
		Fortress	Defence (1827)	Whalebone (1807)	Waxy	Pot-8-os, 40 Maria, 36
					Penelope	Trumpator, 42 Prunella, 49
				Defiance	Rubens	Buzzard, 68 Alexander M., 55
					Little Folly	Highland Fling, 61 Harriet, 61
			Jewess	Moses (1819)	Whalebone	Waxy, 27 Penelope, 27
					Une fille de	Gohanna, 25 Grey Skim, 24
				Calendulæ (1845)	Comerton	Hambletonian, 23 Precipitate, 28
					Snowdrop	Highland Fling, 61 Daisy

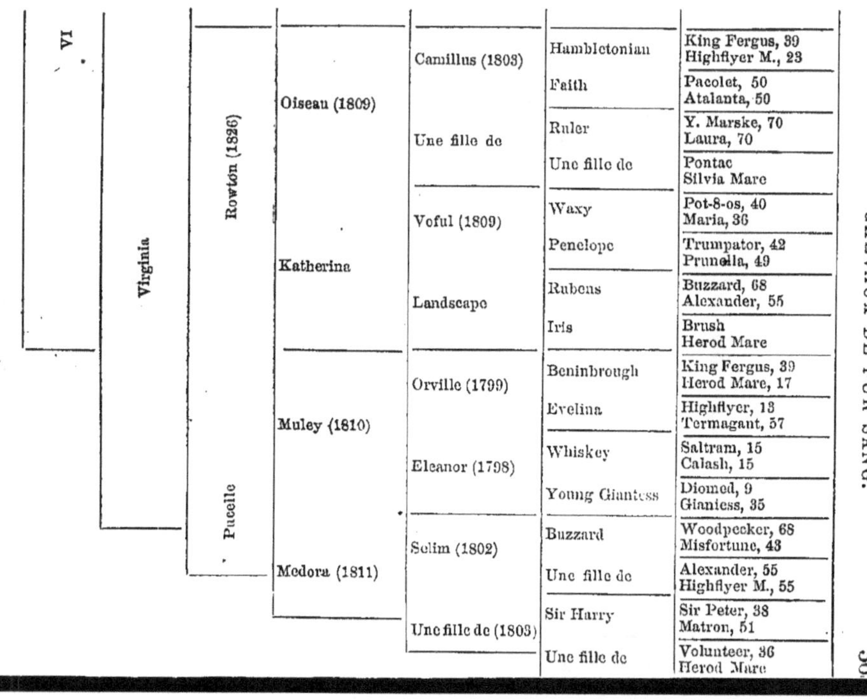

	Virginia	Rowton (1826)	Oiseau (1809)	Camillus (1803)	Hambletonian	King Fergus, 39 Highflyer M., 23
					Faith	Pacolet, 50 Atalanta, 50
				Une fille de	Ruler	Y. Marske, 70 Laura, 70
					Une fille de	Pontac Silvia Mare
			Katherina	Vofuł (1809)	Waxy	Pot-8-os, 40 Maria, 36
					Penelope	Trumpator, 42 Prunella, 49
				Landscape	Rubens	Buzzard, 68 Alexander, 55
					Iris	Brush Herod Mare
		Pucelle	Muley (1810)	Orville (1799)	Beninbrough	King Fergus, 39 Herod Mare, 17
					Evelina	Highflyer, 13 Termagant, 57
				Eleanor (1798)	Whiskey	Saltram, 15 Calash, 15
					Young Giantess	Diomed, 9 Gianiess, 35
			Medora (1811)	Selim (1802)	Buzzard	Woodpecker, 68 Misfortune, 43
					Une fille de	Alexander, 55 Highflyer M., 55
				Une fille de (1803)	Sir Harry	Sir Peter, 38 Matron, 51
					Une fille de	Volunteer, 36 Herod Mare

(75) WHIM (*mère de Chanticleer, par Birdcatcher*);
DRONE, WAXY POPE, MASTER ROBERT et BUFFER.

WHIM (1832)	Drone	Master Robert	Buffer (*frère de Rugantino*)	Beninbrough, 17 Highflyer Mare, 18
			Spinster	Shuttle, 20 Sir Peter Mare, 66
		Une fille de	Sir W. Raleigh	Waxy, 27 Woodcote, 77
			Miss Tooley	Teddy the Grinder, 18 Lady Jane, 18
	Kiss (1827)	Waxy Pope	Pot-8-os	Eclipse, 4 Sportsmistress, 40
			Prunella	Highflyer, 18 Promise, 49
		Une fille de	Pot-os-os	Eclipse, 4 Sportsmistress, 40
			Brown Fanny	Maximin —

NEE GHUZ, *par Touchstone Assault,*	Ida[illegible]	Sir Paul (1803)	Sir Peter	Highflyer 13 Papillon, 88
			[illegible]	Tandem, 48
		Maid of all Work	Highflyer	Rachel, 32
			Sœur de Tandem	Syphon, 48 Regulus Mare, 48

(75 A) PRIMA DONNA (*mère de Drayton, par Muley*);
DRAYTON, TIPPITYWITCHET.

PRIMA DONNA (1821)	Soothsayer (1808)	Sorcerer	Trumpator, 42 Y. Giantess, 35
		Goldenlocks	Delpini, 13 Violet, 54
	Tippitywitchet (1808)	Waxy	Pot-8-os, 40 Maria, 36
		Hare	Sweetbriar Justice Mare

MARGRAVE MARE	Margrave (1829)	Muley	Orville	Beninbrough	King Fergus, 39 Herod Mare, 17
				Emily	Stamford, 17 Whiskey Mare, 17
			Eleanor	Whiskey	Saltram, 15 Calash, 15
				Y. Giantess	Diomed, 9 Giantess, 35
		Election Mare (1815)	Election	Gohanna	Mercury, 8 Herod Mare, 25
				Chestnut Skim	Woodpecker, 68 Mère Silver's
			Fair Helen	Hambletonian	King Fergus, 39 Highflyer Mare, 39
				Helen	Delpini, 13 Rosalind, 67
	Petty Primrose	Confederate (1821)	Comus	Sorcerer	Trumpator, 42 Y. Giantess, 35
				Houghton Lass	Sir Peter, 38 Alexina, 58
			Maritornes (1813)	Cervantes	Don Quixotte, 22 Evelina, 57
				Sally	Sir Peter, 38 Diomed Mare, 9
		Sybil (1822)	Interpreter	Soothsayer	Sorcerer, 28 Golden Locks, 27
				Blowing	Buzzard, 68 Pot-8-os Mare, 40
			Galatea (1816)	Amadis	Don Quixotte, 22 Fanny, 22
				Paulina	Sir Peter, 38 Pewet, 48

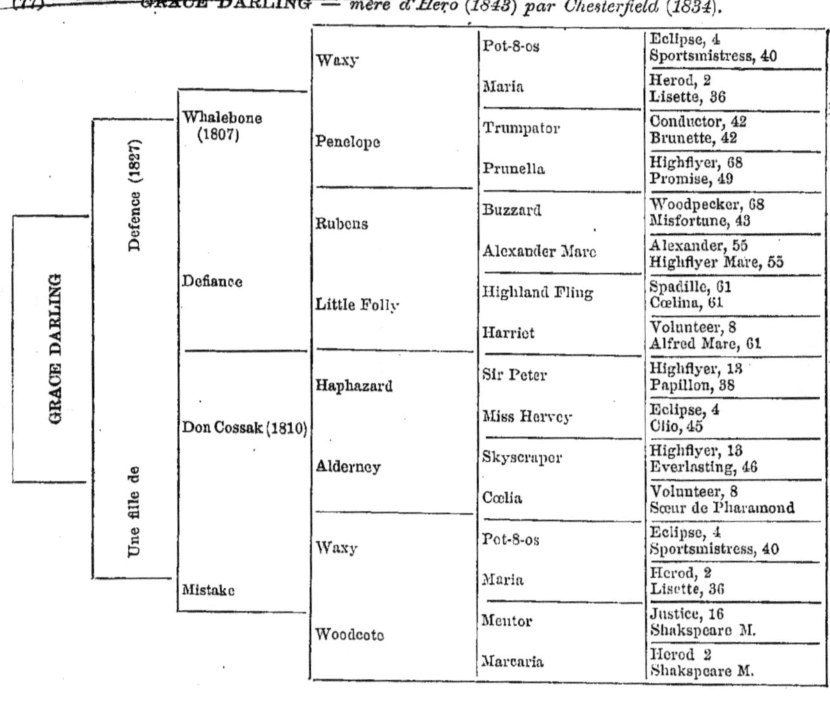

GRACE DARLING	Defence (1827)	Whalebone (1807)	Waxy	Pot-8-os	Eclipse, 4 Sportsmistress, 40
				Maria	Herod, 2 Lisette, 36
			Penelope	Trumpator	Conductor, 42 Brunette, 42
				Prunella	Highflyer, 68 Promise, 49
		Defiance	Rubens	Buzzard	Woodpecker, 68 Misfortune, 43
				Alexander Mare	Alexander, 55 Highflyer Mare, 55
			Little Folly	Highland Fling	Spadille, 61 Cœlina, 61
				Harriet	Volunteer, 8 Alfred Mare, 61
	Une fille de	Don Cossak (1810)	Haphazard	Sir Peter	Highflyer, 13 Papillon, 38
				Miss Hervey	Eclipse, 4 Clio, 45
			Alderney	Skyscraper	Highflyer, 13 Everlasting, 46
				Cœlia	Volunteer, 8 Sœur de Pharamond
		Mistake	Waxy	Pot-8-os	Eclipse, 4 Sportsmistress, 40
				Maria	Herod, 2 Lisette, 36
			Woodcote	Mentor	Justice, 16 Shakspeare M.
				Marcaria	Herod 2 Shakspeare M.

(78) RUBY (*mère de Coronation, par Sir Hercules*).

RUBY (1838)
- Rubens, 27
- Une fille de
  - Williamson's Ditto, 16
  - Agnes
    - Shuttle, 20
    - Highflyer Mare
      - Highflyer, 13
      - Une fille de
        - Goldfinder, 62
        - Lady Bolinbroke

---

(79) PASQUINADE (*sœur de Touchstone et mère de Libel, par Pantalon*).

---

(80) RUFINA (*sœur de Velociped et mère de Ratcatcher, par Langar*).

---

(81) LOUISA (*mère de Jerry, par Smolensko*).

LOUISA (1813)
- Orville, 17
- Thomasina
  - Timothy
  - Violet, par Shark, 54

---

(82) VAT (*mère de Vatican, par Venison, et de Windfall, par Fitz Orville*).

VAT (1826)
- Langar, 74
- Wire (*sœur de Whalebone*)

(83) IOLE (*mère de Idleboy, par Harkaway*).

IOLE (1839)	Sir Hercules, 29			
	Cardinal Cape	Sultan, 27		
		Dulcinea	Cervantes, 29	
			Regina	Moorcock
				Rally, 28

(84) HESTER (*mère de Chatham, par Colonel*).

HESTER (1832)	Camel, 73	
	Monimia	Muley, 26
		Sœur de Petworth, par Precipitate

(85) TAGLIONI (*mère de Retriever et de Pride of Kildare, par Recovery, son fils Emilius; de Tearaway, par Voltaire; de Fireaway, par Freney; de Clear-the-way et Danceaway, par Harkaway*).

TAGLIONI (1836)	Whisker, 18		
	Une fille de	Catton, 22	
		Une fille de	Paynator, 68
			Violet, par Shark, 54

(86) ELY (1861); Kingston, Venison, Partisan, Slane, Smolensko, Walton, Gohanna.

(1861)	Kingston (1849)	Venison (1835)	Partisan (1811)	Walton (1799)	Sir Peter (1784)	Highflyer, 17 Papillon, 58
					Arethusa (1792)	Dungannon, 80 Jument pr Prophet, 80
				Parasol (1800)	Pot-8-os (1773)	Eclipse, 4 Sportsmistress, 60
					Prunella (1788)	Highflyer, 17 Promise, 69
			Fawn (1823)	Smolensko (1810)	Sorcerer (1796)	Trumpator, 62 Y. Giantess, 55
					Wowski (1797)	Mentor, 103 Maria, 56
				Jerboa (1803)	Gohanna (1790)	Mercury, 8 Jument par Herod 112
					Camilla (1778)	Trentham, 67 Coquette, 67
		Queen Anne (1843)	Slane (1833)	Royal Oak (1823)	Catton (1809)	Golumpus Lucy Gray, 22
					Fille de (1818)	Smolensko Lady Mary, 43
				Fille de (1819)	Orville (1799)	Beninbrough, 17 Evelina, 77
					Epsom Lass	Sir Peter Alexina, 78
			Garcia (1823)	Octavian (1807)	Stripling (1795)	Phenomenon, 12 Laura, 95
					Fille de	Oberon, 95 Sœur de Sharper, 95
				Fille de (1800)	Shuttle (1793)	Y. Marske, 78 Jument par Vauxhall Snap, 95
					Katherine (1798)	Delpini, 13 J. par Paymaster, 142
	The Bloomer (1850)	Melbourne (1834)	Humphrey Clinker (1822)	Comus (1809)	Sorcerer (1796)	Trumpator, 62 Y. Giantess, 55
					Houghton Lass (1801)	Sir Peter Alexina, 78
				Clinkerina (1812)	Clinker (1805)	Sir Peter Hyale, 28
					Pewet (1786)	Tandem, 68 Termagant, 68
			Fille de (1825)	Cervantes (1806)	Don Quixote (1784)	Eclipse, 4 Grecian Princess, 75
					Evelina (1791)	Highflyer, 17 Termagant, 68
				Fille de (1818)	Golumpus (1802)	Gohanna Catherine, 22
					Fille de	Paynator, 126 Sœur de Zodiac, 139
		Lady Sarah (1840)	Velocipede (1825)	Blacklock (1814)	Whitelock (1803)	Hambletonian, 28 Rosalind, 41
					Fille de (1810)	Coriander, 23 Wild Goose, 23
				Fille de (1817)	Juniper (1805)	Whiskey, 15 Jenny Spinner, 41
					Fille de (1810)	Sorcerer Virgin, 41
			Lady Moore Carew (1830)	Tramp (1810)	Dick Andrews (1797)	Joe Andrews, 22 Jument par High., 22
					Fille de (1803)	Gohanna Fraxinella, 22
				Kite (1821)	Bustard (1813)	Castrel, 24 Miss Hap, 24
					Olympia (1815)	Sir Oliver, 24 Scotilla, 24

(87) BLUE GOWN (1865) — *frère de* BLUE GARTER (1863);
BEADSMAN, WEATHERBIT, SHEET ANCHOR, MENDICANT, LADY MOORE CAREW, VAT.

BLUE GOWN (1865)	Beadsman (1845)	Weatherbit (1242)	Sheet Anchor (1832)	Lottery (1820)	Tramp (1810)	Dick Andrews Jument par Gohanna
					Mandane (1800)	Pot-8-os, 60 Y. Camilla, 67
				Morgiana (1820)	Muley (1810)	Orville Eleanor
					Miss Stephenson (1814)	Scud, 43, ou Sorc., 28 Sr de Petworth, 110
			Miss Letty (1834)	Priam (1827)	Emilius (1820)	Orville Emily, 17
					Cressida (1807) (*Sœur de Eleanor*)	Whiskey, 15 Y. Giantess, 55
				Miss Fanny's Dam (1815)	Orville (1799)	Beninbrough, 17 Evelina, 17
					Fille de (1800)	Buzzard, 39 Hornpipe, 49
		Mendicant (1843)	Touchstone (1831)	Camel (1822)	Whalebone (1807)	Waxy Penelope
					Fille de (1812)	Selim Maiden, 38
				Banter (1826)	Master Henry (1815)	Orville Miss Sophia, 79
					Boadicea (1807	Alexander, 75 Brunette, 38
			Lady Moore Carew (1830)	Tramp (1810)	Dick Andrew (1797)	Joe Andrews, 22 Jument par High., 22
					Fille de (1803)	Gohanna, 22 Fraxinella, 22
				Kite (1821)	Bustard (1813)	Castrel, 24 Miss Hap, 24
					Olympia (1815)	Sir Oliver, 24 Scotilla, 24
	Bas Bleu (1858)	Stockwell (1849)	The Baron (1842)	Birdcatcher (1833)	Sir Hercules (1820)	Whalebone Peri, 29
					Guiccioli (1823)	Bob Booty, 29 Flight, 29
				Echidna (1838)	Economist (1825)	Whisker Floranthe, 18
					Miss Pratt (1825)	Blacklock, 23 Gadabout, 33
			Pocahontas (1837)	Glencoe (1831)	Sultan (1816)	Selim Bacchante, 27
					Trampoline (1825)	Tramp Web
				Marpessa (1830)	Muley (1810)	Orville Eleanor
					Clare (1824)	Marmion, 33 Harpalice, 33
		Vexation (1845)	Touchstone (1831)	Camel (1822)	Whalebone (1807)	Waxy Penelope
					Fille de (1812)	Selim Maiden, 38
				Banter (1826)	Master Henry (1815)	Orville Miss Sophia, 79
					Boadicea (1807)	Alexander, 75 Brunette, 38
			Vat (1826)	Langar (1817)	Selim (1802)	Buzzard, 40 Jument par Alex., 40
					Fille de (1808)	Walton, 40 Y. Giantess, 40
				Wire (1811) (*Sœur de Whalebone, Whisker, et Web*)	Waxy (1790)	Pot-8-os, 38 Mario, 38
					Penelope (1798)	Trumpator, 38 Prunella, 38

TIM WHIFFLER (1859); VAN GALEN, VAN TROMP, LANERCOST, BARBELLE, LITTLE CASSINO, INHERITOR, SYBIL, UGLY BUCK, SYLPH.

TIM WHIFFLER (1859)	Van Galen (1853)	Van Tromp (1814)	Lanercost (1835)	Liverpool (1828)	Tramp (1810) — Dick Andrews, 22; Jum. par Gohanna, 22
TIM WHIFFLER (1859)	Van Galen (1853)	Van Tromp (1814)	Lanercost (1835)	Liverpool (1828)	Fille de (1803) — Whisker, 22; Mandane, 22
TIM WHIFFLER (1859)	Van Galen (1853)	Van Tromp (1814)	Lanercost (1835)	Otis (1820)	Bustard (1801) — Buzzard, 22; Gipsy, 22
TIM WHIFFLER (1859)	Van Galen (1853)	Van Tromp (1814)	Lanercost (1835)	Otis (1820)	Fille de (1813) — Election, 22; Jument par High., 22
TIM WHIFFLER (1859)	Van Galen (1853)	Van Tromp (1814)	Barbelle (1836)	Sandbeck (1818)	Catton (1809) — Golumpus, 22; Lucy Gray, 22
TIM WHIFFLER (1859)	Van Galen (1853)	Van Tromp (1814)	Barbelle (1836)	Sandbeck (1818)	Orvillina (1804) — Beninbrough, 22; Evelina, 22
TIM WHIFFLER (1859)	Van Galen (1853)	Van Tromp (1814)	Barbelle (1836)	Darioletta (1822)	Amadis (1807) — Don Quixote, 22; Fanny, 22
TIM WHIFFLER (1859)	Van Galen (1853)	Van Tromp (1814)	Barbelle (1836)	Darioletta (1822)	Selima (1810) — Selim, 22; Jum. par Pot-8-os, 22
TIM WHIFFLER (1859)	Van Galen (1853)	Little Cassino (1843)	Inheritor (1831)	Lottery (1820)	Tramp (1810) — Dick Andrews, 22; Jum. par Gohanna, 22
TIM WHIFFLER (1859)	Van Galen (1853)	Little Cassino (1843)	Inheritor (1831)	Lottery (1820)	Mandane (1800) — Pot-8-os, 60; Y. Camilla, 67
TIM WHIFFLER (1859)	Van Galen (1853)	Little Cassino (1843)	Inheritor (1831)	Handmaiden (1817)	Walton (1799) — Sir Peter; Arethusa, 80
TIM WHIFFLER (1859)	Van Galen (1853)	Little Cassino (1843)	Inheritor (1831)	Handmaiden (1817)	Anticipation (1802) — Beninbrough, 17; Expectation, 97
TIM WHIFFLER (1859)	Van Galen (1853)	Little Cassino (1843)	Fille de (1836)	Waverley (1817)	Whalebone (1807) — Waxy; Penelope
TIM WHIFFLER (1859)	Van Galen (1853)	Little Cassino (1843)	Fille de (1836)	Waverley (1817)	Margaretta (1802) — Sir Peter; Sœur de Cracker, 31
TIM WHIFFLER (1859)	Van Galen (1853)	Little Cassino (1843)	Fille de (1836)	Fille de (1812)	Shuttle (1793) — Y. Marske, 78; Jument par Vauxhall Snap, 95
TIM WHIFFLER (1859)	Van Galen (1853)	Little Cassino (1843)	Fille de (1836)	Fille de (1812)	Lady Sarah (1794) — Fidget, par Florizel, 9; Nièce de [illegible]
TIM WHIFFLER (1859)	Sybil (1851)	Ugly Buck (1841)	Venison (1833)	Partisan (1811)	Walton (1799) — Sir Peter; Arethusa, 80
TIM WHIFFLER (1859)	Sybil (1851)	Ugly Buck (1841)	Venison (1833)	Partisan (1811)	Parasol (1800) — Pot-8-os, 60; Prunella, 69
TIM WHIFFLER (1859)	Sybil (1851)	Ugly Buck (1841)	Venison (1833)	Fawn (1823)	Smolensko (1810) — Sorcerer, 28; Wowski, 25
TIM WHIFFLER (1859)	Sybil (1851)	Ugly Buck (1841)	Venison (1833)	Fawn (1823)	Jerboa (1803) — Gohanna, 22; Camilla, 67
TIM WHIFFLER (1859)	Sybil (1851)	Ugly Buck (1841)	Monstrosity (1838)	Plenipotentiary (1831)	Emilius (1820) — Orville, 17; Emily, 17
TIM WHIFFLER (1859)	Sybil (1851)	Ugly Buck (1841)	Monstrosity (1838)	Plenipotentiary (1831)	Harriet (1819) — Pericles, 17; Jument par Selim, 17
TIM WHIFFLER (1859)	Sybil (1851)	Ugly Buck (1841)	Monstrosity (1838)	Puce (1834)	Rowton (1826) — Oiseau, 40; Katherina, 40
TIM WHIFFLER (1859)	Sybil (1851)	Ugly Buck (1841)	Monstrosity (1838)	Puce (1834)	Pucelle (1821) — Muley, 40; Medora, 40
TIM WHIFFLER (1859)	Sybil (1851)	Sylph (1832)	Filho da Puta (1812)	Haphazard (1797)	Sir Peter (1784) — Highflyer, 17; Papillon, 58
TIM WHIFFLER (1859)	Sybil (1851)	Sylph (1832)	Filho da Puta (1812)	Haphazard (1797)	Miss Hervey (1775) — Eclipse, 4; Clio, 65
TIM WHIFFLER (1859)	Sybil (1851)	Sylph (1832)	Filho da Puta (1812)	Mrs. Barnet (1806)	Waxy (1790) — Pot-8-os, 60; Maria, 56
TIM WHIFFLER (1859)	Sybil (1851)	Sylph (1832)	Filho da Puta (1812)	Mrs. Barnet (1806)	Fille de (1788) — Woodpecker, 38; Heinel, 38
TIM WHIFFLER (1859)	Sybil (1851)	Sylph (1832)	Twatty (1819)	Whalebone (1807)	Waxy (1790) — Pot-8-os, 60; Maria, 56
TIM WHIFFLER (1859)	Sybil (1851)	Sylph (1832)	Twatty (1819)	Whalebone (1807)	Penelope (1798) — Trumpator, 62; Prunella, 69
TIM WHIFFLER (1859)	Sybil (1851)	Sylph (1832)	Twatty (1819)	Fille de (1812)	Canopus (1807) — Gohanna, 22; Colibri, 67
TIM WHIFFLER (1859)	Sybil (1851)	Sylph (1832)	Twatty (1819)	Fille de (1812)	Fille de (1804) — Y. Woodpecker, 16; Fractious, 33

(89) **BUCCANEER** (1857) — *Frère de* CHIFFONNIÈRE (1858).

WILD DAYRELL, ION, CAIN, MALEK, PAULOWITZ, LITTLE RED ROVER.

BUCCANEER (1857)	**Will Dayrell (1852)**	Ion (1835)	**Cain (1822)**	Paulowitz (1813)	Sir Paul (1802)	Sir Peter, 39 Pewet, 39
					Evelina (1791)	Highflyer, 39 Termagant, 39
				Fille de (1810)	Paynator (1991)	Trumpator Jum. par Mark Anthony, 39
					Fille de	Delpini, 39 Sœur de Mary, 39
			Margaret (1838)	Edmund (1824)	Orville (1799)	Beningbrough Evelina
					Emmeline (1817)	Waxy Sorcery
				Medora (1811)	Selim (1802)	Buzzard, 39 Jument par Alexander, 75
					Fille de (1803)	Sir Harry, par Sir Peter Jument par Volunteer, 75
		Ellen Middleton (1846)	**Bay Middleton (1833)**	Sultan (1816)	Selim (1802)	Buzzard, 39 Jument par Alexander, 75
					Bacchante (1807)	Williamson's Ditto, 27 Sœur de Calomel, 27
				Cobweb (1821)	Phantom (1808)	Walton, 27 Julia, 27
					Filagree (1815)	Soothsayer Web, 27
			Myrrha (1831)	Malek (1824) *frère de Velocipede*	Blacklock (1814)	Whitelock, 41 Jument par Coriander, 41
					Fille de (1817)	Juniper, 41 Jument par Sorcerer, 41
				Bessy (1815)	Young Gouty (1805)	Gouty, 86 Jument par Dungannon, 80
					Grandiflora (1810)	Sir Harry Dimsdale, 135 Jument, par Pipator, 28
	Fille de (1848)	Little Red Rover (1827)	**Tramp (1810)**	Dick Andrews (1797)	Joe Andrews (1778)	Eclipse, 4 Amaranda, 76
					Fille de (1790)	Highflyer, 17 Jum. par Cardinal Puff, 76
				Fille de (1803)	Gohanna (1790)	Mercury, 8 Herod Mare, 33
					Fraxinella (1793)	Trentham, 67 Sœur de Goldfinch, 66
			Miss Syntax (1814) (*Sœur de Doctor Syntax*)	Paynator (1791)	Trumpator (1782)	Conductor, 6 Brunette
					Fille de	Mark Anthony, 5 Signora, 56
				Fille de	Beninbrough (1791)	King Fergus, 17 Herod Mare, 17
					Jenny Mole	Carbuncle, 90 Jument par Prince T' Quassaw, 90
		Eclat (1830)	**Edmund (1824)**	Orville (1799)	Beninbrough (1791)	King Fergus, 17 Jument par Herod, 17
					Evelina (1791)	Highflyer, 17 Termagant, 17
				Emmelinde (1817)	Waxy (1790)	Pot-8-os, 60 Maria, 56
					Sorcery (1808)	Sorcerer Cobbea, 113
			Squib (1820)	Soothsayer (1808)	Sorcerer (1796)	Trumpator, 62 Y. Giantess, 55
					Goldenlocks (1793)	Delpini, 13 Violet, 74
				Berenice (1805)	Alexander (1782)	Eclipse, 4 Grecian Princess, 75
					Brunette	Amaranthus, 38 Mayfly, 38

GLADIATEUR (1862).

The Baron, Sting, The Emperor, Gladiator, Taffrail, Sheet Anchor.

GLADIATEUR (1862)	Monarque (1852)	The Baron (1842) ou Sting (1843) ou The Emperor (1838)	Birdcatcher (1833)	Sir Hercules (1820)	Whalebone (*frère de Whisker*) Peri, par Wanderer—Thalestris, 82
				Guiccioli (1823)	Bob Booty, par Chanticleer—Ierne, 16 Flight, par Escape—Y. Heroine, 83
			Echidna (1838)	Economist (1825)	Whisker Floranthe, par Octavian—Caprice, 18
				Miss Pratt (1825)	Blacklock Gadabout, par Orville—Minstrel, 33
			Slane (1833)	Royal Oak (1820)	Catton Fille de Smolensko et de Lady Mary
				Fille de (1819)	Orville, par Beninbrough—Evelina, 17 Epsom Lass, par Sir Peter—Alexina, 78
			Echo (1828)	Emilius (1820)	Orville Emily, par Stamford. Jument, par Whiskey, 17
				Fille de (1820)	Scud ou Pioneer, 69 Canary Bird
			St. Nicholas (1827)	Emilius (1820)	Orville Emily
				Seamew (1815)	Scud, par Beninbrough—Eliza, 124 Goosander, par Hambletonian—Rally, 17
			Mamsel Otz (1832)	Blacklock (1814)	Whitelock, par Hambletonian—Rosalind, 23 Fille de Coriander et de Wildgoose, 23
				Sœur de Coulon	Whisker Miss Cranfield, J. par Sir Peter—Pegasus, 126
		Poetess	Royal Oak (1823)	Catton (1809)	Golumpus, par Gohanna—Catherine, 22 Lucy Gray, par Timothy—Lucy, 22
				Fille de (1818)	Smolensko, par Sorcerer—Wowski, 25 Lady Mary, Jum. par Beninbrough — Highfl.
			Ada (1824)	Whisker (1812)	Waxy Penelope
				Anna Bella (1808)	Shuttle, J. par Y. Marske-Vauxhall Snap, 59 Fille de Drone et Jument par Contessina, 113

Miss Gladiator	Gladiator (1833)	Partisan (1811)	Walton (1799)	Sir Peter (1784)	Highflyer, 17 Papillon, 58
				Arethusa (1792)	Dungannon, 80 Jument par Prophet, 80
			Parasol (1800)	Pot-8-os (1773)	Eclipse, 4 Sportsmistress, 60
				Prunella (1788)	Highflyer, 17 Promise, 69
		Pauline (1826)	Moses (1819)	Seymour (1807) ou Whalebone	Delpini, 13 Bay Javelin, 84
				Fille de (1807)	Gohanna, 24 Grey Skim, 24
			Quadrille (1815)	Selim (1802)	Buzzard, 27 Jument, par Alexander, 27
				Canary Bird (1806)	Whiskey ou Sorcerer, 20 Canary, 20
	Taffrail (1842)	Sheet Anchor (1833)	Lottery (1820)	Tramp (1810)	Dick Andrews, 22 Jument, par Gohanna, 22
				Mandane (1800)	Pot-8-os Y. Camilla, 67
			Morgiana (1820)	Muley (1810)	Orville Eleanor, 33
				Miss Stephenson	Scud ou Sorcerer, 26 Sœur de Petworth, 26
		Fille de (1827)	Whisker (1812)	Waxy (1790)	Pot-8-os Maria, 58
				Penelope (1798)	Trumpator, 62 Prunella
			Fille de (1821)	Ebor (1814)	Orville Constantia, 135
				Fille de (1806)	Shuttle, 95 Jument, par Delpini, 13, fille de Tuberose, 135

(91) GENERAL PEEL (1861);

YOUNG MELBOURNE, KNOWSLEY (*par Stockwell*), BROWN BESS, CLARISSA.

GENERAL PEEL (1861)	Young Melbourne (1855)	Melbourne (1834)	Humphrey Clinker (1822)	Comus (1809)	Sorcerer, 28 Houghton Lass, 28
				Clinkerina (1812)	Clinker, 28 Pewet, 28
			Fille de (1825)	Cervantes (1812)	Don Quixote, 28 Evelina, 28
				Fille de (1818)	Golumpus, 28 Jument, par Paynator, 28
		Clarissa (1846)	Pantalon (1824)	Castrel (1801)	Buzzard, 39 Jument, par Alexander, 39
				Idalia (1815)	Peruvian, 39 Musidora, 39
			Fille de (1837)	Glencoe (1831)	Sultan, 33 Trampoline, 33
				Frolicsome (1824)	Frolic, 91 Jument, par Stamford, 17
	La mère de Knowsley's (1853)	Orlando (1841)	Touchstone (1831)	Camel (1822)	Whalebone Jument, par Selim
				Banter (1826)	Master Henry, 24 Boadicea, 24
			Vulture (1833)	Langar (1817)	Selim, 24 Jument, par Walton, 24
				Kite (1821)	Bustard, 24 Olympia, 24
		Brown Bess (1844)	Camel (1822)	Whalebone (1807)	Waxy, 24 Penelope, 24
				Fille de (1812)	Selim, 24 Maiden, 24
			Fille de (1829)	Brutandorf (1821)	Blacklock, 21 Mandane, 21
				Mrs. Cruikshanks	Welbeck, 34 La mère de Tramp's, 22

(92) BLACKDOWN (1860) ;

Frère de RODOMONTADE (1861), LONGDOWN (1862), GREYFOOT (1863), *et* CLATTER (1866).

BLACKDOWN (1860)	Subtility (1855)	The Fallow Buck (1845)	Venison (1833)	Partisan (1811)	Walton, 19 Parasol, 19
				Fawn (1823)	Smolensko, 19 Jerboa, 19
			Plenary (1837) (*Sœur de Plenipo*)	Emilius (1820	Orville, 17 Emily, par Stamford, 17
				Harriet (1819)	Pericles, 17 Jument, par Selim, 17
		The Hamble (1839)	Camel (1822)	Whalebone (1807)	Waxy, 24 Penelope, 24
				Fille de (1812)	Selim, 24 Maiden, 24
			Fanny (1827)	Whisker (1812)	Waxy, 24 Penelope, 24
				Fille de (1813)	Camillus, 40 Jument par Precipitate, 17, mère de Pugilist's, 126
	Rattle (1850)	Flatcatcher (1839)	Touchstone (1831)	Camel (1822)	Whalebone Jument, par Selim
				Banter (1826)	Master Henry, 38 Boadicea, 38
			Decoy (1830)	Filho da Puta (1812)	Haphazard, 38 Mrs. Barnet, 38
				Finesse (1816)	Peruvian, 38 Violante, 38
		Chemise (1842)	Slane (1833)	Royal Oak (1823)	Catton, 43 Jument, par Smolensko, 43
				Fille de (1819)	Orville, 17 Epsom Lass, 43
			Size (1837)	Starch (1819)	Waxy Pope, 20 Miss Stavely, 20
				Magawiska (1826)	Whisker Slight (*sœur de* Selima, 22)

(93) SCOTTISH CHIEF (1861);

LORD OF THE ISLES, FAIR HELEN, MISS ANN, THE LITTLE KNOWN, BAY MISSY, CAMILLA.

SCOTTISH CHIEF (1861)	Lord of the Isles (1852)	Touchstone (1831)	Camel (1822)	Whalebone (1807)	Waxy, 38 Penelope, 38
				Fille de (1812)	Selim, 38 Maiden, 38
			Banter (1826)	Master Henry (1815)	Orville, 38 Miss Sophia, 38
				Boadicea (1807)	Alexander, 38 Brunette, 38
		Fair Helen (1843)	Pantalon (1824)	Castrel (1801)	Buzzad, 39 Jument par Alexander, 39
				Idalia (1815)	Peruvian, 39 Musidora, 39
			Rebecca (1831)	Lottery (1820)	Tramp, 22 Mandane, 21
				Fille de (1818)	Cervantes, 28 Anticipation, 97
	Miss Ann (1846)	The Little Known (1836)	Muley (1810)	Orville (1799)	Beninbrough, 22 Evelina, 22
				Eleanor (1797)	Whiskey, 15 Y. Giantess, 55
			Lacerta (1816)	Zodiac (1801)	St. George, 139 Abigail, 139
				Jerboa (1808)	Gohanna, 25 Camilla, 67
		Bay Missy (1842)	Bay Middleton (1833)	Sultan (1816)	Selim, 27 Bacchante, 27
				Cobweb (1821)	Phantom, 27 Filagree, 27
			Camilla (1832)	Y. Phantom (1822)	Phantom, 27 Emmeline, 30
				Sœur de Speaker	Camillus, 40 Sœur de Prime Minister, 49

UNION JACK (1861)	Ivan (1851)	Van Tromp (1844)	Lanercost (1828)	Liverpool (1828)	Tramp, 22 Jument, par Whisker, 22
				Otis (1820)	Bustard, 22 Jument, par Election, 22
			Barbelle (1836)	Sandbeck (1818)	Catton, 22 Orvillina, 22
				Darioletta (1822)	Amadis, 22 Selima, 22
		Siberia (1835)	Brutandorf (1821)	Blacklock (1814)	Whitelock, 21 Jument, par Coriander, 21
				Mandane (1800)	Pot-8-os, 21 Young Camilla, 21
			Fille de (1824)	Blucher (1811)	Waxy, 27 Pantina, 142
				Opal (1806)	Sir Peter, 58 Olivia, par Justice, 101, fille de Cypher, 79
	Caprice (1847)	Coronation (1838)	Sir Hercules (1826)	Whalebone (1807)	Waxy, 27 Penelope, 27
				Peri (1822)	Wanderer, 112 Thalestris, 82
			Ruby (1825)	Rubens (1805)	Buzzard, 27 Jument, par Alexander, 27
				Fille de (1812)	Williamson's Ditto, 27 Agnes, par Shuttle, 104
		Lælia (1842)	Sheet Anchor	Lottery (1820)	Tramp, 26 Mandane, 26
				Morgiana (1820)	Muley, 26 Miss Stephenson, 26
			Cotillon (1831)	Partisan (1811)	Walton, 19 Parasol, 19
				Quadrille (1815)	Selim, 27 Canary Bird, 20

(95) THE PROMISED LAND (1856).

THE PROMISED LAND (1856)
- Jericho (1842)
  - Jerry, 36
  - Turquoise (1825)
    - Selim, 27
    - Pope Joan (Sœur de Waxy Pope, 100)
- Glee (1843)
  - Touchstone, 38
  - Harmony (1826)
    - Reveller, 92
    - Fille de (1815)
      - Orville, 17
      - Mirth (1806)
        - Trumpator, 62
        - Jument, par Highflyer, 17

---

(96) COLLEEN DHAS — *Mère de* VANQUISHER (1861), *par Kingston.*[25]

COLLEEN DHAS (1842)
- Rust (1830)
  - Master Robert
  - Vermillon (1821)
    - Bobadil (1813)
      - Rubens, 27
      - Fille de (1795)
        - Skyscraper, 38
        - Isabel (1787)
          - Woodpecker, 39
          - Nancy (1768)
            - Blank, 52
            - Naylor
              - Cade, 1
              - La mère de Spectator's, 5
    - Wire (Sœur de Whalebone, 38)
- Annie (1827)
  - Wanderer (1811)
    - Gohanna (1700)
      - Mercury, 8
      - Fille de (1779)
        - Herod, 2
        - Maiden, 3
    - Catherine (sœur de Y. Camilla, 67)
  - Caroline (1817)
    - Whalebone, 38
    - Marianne (1798)
      - Mufti (1772)
        - Damascus Arabian
        - Sœur de Sophia, 83
      - Maria (1788)
        - Telemachus (frère de Expectation, 97)
        - à la Grecque (1763)
          - Regulus, 4
          - Fille de
            - Allworthy, 107
            - Fille de
              - Starling, 59
              - Dairy Maid, 90

(97) ISOLINE — *Mère de* GOODWOOD (1866), *par Macaroni.*[99]

ISOLINE (1860)
- Ethelbert (1850)
  - Faugh-a-Ballagh, 29
  - Espoir (1841)
    - Liverpool, 22
    - Espérance (1836)
      - Lapdog (1823), frère de Twatty, 37
      - Grisette (1825)
        - Merlin, 96
        - Coquette (1814)
          - Dick Andrews, 76
          - Vanity (1803)
            - Buzzard, 39
            - Dabchick (1798)
              - Pot-8-os, 60
              - Drab (1791)
                - Highflyer, 17
                - Hebe (1774)
                  - Chrysolite, 10
                  - Proserpine, 72
- Bassishaw (1847)
  - Prime Warden (1834)
    - Cadland (1825)
      - Andrew (1816)
        - Orville, 17
        - Morel, 96
      - Sorcery (1808)
        - Sorcerer, 28
        - Cobbea (1882)
          - Skyscraper, 38
          - La mère de Barnet's, 38
    - Zarina (1827)
      - Morisco, 140
      - Ina (1821)
        - Smolensko, 25
        - Morgiana (1804)
          - Coriander, 85
          - Fairy (1782)
            - Highflyer, 11
            - Fairy Queen
              - Y. Cade, 65
              - Black Eyes (1741)
                - Crab, 5
                - Warlock Galloway, 68
  - Miss Whinney (1838)
    - Sir Hercules, 29
    - Euphrosyne (1819)
      - Comus, 28
      - Sœur de Anna Bella
        - Shuttle, 20
        - La mère de Janetta
          - Drone, 82
          - Contessina, 135

(98) MARMALADE — *Mère de* DUNDEE (1858) *et* LADY BANK (1863), *par Lord de The Isles;*[46] *et* INVERNESS (1861), *par Saunterer;*[29] *et de* ADMIRAL BLAKE (1866), *par Buccaneer.*[42]

MARMALADE (1851)
- Sweetmeat, 28
- Theano (1833)
  - Waverley, 31
  - Cherub (1816)
    - Hambletonian, 23
    - Spitfire (1799)
      - Pipator, 28
      - Farewell (1792)
        - Slope (1782)
          - Highflyer, 17
          - Sœur de Ganges
            - Squirrel, 62
            - Fille de (1760)
              - Babraham, 55
              - Fille de (1752)
                - Starling, 59
                - Spinster, 76
        - Fille de
          - Y. Marske, 78
          - Fille de
            - Frère de Silvio
              - Cade, 1
              - Hobgoblin Mare, 83
            - Sœur de Stripling, par Hutton's Spot
              - Hartley's Blind Horse, 55
              - Fille de
                - Fils de
                  - Hutton's Grey Barb
                  - Jument, fille de Byerly Turk
                - Fille de
                  - Coneyskins, 4
                  - Jument, fille de Hautboy, 4

(99) BLINK BONNY — *Mère de* Borealis (1860), *par Newminster;*[90] *et de* Blair Athol (1861) *et* Breadalbane (1862), *par Stockwell.*[33]

- BLINK BONNY (1854)
  - Melbourne, 20
  - Queen Mary (1843)
    - Gladiator, 20
    - Fille de (1840)
      - Plenipotentiary, 17
      - Myrrha (1830)
        - Whalebone, 38
        - Gift (1818)
          - Y. Gohanna (1810)
            - Gohanna, 112
            - Grey Skim, 24
          - Sœur de Grazier
            - Sir Peter, 62
            - Sœur de Aimator
              - Trumpator, 62
              - Sœur de Postmaster
                - Herod, 2
                - Fille de
                  - Snap, 2
                  - Fille de
                    - Gower Stallion, 67
                    - J., par Childers, 2

---

(100) THE SLAVE — *Mère de* Lord Clifden (1860), *par Newminster;*[90] *et* Lady Clifden (1858), *fille de Surplice;*[95] *et de* Silverdale (1856), *par Touchstone.*[38]

- THE SLAVE (1852)
  - Melbourne, 28
  - Volley (sœur de Voltigeur, 23)

---

(101) CINIZELLI — *Mère de* The Marquis (1859) *et* Viscountess (1858), *par Stockwell;*[53] *et* Womersley (1849), *fille de Birdcatcher;*[20] *et* Towton (1850), Marchioness (1852), Marguerite (1854) *et* The Peer (1855), *par Melbourne.*[28]

- CINIZELLI (1842)
  - Touchstone, 38
  - Brocade (1834)
    - Pantalon, 39
    - Bombasine (1817)
      - Thunderbolt (frère de Smolensko, 25)
      - Delta (1810)
        - Alexander, 75
        - Isis (1805)
          - Sir Peter, 58
          - Ibis (1791)
            - Woodpecker, 39
            - Isabella (1783)
              - Eclipse, 4
              - Fille de (1775)
                - Squirrel, 62
                - Nancy, 112

(102) TEETOTUM — *Mère de* ASTEROID (1858), *par Stockwell.*[33]

- TEETOTUM (1845)
  - Touchstone, 38
  - **Versatility (1826)**
    - Blacklock, 38
    - Arabella (1811)
      - Williamson's Ditto, 27
      - Esther (1804)
        - Shuttle, 95
        - Fille de (1767)
          - Drone, 82
          - La mère de Camperdown's (1777)
            - Matchem, 1
            - Jocasta (1767)
              - Cornforth's Forester
                - Forester, 75
                - Lam. de Squirrel, 62
              - Sœur de Y. Cade, 65

(103) THE ARROW — *Mère de* CAMBUSCAN (1861), ELFETA (1863), SAGITTARIUS (1866), *et* TITULUS (1867), *par Newminster.*[90]

- THE ARROW (1850)
  - Slane, 25
  - Southdown, 19

(104) ALMA — *Mère de* HISTORIAN (1861) *par Stockwell.*[33]

- **ALMA (1853)**
  - **Gameboy (1842)**
    - Tomboy, 36
    - Lady, Moore Carew, 26
  - **Maria (1833)**
    - **Sir Hercules, 29**
    - **Pleiad (1827)**
      - **Bob Booty, 16**
      - **Huntsman's Mare (1886)**
        - Waxy Pope, 100
        - **Lady Sarah (1808)**
          - Champion, 48
          - **Leitrim Clib (1801)**
            - Cornet (1792)
              - Tug, 83
              - Comfort
                - **Banker (1761)**
                  - Matchem, 1
                  - Fille de
                    - Snip, 56
                    - Fille de
                      - Mogul, 3
                      - Fille de
                        - Sweepstakes, 67
                        - Jum., par Curwen B. Barbe
                - **Lady Bountiful**
                  - Old England, 52
                  - Jument, par Second, 84
            - Fille de
              - **Dungannon, 80**
              - **Miss Euston (1774)**
                - **Snap, 56**
                - **Charmer (1766)**
                  - **Blank, 52**
                  - **Fille de (1748)**
                    - **Cartouch, 67**
                    - **La mère de South, 67**

(105) FAIRWATER — *Mère de* FAIRMINSTER (1858), *par Newminster;*[90] *et* THORWATER (1867), *par Thormanby.*[97]

FAIRWATER (1858)
- Loup-Garou (1846)
  - Lanercost, 22
  - Moonbeam (1838)
    - Tomboy, 36
    - Lunatic (1818)
      - Prime Minister, 49
      - Maniac, 34
- The Bloomer (1850)
  - Melbourne, 28
  - Lady Sarah, 121

---

(106) APHRODITE — *Mère de* NAUTILUS (1858), *par West Australian;*[28] *et* ARGONAUT (1859), *par Stockwell;*[33] *et* SIDEROLITE (1866), *fille de Asteroid.*[118]

APHRODITE (1848)
- Bay Middleton, 27
- Venus (1840)
  - Sir Hercules, 29
  - Echo (La mère de Sting), 43

---

(107) HYBLA — *Mère de* KETTLEDRUM (1858), GONG (1863), CYMBAL (1865), *et* SWEET SOUND (1867), *par Rataplan;*[33] *et* MINCEMEAT (1851), *fille de* WILD HONEY (1854), *par Sweetmeat;*[20] *provenant de* VOIVODE (1853), *par Surplice.*[95]

HYBLA (1846)
- The Provost (1846)
  - The Saddler, 31
  - Rebecca (la mère de Alice Hawthorn), 97
- Otisina (1837), sœur de Lanercost . .
  - Liverpool, 22
  - Otis, 22

(108) THE QUEEN — *Mère de* ARCHDUCHESS (1856) *et* HETMAN (1857), *par Cossack;*[21] *et* DICTATOR (1858), ELECTOR (1859), *et* THE LIBERATOR (1861), *par The Cure;*[30] *fils de* VICEROY (1862) *et* ELECTION (1865), *par Lambton;*[30] *et* DENMARK (1863), *fille de Rataplan;*[33] *et* LADY DE VERE (1864), *par St. Albans.*[34]

- THE QUEEN (1850)
  - Iago (1838)
    - Plenipotentiary, 17
    - Fille de (1826)
      - Muley, 33
      - Fille de (1815)
        - Haphazard, 65
        - Miss Holt (1804)
          - Buzzard, 39
          - Camilla (1786)
            - Highflyer, 17
            - Sœur de Clothier (1769)
              - Matchem, 1
              - Riot (1753)
                - Regulus, 4
                - Fille de
                  - Blaze, 2
                  - Fille de
                    - Fox, 2
                    - Fille de
                      - Darley Arabian
                      - Sœur de Ruffler, 4
  - Duchess of Kent (1838)
    - Belshazzar, 91
    - Pepper (1833)
      - St. Nicholas (1827)
        - Emilius, 17
        - Seamew (1815)
          - Scud (1804)
            - Beningbrough, 17
            - Eliza (1791)
              - Highflyer, 17
              - Augusta (1784)
                - Eclipse, 4
                - Fille de
                  - Herod, 2
                  - Fille de
                    - Bajazet, 16
                    - La grand-mère de Goldfinder, 82
          - Goosander, 43
      - Fille de (1823)
        - Capsicum (1805)
          - Sir Peter, 58
          - Evelina, 77
        - Acklam Lass (1819)
          - Prime Minister, 49
          - Y. Harriet (1812)
            - Camillus, 40
            - Harriet (1804
              - Precipitate, 17
              - Y. Rachel, 138

(109) BURLESQUE — *Mère de* BALMORAL (1851), *par Lanercost;*[22] *et* POLMOODIE (1853), *par Melbourne;*[28] *et* CAMIOLA (1854), *par Windhound;*[38] *et* BUCKSTONE (1859), *fille de Voltigeur;*[23] *et* MASQUERADE (1861), *provenant de Lambourn.*

- BURLESQE (1843)
  - Touchstone, 38
  - Maid of Honour, 48

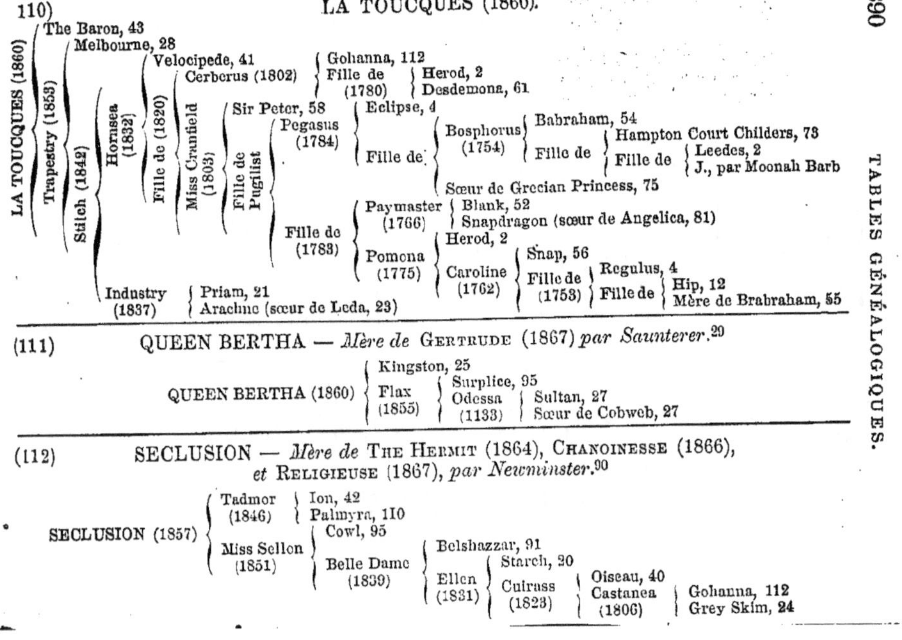

(110) LA TOUCQUES (1860).

LA TOUCQUES (1860)
- The Baron, 43
- Trapestry (1853)
  - Melbourne, 28
  - Stitch (1842)
    - Hornsea (1832)
      - Velocipede, 41
      - Fille de (1820)
        - Cerberus (1802)
          - Gohanna, 112
          - Fille de (1780)
            - Herod, 2
            - Desdemona, 61
        - Miss Cranfield (1803)
          - Sir Peter, 58
          - Fille de Pugilist
            - Pegasus (1784)
              - Eclipse, 4
              - Fille de
                - Bosphorus (1754)
                  - Babraham, 54
                  - Fille de
                    - Hampton Court Childers, 73
                    - Fille de
                      - Leedes, 2
                      - J., par Moonah Barb
                - Sœur de Grecian Princess, 75
            - Fille de (1783)
              - Paymaster (1766)
                - Blank, 52
                - Snapdragon (sœur de Angelica, 81)
              - Pomona (1775)
                - Herod, 2
                - Caroline (1762)
                  - Snap, 56
                  - Fille de (1753)
                    - Regulus, 4
                    - Fille de
                      - Hip, 12
                      - Mère de Brabraham, 55
    - Industry (1837)
      - Priam, 21
      - Arachne (sœur de Leda, 23)

(111) QUEEN BERTHA — *Mère de* Gertrude (1867) *par Saunterer*.[29]

QUEEN BERTHA (1860)
- Kingston, 25
- Flax (1855)
  - Surplice, 95
  - Odessa (1133)
    - Sultan, 27
    - Sœur de Cobweb, 27

(112) SECLUSION — *Mère de* The Hermit (1864), Chanoinesse (1866), *et* Religieuse (1867), *par Newminster*.[90]

SECLUSION (1857)
- Tadmor (1846)
  - Ion, 42
  - Palmyra, 110
- Miss Sellon (1851)
  - Cowl, 95
  - Belle Dame (1839)
    - Belshazzar, 91
    - Ellen (1831)
      - Starch, 20
      - Cuirass (1823)
        - Oiseau, 40
        - Castanea (1806)
          - Gohanna, 112
          - Grey Skim, 24

(113) FILLE DE THE STAR — *Mère de* HIPPOLYTE (1860), HIPPOLYTA (1861), *et* HIPPIA (1864), *par King Tom.*[33]

FILLE DE THE STAR (1844)
- Kremlin (1836)
  - Sultan, 27
  - Francesca (1829)
    - Partisan, 19
    - La mère de Miss Fanny, 26
- Evening Star (1839)
  - Touchstone, 38
  - Bertha (1829)
    - Rubens, 27
    - Boadicea, 38

---

(114) ELLER — *Mère de* FORMOSA (1865), *par Buccaneer.*[42]

ELLER (1856)
- Chanticleer, 100
- La mère de Ellerdale, 131

---

(115) ELLERDALE — *Sœur de* COLSTERDALE (1848) *et* FAIRTHORN (1850); *et mère de* ELLERMIRE (1852), *par Chanticleer;*[100] *et* ELLINGTON (1853), GILDEMIRE (1855), *et* ELLERTON (1858), *par The Flying Dutchman;*[22] *et* SUMMERSIDE (1856), *et* NUGGET (1860), *par West Australian;*[23] *et* HARCOURT (1861), *par Stockwell.*[33]

ELLERDALE (1844)
- Lanercost, 22
- Fille de (1838)
  - Tomboy, 36
  - Tesane (1830)
    - Whisker, 18
    - Lady of the Tees (1822)
      - Octavian, 95
      - Fille de (1810)
        - Sancho, 49
        - Miss Furey (sœur de Paynator, 39)

---

(116) PRETENDER (1866).

PRETENDER (1866)
- Adventurer (1859)
  - Newminster, 90
  - Palma (1840)
    - Emilius, 17
    - Francesca, 129
- Ferina (1844)
  - Venison, 19
  - Partiality (1830)
    - Middleton (1817)
      - Orville, 17
      - Lampedosa (1801)
        - Precipitate, 17
        - Bobtail (1786)
          - Eclipse, 4
          - Faith (1778)
            - Herod, 2
            - Curiosity, 63
    - Favourite (1821)
      - Blucher (1811)
        - Waxy, 27
        - Pantina (1804)
          - Buzzard, 39
          - Fille de (1789)
            - Trentham, 67
            - Cytherea (sœur de Drone, 82)
      - Scheherazede (1810)
        - Selim 27
        - Gipsy, 22

(117) SALAMANCA — *Mère de* ARAPEILE (1864), ADOSINDA (1865), *et* PERO GOMEZ (1866), *par Beadsman;*[26] *et par* SALAMIS (1867), *fille de Asteroid.*[118]

- SALAMANCA (1859)
  - Student (1851)
    - Chatham, 110
    - Fille de (1840)
      - Laurel, 49
      - Flight (1831)
        - Velocipede, 41
        - Miss Wilkes (1818)
          - Octavian, 95
          - Fille de (1807)
            - Remenbrancer (1800)
              - Pipator, 28
              - Queen Mab, 8
            - Mary, 39
  - Bravery (1853)
    - Gameboy, 120
    - Ennui, 29

---

(118) LADY MACDONALD — *Mère de* QUEEN OF THE ISLES (1863), *par Weatherbit;*[26] *et* KINGSBOROUGH (1864), *fille de Voltigeur;*[23] *et* BOUCAN (1865) *avec* BRIGANTINE (1866), *par Buccaneer;*[42] *et par* TOM-TOM (1867), *fille de Rataplan.*[33]

- LADY MACDONALD (sœur de Lord the Isles) (1838)
  - Touchstone, 46
  - Fair Helen, 46

---

(119) CONTESSINA — *Mère de* GAMENUT (1795) *et* CONSTANTIA (1696), *par Walnut;*[3] *et* SIR HARRY DIMSDALE (1800), *fille de SirPeter.*[58]

- CONTESSINA (1787)
  - Y. Marske, 78
  - Tuberose (1772)
    - Herod, 2
    - Grey Starling (1745)
      - Starling, 59
      - Coughing Polly (1736), sœur de Miss Mayes, 61

(120) NUTWITH (1840).

- **NUTWITH (1840)**
  - Tomboy, 36
  - Fille de (1816)
    - Comus, 28
    - Fille de (1807)
      - Delpini, 13
      - Miss Muston (1790)
        - King Fergus, 17
        - Columbine
          - Espersykes
            - Matchem, 1
            - Fille de (1757)
              - Gower Stallion, 67
              - La mère de Caroline, 126
          - Fille de (1771)
            - Babraham Blank, 90
            - Tipsy (1850)
              - Starling, 59
              - Switch
                - Lonsdale Arabian
                - Fille de
                  - Cyprus Arabian
                  - Mère de Crab, 5

---

(121) CANEZOU — *Mère de* FAZZOLETTI (1853), *et* BASQUINE (1859), *par Orlando;*[24] *et* CAPE FLYAWAY (1857), *par the Flying Dutchman;*[22] *et* INSPIRATION (1865), *par Newminster.*[90]

- **CANEZOU (1845)**
  - Melbourne, 44
  - Madame Pelerine (1832)
    - Velocipede, 41
    - Baleine (1825)
      - Whalebone, 27
      - Vale Royal (1810)
        - Sorcerer, 28
        - Orangeade (1803)
          - Whiskey, 15
          - Orange Bud (1781)
            - Highflyer, 17
            - Orange Girl (1777)
              - Matchem, 1
              - Red Rose (1760)
                - Babraham, 55
                - Fille de
                  - Blaze, 2
                  - Fille de
                    - Fox, 2
                    - Fille de
                      - Darley Arabian
                      - Mère de Merlin, 2

(122) CHARLESTON (1853).

- **CHARLESTON (1853).**
  - Sovereign (1836)
    - Emilius, 17
    - Fleur-de-lis (1822)
      - Bourbon (1811)
        - Sorcerer, 29
        - Fille de
          - Precipitate, 17
          - Fille de (1785)
            - Highflyer, 139
            - Tiffany (1775)
              - Eclipse, 139
              - Y. Hag, 61
      - Lady Rachel (1805)
        - Stamford, 17
        - Y. Rachel (1799)
          - Volunteer, 8
          - Rachel (1790)
            - Highflyer, 139
            - Sœur de Tandem, 67
  - Milwood
    - Monarch (1834)
      - Priam, 21
      - Delphine (1825)
        - Whisker, 18
        - My Lady (1818)
          - Comus, 28
          - Fille de (1802)
            - Delpini, 13
            - Tipplecyder, 27
    - Fanny
      - American Eclipse
        - Diomed, 9
        - Fille de Rockingham
          - Highflyer, 139
          - Purity (Sœur de Maiden, 3)
      - Maria West
        - Marion
        - Ella Crump
          - Citizien (1785)
            - Pacolet, 70
            - Princess (1774)
              - Turk, 107
              - Fairy Queen, 113
          - Fille de
            - Huntsman
            - Fille de
              - Wildair (1753)
                - Cade, 1
                - Fille de
                  - Steady (1735)
                    - Childers, 2
                    - Miss Belvoir, 10
              - Fille de
                - Fearnought, 78
                - Fille de Janus, 52

(123) ZODIAC (1801).

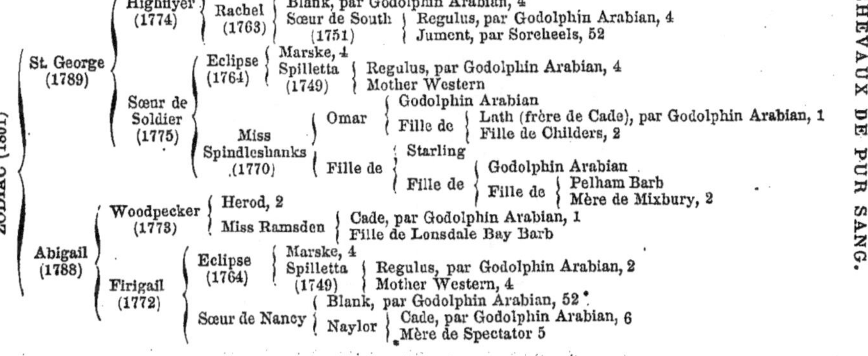

(124) TURNUS (1846).

TURNUS (1846)
- Taurus (1826)
  - Phantom, 27 *ou* Morisco (1819)
    - Muley 33
    - Aquilina (1807)
      - Eagle (1796)
        - Volunteer, 8
        - Fille de (1785)
          - Highflyer, 139
          - Fille de
            - Engineer, 12
            - Mère de Bay Malton, 75
      - Sœur de Petworth, 110
  - Katherine (1811)
    - Soothsayer, 27
    - Quadrille, 20
- Clarissa (1835)
  - Defence, 39
  - Clara (1829)
    - Filho da Puta, 38
    - Clari (1824)
      - Smolensko, 25
      - Fille de (1804)
        - Precipitate, 17
        - Fille de (1788)
          - Highflyer, 139
          - Juno, 10

(125) CALLER OU (1858).

CALLER OU (1858)
- Stockwell, 33
- Haricot (1847)
  - Lanercost, 22 *ou* Mango (1834)
    - Emilius, 17
    - Mustard (1804)
      - Merlin, 96
      - Morel, 96
  - Queen Mary, 115

(126) MARSYAS (1851) — *Frère de* ORPHEUS (1849).

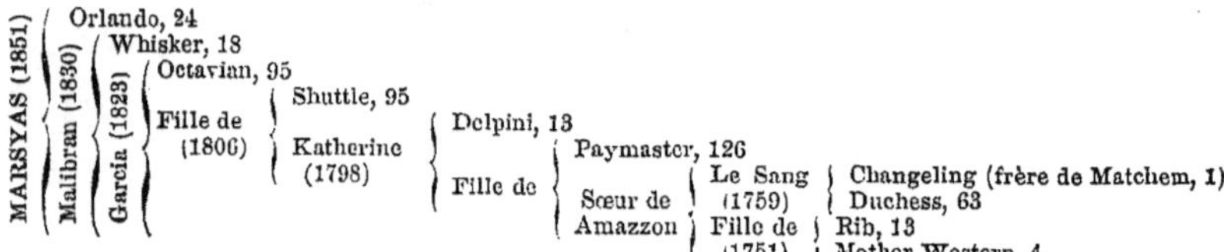

MARSYAS (1851)
- Orlando, 24
- Malibran (1830)
  - Whisker, 18
  - Garcia (1823)
    - Octavian, 95
    - Fille de (1806)
      - Shuttle, 95
      - Katherine (1798)
        - Delpini, 13
        - Fille de
          - Paymaster, 126
          - Sœur de Amazzon
            - Le Sang (1759)
              - Changeling (frère de Matchem, 1)
              - Duchess, 63
            - Fille de (1751)
              - Rib, 13
              - Mother Western, 4

(127) VEDETTE (1857).

VEDETTE (1857)
- Voltigeur, 23
- Fille de (1849)
  - Birdcatcher, 29
  - Nan Darrell (1849)
    - Inheritor, 37
    - Nell (1831)
      - Blacklock, 23
      - Madame Vestris (1819)
        - Comus, 28
        - Lisette (1806)
          - Hambletonian, 23
          - Constantia, 135

---

(128) TRUMPETER (1856).

TRUMPETER (1856)
- Orlando, 24
- Cavatina (1845)
  - Redshank, 36
  - Oxygen (1828)
    - Emilius, 17
    - Whizgig (1819)
      - Rubens, 27
      - Penelope, 27

---

(129) NECKLACE — *Mère de* MACGREGOR (1867), *par Macaroni;*[99] *et* MARS (1865), *par Marsyas.*[142]

NECKLACE (1860)
- The Fallow Buck, 45
- Bracelet (1852)
  - Touchstone, 38
  - Manacle (1839)
    - Emilius, 17
    - Y. Manacle (1826)
      - Tramp, 33
      - Maniac, 34

---

(130) WOODCRAFT — *Mère de* KINGCRAFT (1867), *par King Tom;*[33] *et* YSOLT (1868), *par Dundee;*[114] *et* PROWESS (1869), *par Saunterer.*[29]

WOODCRAFT (1861)
- Voltigeur, 23
- Fille de (1849)
  - Venison, 19
  - Wedding Day (1842)
    - Camel, 38
    - Margellina (1826)
      - Whisker, 18
      - Manuella, 91

(131) BESS LYON — *Mère de* GAMOS (1868), *par Saunterer;*[29] *et* GOLDYLOCKS (1861), *par Teddington;*[24] *et* BROWN WILLIE (1862) *et* RALLYWOOD (1863), *par Wild Dayrell;*[42] *et* SUNNYLOCKS (1841), *et* PEARLFEATHER (1865), *par Newminster.*[90]

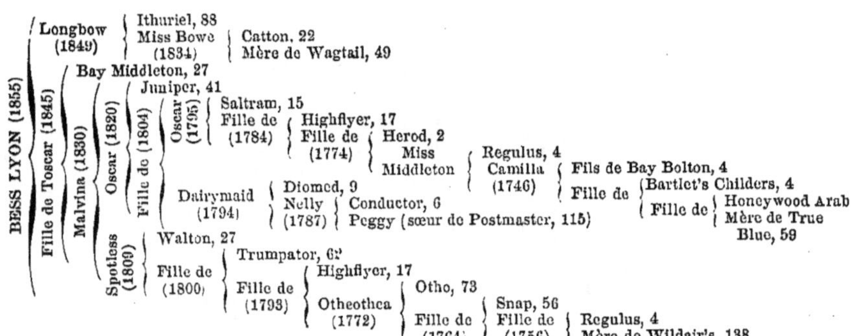

GUIDE POUR LES TABLES GÉNÉALOGIQUES.

(*Les Chiffres inscrits dans la dernière Colonne de chaque table désignent les Numéros des tables.*)

LISTE D'ÉTALONS ANGLAIS EN 1853.

Étalon	Origine
Alarm, bai	Venison Southdown, par Defence
Ambrose, noir	Touchstone Annette, par Priam
Annandale, bai brun	Touchstone Rebecca, par Lottery
Archy, bai brun	Camel Garcia, par Octavian
Backbiter, bai brun	Gladiator ou Don John Scandal, par Selim
B. Middleton, bai	Sultan Cobwell, par Phantom
Bessus, bai brun	Bay Middleton Brown Bess, par Camel
Birdcatcher, alezan	Sir Hercules Guiccioli, par Bob Booty
Birkenhead, bai brun	Liverpool Arachne, par Filho da Puta
Bishop de Romford Cob, bai brun	Jereed Jemina, par Count Porro
Bk. Prince, bai brun	Queen of Trumps Par Velocipede
Bucktorn, bai	Venison Zella, par Emilius
Burgundy, bai	Ishmael Caroline, par Drone
Cæsar, bai	Sultan Cobweb, par Phantom
California, bai	Emilius Cilagree, par Soothsayer
Calmuck, bai	Zingance Sœur de Pastille, par Rubens
Cariboo, bai	Venison Jamaica, par Liverpool
Catesby, bai	Slane Cobweb, par Phantom
Chabron, bai	Camel Canny, par Whisker
Chanticleer, gris	Birdcatcher Whim, par Drone
Chatham, alezan	Colonel Hester, par Camel

Collingwood, bai	Sheet Anchor Kalmia, par Magistrate
Confessor, bai	Cowl Corest Cly, par Mosquito
Connaught Ranger, alezan	Harkaway Guiccioli, par Bob Booty
Cossack, alezan	Hetman Platoff Joannina, par Priam
Cotherstone, bai	Touchstone Emma, par Whisker
Cowl, bai	Bay Middleton Crucifix, par Priam
Danl. O'Rourke, alezan	Birdcatcher Forget-me-not, par Hetman Platoff
Darkie, bai brun	Sir Hercules Dark Susan, par Glaucus
Drayton, bai	Muley Prima Donna, par Soothsayer
Essedarius, alezan	Gladiator Velocipede Mare
Fallow Buck, bai	Venison Plenary, par Emilius
Falstaff, bai brun, et Clatcatcher, bai	Touchstone Decoy, par Filho da Puta
Faugh a ballagh, alezan	Sir Hercules Guiccioli, par Bob Booty
Filbert, bai	Nutwith Celia, par Touchstone
Fillus, bai	Venison Berthday, par Pantaloon
Flying Dutchman, bai brun	Bay Middleton Barbelle, par Sandbeck
Footstool, bai brun	The Saddler Tramp Mare
Fugleman, alezan	The Saddler Camp Collower, par the Colonel
Glenalvon, bai	Coronation Glenlui, par Sultan
Grecian, alezan	Epirus Jenny Jumps, par Rococo
Harkaway, alezan	Economist Naboclish Mare
Hero, alezan	Chesterfield Grace Darling, par Defence
Hobbie Noble, bai	Pantalon Phryne, par Touchstone
Idleboy, alezan	Harkaway Iole, par Sir Hercules

Jericho, bai brun	Jerry Turquoise, par Selim
Joe Lovell, bai	Velocipede Cyprian, par Partisan
John o'Gnt., alezan	Taurus Mona, par Partisan
Kingston, bai	Venison Queen Anne, par Slane
Launcelot, bai brun	Camel Banter, par Master Henry
Libel (The), bai brun	Pantalon Pasquinade, par Camel
Longbow, bai	Ithuriel Miss Bowe, par Catton
Malcolm, alezan	The Doctor Myrrha, par Malek
Mathematician, bai	Emilius Maria, par Whisker
Melbourne, bai brun	Humphrey Clinker Cervantes Mare
Merry Monarch, bai	Slane Margravine, par Little John
Meteor, alezan	Velocipede Dido, par Whisker
Mountain Deer, bai	Touchstone Mountain Sylph, par Belshazzar
Neasham, bai	Hetman Platoff Wasp, par Muley Moloch
Newcourt, bai	Sir Hercules Sylph, par Spectre
Newminster, bai	Beeswing, par Doctor Syntax Touchstone
Nutwith, bai	Tomboy Comus Mare
Omroa	Arab Gazelle Young Duchess, par Walton
Orlando, bai	Touchstone Vultur, par Laugar
Pelion, bai brun	Lanercost Ma Mie, par Jerry
Phlegon, bai	Sultan ou Beiram Lucetta, par Reveller
Pitsford, alezan	Epirus Miss Harewood, par the Saddler
Planet, bai	Bay Middleton Plenary, par Emilius
Pompey, bai	Emilius Variation, par Bustard

Pottinger, bai	Plenipotentiary Entreprise, par Defence
Pyrrhus I., alezan	Epirus Fortress, par Defence
Ratan, alezan	Buzzard, fils de Blacklock Picton Mare
Ravensbone, bai	Venison Specimen, par Rowton
Red Hart, bai et Red Deer, bai	Venison Une fille de Soldier, par the Colonel
Retriever, alezan	Recovery, fils d'Emilius Taglioni, par Whisker
Robert de Gorham, bai brun	Sir Hercules Duvernay, par Emilius
Russborough, alezan	Tearaway Cruiskeen, par Sir Hercules
Safeguard, alezan	Defence Selim Mare
St. Lawrence, bai brun	Skylark ou Lapwing Helen, par Blacklock
Selim (arab)	
Sensation, bai brun	Slane Adela, par Emilius
Sir Tatton Sykes, bai	Melbourne Margrave Mare
Slane, bai	Royal Oak Orville Mare
Stockwell, alezan	The Baron Pocahontas, par Glencoe
Storm, bai	Touchstone Ghuznee, par Pantalon
Surplice, bai	Touchstone Crucifix, par Priam
Sweetmeat, bai	Gladiator Lolly Pop. par Voltaire
Tadmor, bai brun	Ion Palmyra, par Sultan
Tearaway, bai brun	Voltaire Taglioni, par Whisker
Teddington, alezan	Orlando Miss Twickenham, par Rockingham
Theon, bai	Emilius Maria, par Whisker
Touchstone, bai brun	Camel Banter, par Master Henry
Ugly Buck, bai	Venison Monstrosity, par Plenipotentiary

Étalon	Père et mère
Vatican, bai	Venison Vat, par Langar
Voltigeur, bai brun et Vortex, bai brun	Voltaire Martha Lynn, par Mulatto
Weatherbit, bai brun	Sheet Anchor Miss Letty, par Priam
Weathergage, bai	Weatherbit Taurina, par Taurus
West Australian, bai	Melbourne Mowerina, par Touchstone
Windfall, bai	Citz Orville Vat, par Langar
Windhound, bai	Pantalon Phyrne, par Touchstone
Woodpigeon	Velocipede Amina, par Sultan
Woolwich, alezan	Chatham Clementine, par Actæon

LISTE DES VAINQUEURS DU DERBY[1].

Années.	NOMS des PROPRIÉTAIRES	NOMS des CHEVAUX VAINQUEURS.	Nombre des souscripteurs.	Nombre de chevaux ayant couru.	Nombre des chevaux placés.	NOM du JOCKEY.	Temps du parcours.
1780	Sir C. Bunbury .	Diomed.	36	9	9	S. Arnull.	
1781	Mr O'Kelly. . . .	Y. Eclipse	35	15	3	Hindley.	
1782	Lord Egremont .	Assassin	35	13	3	S. Arnull.	
1783	Mr Parker	Saltram.	34	6	6	Hindley.	
1784	Mr O'Kelly. . . .	Serjeant	30	11	4	J. Arnull.	
1785	Lord Claremont .	Aimwell	29	10	4	Hindley.	
1786	Mr Panton	Noble.	29	15	5	J. White.	
1787	Lord Derby . . .	Sir Peter Teazle.	33	7	3	S. Arnull.	
1788	Prince of Wales .	Sir Thomas. . . .	30	11	5	W. South.	
1789	Duke of Bedford.	Skyscraper. . . .	30	11	6	Chifney, sen.	
1790	Lord Grosvenor .	Rhadamanthus. .	32	10	5	J. Arnull.	
1791	Duke of Bedford.	Eager.	32	9	4	Stephenson.	
1792	Lord Grosvenor .	John Bull.	32	7	7	Buckle.	
1793	Sir F. Poole . . .	Waxy.	50	13	6	Clift.	
1794	Lord Grosvenor .	Dædalus	49	4	4	Buckle.	
1795	Sir F. Standish. .	Spread Eagle. .	45	11	5	A.Wheathley	
1796	Sir F. Standish . .	Didelot	45	11	3	J. Arnull.	
1797	Duke of Bedford.	C-sto Pharamond	37	7	7	J. Singleton.	
1798	Mr Cookson . . .	Sir Harry.	37	10	3	S. Arnull.	
1799	Sir F. Standish. .	Archduke.	33	11	4	J. Arnull.	
1800	Mr Wilson	Champion	33	13	5	Clift.	
1801	Sir C. Bunbury .	Eleanor.	31	11	11	Saunders.	
1802	Duke of Grafton .	Tyrant	30	9	9	Buckle.	
1803	Sr H. Williamson	Ditto	35	6	6	Clift.	
1804	Lord Egremont .	Hannibal	33	8	8	W. Arnull.	
1805	Lord Egremont .	Card. Beaufort. .	39	15	5	Fitzpatrick.	
1806	Lord Foley. . . .	Paris	39	12	3	Shepherd.	
1807	Lord Egremont .	Election	38	13	3	J. Arnull.	
1808	Sr H. Williamson	Pan	38	10	4	Collinson.	
1809	Duke of Grafton.	Pope	45	10	6	Goodison.	
1810	Duke of Grafton .	Whalebone. . . .	45	11	3	Clift.	
1811	Sir J. Shelley. . .	Phantom	48	16	2	Buckle.	
1812	Mr Ladbroke. . .	Octavius	47	14	3	W. Arnull.	
1813	Sir C. Bunbury. .	Smolensko	51	12	3	Goodison.	
1814	Lord Stawell. . .	Blucher.	51	14	2	W. Arnull.	

Le Derby se court 45 jours après Pâques.

Années.	NOMS des PROPRIÉTAIRES	NOMS des CHEVAUX VAINQUEURS.	Nombre des souscripteurs.	Nombre de chevaux ayant couru.	Nombre des chevaux placés.	NOM du JOCKEY.	Temps du parcours.
1815	Duke of Grafton.	Whisker	51	13	2	Goodison.	
1816	Duke of York . .	Prince Leopold .	51	11	3	Wheatley.	
1817	Mr Payne	Azor	56	13	2	Robinson.	
1818	Mr Thornhill. . .	Sam.	56	16	3	S. Chifney.	
1819	Duke of Portland	Tiresias.	54	16	2	Clift.	
1820	Mr Thornhill. . .	Sailor.	52	15	3	S. Chifney.	
1821	Mr Hunter.. . . .	Gustavus.	54	13	3	S. Day.	
1822	Duke of York . .	Moses.	53	12	3	Goodison.	
1823	Mr Udny.	Emilius.	60	11	2	Buckle.	
1824	Sir J. Shelley. . .	Cedric	58	17	2	Robinson.	
1825	Lord Jersey . . .	Middleton	58	18	3	Robinson.	
1826	Lord Egremont .	Lapdog.	57	19	2	Dockeray.	
1827	Lord Jersey . . .	Mameluk.	89	23	2	Robinson.	
1828	Duke of Rutland.	*Cadland	89	15	2	Robinson.	
1829	Mr Gratwicke . .	Frederick.	89	17	2	Forth.	
1830	Mr Chifney. . . .	Priam.	89	23	3	S. Day.	
1831	Lord Lowther . .	Spaniel	105	23	2	Wheatley.	
1832	Mr Ridsdale . . .	St Giles.	101	22	3	Scott.	
1833	Mr Sadler	Dangerous	124	25	3	Chapple.	
1834	Mr Batson	Plenipotentiary .	123	23	3	Conolly.	
1835	Mr Bowes	Mundig.	128	14	2	Scott.	
1836	Lord Jersey . . .	Bay Middleton. .	128	21	2	Robinson.	
1837	Lord Berners . .	Phosphorus . . .	131	17	2	G. Edwards.	
1838	Sir G. Heathcote.	Almato	134	23	3	Chapple.	
1839	Mr W. Risdale. .	Bloomsbury . . .	143	21	2	Templeman.	
1840	Mr Robertson . .	Little Wonder . .	144	17	2	Macdonald.	
1841	Mr Rawlinson . .	Coronation	154	29	2	Conolly.	
1842	Col Anson	Attila	180	24	2	Scott.	
1843	Mr Bowes	Cotherstone . . .	155	23	2	Scott.	
1844	Col Peel	†Orlando.	153	29	4	Flatman.	
1845	Mr Gratwicke. . .	Merry Monarch .	137	31	4	F. Bell.	

* Après un *dead heat* (tête à tête) avec le Colonel à l'hon. E. Petre.

† Un cheval, décrit faussement comme Running Rein par the Saddler, fils de Mab par Dunkan Grey, arriva premier; mais il fut ensuite prouvé que c'était un poulain de 4 ans, du nom de Maccabeus (puis Zanoni), par Gladiator, mère par Capsicum. Il fut naturellement disqualifié.

Années.	NOMS des PROPRIÉTAIRES	NOMS des CHEVAUX VAINQUEURS.	Nombre des souscripteurs.	Nombre de chevaux ayant couru.	Nombre des chevaux placés.	NOM du JOCKEY.	Temps du parcours.
							m. s.
1846	Mr Gully	Pyrrhus the First	193	27	3	S. Day	2 55
1847	Mr Pedley	Cossack.	188	32	3	Templeman .	2 52
1848	Lord Clifden. . .	Surplice.	215	17	4	Templeman .	2 48
1849	Lord Eglinton . .	The F. Duchman	237	26	4	Marlow. . . .	3 0
1850	Lord Zetland. . .	Voltigeur.	204	24	4	J. Marson . .	2 50
1851	Sir J. Hawley . .	Teddington. . . .	192	33	4	J. Marson . .	2 51
1852	Mr Bowes	Daniel O'Rurke .	181	27	4	F. Butler. . .	3 2
1853	Mr Bowes	West Australian.	195	28	4	F. Butler. . .	2 55 1/2
1854	Mr Gully	Andover	217	27	4	A. Day	2 52
1855	Mr F. L. Popham.	Wild Dayrell . .	191	12	4	R. Sherwood.	2 54
1856	Adml. Harcourt .	Ellington.	213	24	4	Aldcroft . . .	3 4
1857	Mr W. I'Anson .	Blink Bonny. . .	202	30	4	Charlton. . .	2 45
1858	Sir J. Hawley . .	Bendsmann. . . .	200	23	4	Wells.	2 54
1859	Sir J. Hawley . .	Musjid	246	30	4	Wells.	2 59
1860	Mr Merry. . . .	Thormanby . . .	224	30	4	Custance. . .	2 55
1861	Col. Towneley. .	Kettledrum. . . .	239	18	4	Bullock. . . .	2 43
1862	Mr Snewing . . .	Caractacus	233	34	4	J. Parsons . .	2 45 1/2
1863	Mr R. C. Naylor .	Macaroni.	255	31	4	Chaloner. . .	2 50 1/2
1864	Mr W. I'Anson. .	Blair Athol. . . .	234	30	4	J. Snowden. .	2 43
1865	Ct F. de Lagrange	Gladiateur	249	30	4	H. Grimshaw.	2 46
1866	Mr R. Sutton . . .	Lord Lyon	274	26	3	Custance. . .	2 50
1867	Mr Chaplin. . . .	Hermit	256	30	3	J. Daley . . .	2 48 3/4
1868	Sir J. Hawley . .	Blue Gown. . . .	262	18	3	Wells.	2 44
1869	Mr J. Johnstone .	Pretender	247	22	3	J. Osborne. .	2 51
1870	Lord Falmouth. .	Kingcraft	253	15	3	T. French . .	2 45

LISTE DES VAINQUEURS DU GRAND SAINT-LÉGER A DONCASTER[1],

la course la plus importante du Nord de l'Angleterre,

disputée vers le milieu de Septembre[2].

Années.	NOMS des PROPRIÉTAIRES.	NOMS des CHEVAUX VAINQUEURS.	Nombre des souscripteurs.	Nombre des chevaux ayant couru.	Nombre des chevaux placés.	NOM du JOCKEY.	Temps du parcours.
1831	Lord Cleveland. .	Chorister	86	24	2	J. B. Day. . .	
1832	Mr Gully.	Margrave	73	17	2	Robinson. . .	
1833	Mr Watt.	Rockingham . . .	75	20	2	Darling . . .	3 28
1834	Ld Westminster .	Touchstone	71	11	4	Calloway . .	3 22
1835	Mr Mostyn	Queen of Trumps.	67	11	4	Lye.	3 20
1836	Lord Lichfield . .	Elis	75	14	2	J. B. Day . .	3 20
1837	Mr Greville. . . .	Mango.	60	13	2	S. Day, jun. .	3 23
1838	Lord Chesterfield.	Don John	66	7	2	Scott	3 17
1839	Maj Yarboroug. .	[3] Charles XII . .	107	14	2	Scott { dead h decg. h	3 25 3 45
1840	Ld Westminster .	Launcelot.	112	11	2	Scott	3 20
1841	Ld Westminster .	Satirist	135	11	2	Scott.	3 22
1842	Lord Eglinton . .	Blue Bonnet . . .	133	17	2	Lye.	3 19
1843	Mr S. Wrather. .	Nutwith	123	9	3	J. Marson . .	3 20
1844	Mr E. J. Irwin . .	Faugha Ballagh .	108	9	3	H. Bell . . .	3 28
1845	Mr Watts	The Baron	101	15	3	F. Butler . .	3 25
1846	Mr W. Scott . . .	Sir Tatton Sykes.	149	12	3	Scott.	3 16
1847	Lord Eglinton . .	Van Tromp	146	8	3	J. Marson . .	3 20
1848	Lord Clifton . . .	Surplice	132	9	3	Flatman . . .	3 20
1849	Lord Eglinton . .	The F. Dutchman	140	10	3	Marlow . . .	3 20

[1] Cette course a été établie en 1776, mais n'a reçu qu'en 1778 le nom qu'elle porte aujourd'hui.

[2] Un poulain au duc de Hamilton par Laurel et Moorpont monté par Mangle arriva premier; mais ce jockey ayant été convaincu d'avoir bousculé son adversaire, la course a été donnée à Pewet.

[3] Après un *dead heat* (tête à tête) avec Euclid à M. Thornhill.

Années.	NOMS des PROPRIÉTAIRES.	NOMS des CHEVAUX VAINQUEURS.	Nombre des souscripteurs.	Nombre des chevaux ayant couru.	Nombre des chevaux placés.	NOM du JOCKEY.	Temps du parcours.
1850	Lord Zetland. . .	[1] Voltigeur	95	8	3	J. Marsn { d h / dg.h	3 21 / 3 24
1851	Mr A. Nichol . . .	Newminster. . . .	119	18	4	Templement.	3.19
1852	Lord Exeter . . .	Stockwell	116	6	6	Norman . . .	3 21
1853	Mr Bowes.	West Australian .	92	10	4	F. Butler. . .	3 20
1854	Mr Morris.	Kt. of St. George.	159	18	4	Bahsam . . .	3 22
1855	Mr T. Parr	Saucebox	117	12	4	Wells.	3 22
1856	Mr Nichol	Warlock	133	9	4	Flatman . . .	3 25
1857	Mr J. Scott	Imperieuse	158	11	8	Flatman . . .	3 25
1858	Mr Merry.	Sunbeam	138	18	4	L. Snowden .	3 20
1859	Sir C. Monck . . .	Gamester	167	11	5	Aldcroft . . .	3 25
1860	Lord Allesburg. .	St. Albans	168	15	4	L. Snowden .	3 20
1861	Mr W. I'Anson . .	Caller Ou.	180	18	4	Chaloner . .	3 46 1/2
1862	Mr Hawke	The Marquis . . .	181	15	4	Chaloner. . .	3 22
1863	Lord St. Vincent.	Lord Clifden . . .	204	19	4	J. Osborne .	3 47 1/2
1864	Mr W. I'Anson. .	Blair Athol	217	10	4	J. Snowden .	3 49 1/2
1865	Ct F. de Lagrange	Gladiateur.	243	14	4	H. Grimshaw	3 20
1866	Mr R. Sutton . . .	Lord Lyon . . .	238	11	3	Custance. . .	3 23 1/4
1867	Col Pearson. . . .	Achievement . . .	222	12	3	Chaloner . .	3 49 1/2
1868	Mr W. Graham. .	Formosa.	238	11	3	Chaloner . .	3 48 1/2
1869	Sir J. Hawley. . .	Pero Gomez . . .	226	12	4	Wells	3 47 1/2
1870	Mr T. V. Morgan.	Hawthornden. . .	234	12	3	J. Grimshaw.	3 18
1871	Baron Rothschild.	Hannah	205	11	3	Maidment . .	3 22
1872	Lord Wilton . . .	Wenlock	191	19	3	Maidement .	3 21 1/2
1873	Mr Merry	Marie Stuart . . .	189	8	3	P. Osborne .	3 22

1 Après un *dead heat* avec Rubsborough à M. Mangan.

LISTE DES JUMENTS VICTORIEUSES DANS LA COURSE DES OAKS[1].

Années.	NOMS des PROPRIÉTAIRES	NOM de la JUMENT VICTORIEUSE.	Nombre des souscripteurs.	Nombre des coureurs.	Nombre des juments placées.	NOM du JOCKEY.	Temps du parcours.
1779	Lord Derby . . .	Bridget	17	12	8	R. Goodison.	
1780	Mr Douglas. . . .	Teetotum.	17	11	11		
1781	Lord Grosvenor .	Faith	16	6	6		
1782	Lord Grosvenor .	Ceres	22	12	3	Chifney, sen.	
1783	Lord Grosvenor .	Maid of the Oaks.	22	10	3	Chifney, sen.	
1784	Mr Burton	Stella	21	10	3	C. Hindley.	
1785	Lord Clermont. .	Trifle	24	8	8	J. Bird.	
1786	Sir F. Standish. .	Perdita filly . . .	24	13	4	J. Edwards.	
1787	Mr Vernon	Annette.	24	8	3	Fitzpatrick.	
1788	Lord Egremont .	Nightshade	18	7	7	Fitzpatrick.	
1789	Lord Egremont .	Tag	18	7	5	Chifney, sen.	
1790	Duke of Bedford.	Hypollita.	18	12	4	Chifney, sen.	
1791	Duke of Bedford.	Portia.	38	9	4	J. Singleton.	
1792	Lord Clermont. .	Violante	38	11	4	C. Hindley.	
1793	Duke of Bedford.	Cœlia	37	10	4	J. Singleton.	
1794	Lord Derby . . .	Hermione.	31	8	8	S. Arnull.	
1795	Lord Egremont .	Platina	42	11	2	Fitzpatrick.	
1796	Sir F. Standish. .	Parasote	42	13	3	J. Arnull.	
1797	Lord Grosvenor .	Nike.	31	5	5	Buckle.	
1798	Mr Durand	Bellissima	31	7	7	Buckle.	
1799	Lord Grosvenor .	Bellini	24	4	4	Buckle.	
1800	Lord Egremont .	Ephemera	24	8	8	Fitzpatrick.	
1801	Sir C. Bunbury. .	Eleanor.	18	6	5	Saunders.	
1802	Mr Wastell. . . .	Scotia.	17	6	6	Buckle.	
1803	Sir T. Gascoing .	Theophania. . . .	24	7	7	Buckle.	
1804	Duke of Grafton.	Pelisse	23	8	8	Clift.	
1805	Lord Grosvenor.	Meteora.	27	8	8	Buckle.	
1806	Mr Craven	Bronze	27	12	4	W. Edwards.	
1807	Gen Grosvenar. .	Briseis	31	11	3	S. Chifney.	
1808	Duke of Grafton.	Morel.	31	10	4	Clift.	
1809	General Gower. .	Maid of Orleans .	33	11	4	J. Moss.	
1810	Sir W. Gerard . .	Oriana	33	11	3	W. Peirse.	
1811	Duke of Rutland.	Sorcery	40	12	3	Chifney.	

[1] La course des Oaks a lieu 2 jours après le Derby.

Années.	NOMS des PROPRIÉTAIRES	NOM de la JUMENT VICTORIEUSE.	Nombre des souscripteurs.	Nombre des coureurs.	Nombre des juments placées.	NOM du JOCKEY.	Temps du parcours.
1812	Mr Herwett. . . .	Manuella	40	12	5	W. Peirse.	
1813	Duke of Grafton .	Music	44	9	3	Goodison.	
1814	Duke of Rutland.	Medora	44	9	3	Barnard.	
1815	Duke of Grafton.	Minuet	48	11	3	T. Goodison.	
1816	General Gower. .	Landscape	48	11	3	S. Chifney.	
1817	Mr Watson. . . .	Neva	47	11	4	Buckle.	
1818	Mr Udny	Corinne.	47	10	3	Buckle.	
1819	Mr Thornhill. . .	Shoveller.	39	10	3	S. Chifney.	
1820	Lord Egremont .	Caroline	39	13	3	H. Edwards.	
1821	Lord Exeter . . .	Augusta	43	7	7	J. Robinson.	
1822	Duke of Grafton .	Pastille.	42	10	2	H. Edwards.	
1823	Duke of Grafton .	Zinc.	43	10	3	Buckle.	
1824	Lord Jersey . . .	Cobweb.	41	13	2	Robinson.	
1825	Gen. Grosvenor .	Wings	50	10	3	S. Chifney.	
1826	Mr Forth	Lilias	49	15	3	Lye.	
1827	Dk of Richmond.	Gulnare.	79	19	2	F. Boyce.	
1828	Duke of Grafton .	Turquoise	78	14	2	J. B. Day.	
1829	Lord Exeter . . .	Green Mantle . .	77	14	3	Dockeray.	
1830	Mr Stonehewer .	Variation	77	18	4	G. Edwadrs.	
1831	Duke of Grafton.	Oxygen.	86	21	3	J. B. Day.	
1832	Lord Exeter . . .	Galata	83	19	3	Conolly.	
1833	Sir M. Wood . . .	Vespa.	97	19	3	Chapple.	
1834	Mr Cosby.	Pussy	95	15	3	J. B. Day.	
1835	Mr Mostyn	Queen of Trumps	98	10	10	Lye.	
1836	Mr Scott	Cyprian.	98	12	2	Scott.	
1837	M. Pawlett	Miss Letty	92	13	3	J. Holmes.	
1838	Lord Chesterfield	Industry	98	16	2	Scott.	
1839	Mr F. Craven. . .	Deception	95	13	3	J. B. Day.	
1840	Lord G. Bentinck	Crucifix.	103	15	3	J. B. Day.	
1841	Ld Westminster .	Ghuznee	118	22	2	Scott.	
1842	Mr G. Dawson . .	Our Nell	151	16	2	Lye.	
1843	Mr Ford.	Poison	91	23	2	F. Butler.	
1844	Col. Anson	The Princess. . .	117	25	3	F. Butler.	
1845	Dk of Richmond .	Refraction	128	21	4	H. Bell.	m.
1846	Mr Gully	Mendicant	140	24	3	S. Day	2 5
1847	Sir J. Hawley. . .	Miami.	152	23	4	Templeman.	2 5
1848	Mr H. Hill	Cymba	152	26	3	Templeman.	2 4
1849	Lord Chesterfield	Lady Evelyn. . .	172	15	4	F. Butler . . .	2 5

Années.	NOMS des PROPRIÉTAIRES	NOM de la JUMENT VICTORIEUSE.	Nombre des souscripteurs.	Nombre des coureurs.	Nombre des juments placées.	NOM du JOCKEY.	Temps du parcours.
							m. s.
1850	Mr Hobson	Rhedycina	128	15	3	F. Butler. . .	2 56
1851	Lord Stanley. . .	Iris	131	15	4	F. Butler. . .	2 52
1852	Mr J. Scott	Songstress	123	14	4	F. Butler. . .	3 0
1853	Mr Wauchope . .	Catherine Hayes.	141	17	4	Marlow. . . .	2 52
1854	Mr Cookson. . . .	Mincemeat	156	15	4	Charlton . . .	3 0
1855	Mr R. Read. . . .	Marchioness . . .	162	11	4	Templeman .	2 58
1856	Mr H. Hill	Mincepie	136	10	4	A. Day	3 4
1857	Mr W. I'Anson. .	Blink Bonny. . .	130	13	13	Charlton . . .	2 50
1858	Mr Gratwiche . .	*Governess. . . .	152	13	3	Ashmall . . .	2 53 1/2
1859	Lord Londesboro	Summerside . . .	168	15	4	G. Fordham .	2 55
1860	Mr Eastwood. . .	Butterfly	158	13	4	J. Snowden. .	2 56
1861	Mr Saxon.	Brown Duchess .	172	17	4	L. Snowden .	2 44
1862	Mr R. C. Naylor .	Feu de Joie. . . .	154	19	4	Chaloner. . .	2 49
1863	Mr T. Valentine .	Queen Bertha . .	188	20	4	Aldcroft . . .	2 54
1864	Ct de Lagrange .	Fille de l'Air. . .	188	19	4	E. Edwards.	2 47
1865	Mr Harlock. . . .	Regalia	197	18	4	Norman . . .	2 51
1866	Mr B. E. Dunbar.	Tormentor	175	17	3	J. Mann. . . .	2 53
1867	Baron Rothschild	Hippia	206	8	3	J. Daley . . .	2 54
1868	Mr W. Graham .	Formosa	215	9	3	G. Fordham .	2 47 1/2
1869	Sir F. Johnstone.	Brigantine	187	15	3	T. Cannon . .	2 59
1870	Mr G. Jones . . .	Gamos.	187	7	3	G. Fordham .	2 52

* Après un *dead heat* avec Gildermire à l'amiral Harcourt. Temps de la course décisive, 2 m. 56 s.

FIN.

TABLE GÉNÉRALE DES GRAVURES

des deux Volumes.

TOME PREMIER.

TOME II.

TABLE ALPHABÉTIQUE DES MATIÈRES

pour les deux Volumes.

Pour éviter les répétitions, on n'a porté ici que quelques chevaux cités pour des faits à part. Pour la plupart des coursiers célèbres, il faut se reporter aux Tables généalogiques et à l'index qui les suit (page 399).

Le chiffre de la page placé après le mot cité reporte au premier volume.

Quand ce chiffre précède l'article mentionné, il faut se reporter au deuxième volume.

Pages. Pages.

D

E

F

FIN DE L'OUVRAGE.

BEAUX-ARTS — ARCHÉOLOGIE

La Colonne Trajane. — 220 planches in-folio en couleur, en phototypographie d'après le surmoulage exécuté à Rome en 1861 et 1862. Texte orné de nombreuses vignettes, par W. FRŒHNER (*Conservateur du Louvre*). . . . . 600 fr.

Les Musées de France. — Monuments antiques reproduits en chromolithographie, gravure sur bois, phototypographie. Texte par W. FRŒHNER (*Conservateur du Louvre*). — Un volume in-folio, avec 40 planches . . . . 100 fr.

Numismatique de la Terre-Sainte, par F. DE SAULCY (*Membre de l'Institut*). In-4°, avec 25 pl., 60 fr.; sur pap. de Hollande. 90 fr.

La Dentelle à l'aiguille, aux fuseaux. 50 planches donnant les plus beaux types de dentelles avec texte orné de vignettes, par J. SÉGUIN. — In-folio, 100 fr.; sur papier de Hollande. . . . 160 fr.

AGRICULTURE

Les Plantes fourragères. — Atlas in-folio, avec 60 planches accompagnées d'une légende, par V.-J. ZACCONE (*Sous-intendant militaire*). — Avec fig. noires, 25 fr.; avec fig. coloriées . . . 40 fr.

Prairies et Plantes fourragères, par ED. VIANNE (*Directeur du* Journal d'Agriculture progressive). — In-8° avec 170 gr. . 8 fr.

Le Brome de Schrader, par A. LAVALLÉE. 4e édition. In-18 avec 2 planches sur acier . . . . 1 fr. 50

Dictionnaire vétérinaire, par L. FÉLIZET (*Vétérinaire*). Introduction de J.-A. BARRAL. — In-18, relié. . . . . 2 fr. 50

La Pustule maligne. — Charbon, sang de rate, par CH. BABAULT (*Docteur médecin*). — In-18, relié. . . . . 2 fr.

Législation protectrice des Animaux, par B. de BEAUPRÉ (*Docteur en droit*). 3e édition. — In-18, relié . . . . 0 fr. 75

Les Oiseaux utiles et nuisibles aux champs, jardins, vignes, forêts, etc., par H. DE LA BLANCHÈRE. 3e édition. In-18, relié, avec 150 gravures . . . . 3 fr. 50

La Culture économique par l'emploi des instruments et machines, par ED. VIANNE. — In-18 avec 204 figures, relié. . . . 2 fr. 50

Enquête sur les Engrais, par MM. DUMAS (*Membre de l'Institut*) et DE MOLON. — In-18, relié . . . . 2 fr.

SCIENCE — INDUSTRIE

Musée entomologique illustré.—Histoire naturelle iconographique des Insectes, publiée par une réunion d'Entomologistes français et étrangers. Tome premier : LES COLÉOPTÈRES ; classification, mœurs, chasse, collections ; Iconographie et Histoire naturelle des Coléoptères d'Europe. 1 vol. in-4° avec 48 planches en couleur et 335 vignettes . . . . 30 fr.

Grand Atlas universel. —51 cartes en couleur, dessinées par W. HUGHES (*de la Société de Géographie de Londres*). 2e édition, avec Introduction par E. CORTAMBERT (*Bibliothécaire à la Bibliothèque nationale*).— Avec Index général, relié. . . . . 125 fr.

La Vie. — Physiologie humaine appliquée à l'hygiène et à la médecine, par le docteur LE BON. — In-8° avec 330 figures . . 15 fr.

L'Origine de la Vie, par PENNETIER, avec Introduction, par POUCHET (*Directeur du Muséum de Rouen*). — In-18, avec figures. 3 fr.

Le Médecin des Enfants, par BARTHÉLEMY (*Docteur médecin*). — In-18, relié . . . . 1 fr.

L'Allaitement maternel, par le Dr BROCHARD. — In-18, rel.. 1 fr.

Clinique médicale de Montpellier, par le professeur FUSTER (*Médecin en chef de l'Hôtel-Dieu Saint-Éloi*). — In-8°, cartonné. . 10 fr.

Causeries scientifiques. — Découvertes, inventions de l'année 1875, par H. DE PARVILLE (*Rédacteur du* Journal officiel *et du* Journal des Débats). — In-18 avec 50 figures . . . . 3 fr. 50

L'Ammoniaque. — Son emploi en industrie, par CH. TELLIER (*Ingénieur civil*). — In-8° avec figures et plans. . . . . . . 12 fr.

Principes de Science absolue par J. THOMSON. — In-8° relié. 16 fr.

La Culture des Plages maritimes par H. DE LA BLANCHÈRE (*Ancien élève de l'école forestière*). — Préface de COSTE (*de l'Institut*), — In-18, 70 gravures, relié. . . . . 3 fr.

Le Monde microscopique des Eaux, par J. GIRARD.— In-18, avec 70 gravures, relié toile. . . . . 3 fr. 50

La Lithotritie et la Taille. — Guide pratique pour le traitement de la pierre, par le docteur S. CIVIALE (*Membre de l'Institut*). 2e édition, avec 50 gravures avec catalogue de calculs et d'instruments. — Relié, toile.. . . . . 16 fr.

L'Aquarium d'eau douce et d'eau de mer, par J. PIZZETTA. Introduction, par A. GEOFFROY SAINT-HILAIRE (*Directeur du Jardin d'acclimatation*). — In-18 avec 220 gravures, relié. . . . . 3 fr. 50

La Pluie et le Beau Temps. Météorologie usuelle, par P. LAURENCIN. — In-18, avec 110 gravures et cartes, relié. . . . . . 3 fr. 50

www.ingramcontent.com/pod-product-compliance
Lightning Source LLC
LaVergne TN
LVHW010127230826
846091LV00001BA/172

* 9 7 8 2 0 1 9 4 9 5 8 2 4 *